丛书总主编　陈宜瑜
丛书副总主编　于贵瑞　何洪林

中国生态系统定位观测与研究数据集

草地与荒漠生态系统卷

新疆策勒站

（2009—2015）

李向义　曾凡江　主编

中国农业出版社
北　京

图书在版编目（CIP）数据

中国生态系统定位观测与研究数据集．草地与荒漠生态系统卷．新疆策勒站：2009-2015／陈宜瑜总主编；李向义，曾凡江主编．—北京：中国农业出版社，2023.8

ISBN 978-7-109-31029-2

Ⅰ.①中… Ⅱ.①陈… ②李… ③曾… Ⅲ.①生态系－统计数据－中国②草地－生态系统－统计数据－策勒县－2009-2015③荒漠－生态系统－统计数据－策勒县－2009-2015 Ⅳ.①Q147②S812③P942.454.73

中国国家版本馆 CIP 数据核字（2023）第 157646 号

ZHONGGUO SHENGTAI XITONG DINGWEI GUANCE YU YANJIU SHUJUJI

中国农业出版社出版
地址：北京市朝阳区麦子店街 18 号楼
邮编：100125
责任编辑：李昕昱　　文字编辑：郝小青
版式设计：李　文　　责任校对：周丽芳
印刷：北京印刷一厂
版次：2023 年 8 月第 1 版
印次：2023 年 8 月北京第 1 次印刷
发行：新华书店北京发行所
开本：889mm×1194mm　1/16
印张：14.25
字数：420 千字
定价：118.00 元

中国生态系统定位观测与研究数据集

中国生态系统定位观测与研究数据集
草地与荒漠生态系统卷·新疆策勒站

编 委 会

主　编　李向义　曾凡江

参　编　王　鹏　刘　维　张　波　林丽莎

热普开提

PREFACE 1
序 一

进入20世纪80年代以来，生态系统对全球变化的反馈与响应、可持续发展成为生态系统生态学研究的热点，通过观测、分析、模拟生态系统的生态学过程，可为实现生态系统可持续发展提供管理与决策依据。长期监测数据的获取与开放共享已成为生态系统研究网络的长期性、基础性工作。

国际上，美国长期生态系统研究网络（US LTER）于2004年启动了Eco Trends项目，依托US LTER站点积累的观测数据，发表了生态系统（跨站点）长期变化趋势及其对全球变化响应的科学研究报告。英国环境变化网络（UK ECN）于2016年在*Ecological Indicators*发表专辑，系统报道了UK ECN的20年长期联网监测数据推动了生态系统稳定性和恢复力研究，并发表和出版了系列的数据集和数据论文。长期生态监测数据的开放共享、出版和挖掘越来越重要。

在国内，国家生态系统观测研究网络（National Ecosystem Research Network of China，简称CNERN）及中国生态系统研究网络（Chinese Ecosystem Research Network，简称CERN）的各野外站在长期的科学观测研究中积累了丰富的科学数据，这些数据是生态系统生态学研究领域的重要资产，特别是CNERN/CERN长达20年的生态系统长期联网监测数据不仅反映了中国各类生态站水分、土壤、大气、生物要素的长期变化趋势，同时也能为生态系统过程和功能动态研究提供数据支撑，为生态学模型的验证和发展、遥感产品地面真实性检验提供数据支撑。通过集成分析这些数据，CNERN/CERN 内外的科研人员发表了很多重要科研成果，支撑了国家生态文明建设的重大需求。

近年来，数据出版已成为国内外数据发布和共享，实现“可发现、可访问、可理解、可重用”（即 FAIR）目标的重要手段和渠道。CNERN/CERN 继 2011 年出版“中国生态系统定位观测与研究数据集”丛书后再次出版新一期数据集丛书，旨在以出版方式提升数据质量、明确数据知识产权，推动融合专业理论或知识的更高层级的数据产品的开发挖掘，促进 CNERN/CERN 开放共享由数据服务向知识服务转变。

该丛书包括农田生态系统、草地与荒漠生态系统、森林生态系统以及湖泊湿地海湾生态系统共 4 卷（51 册）以及森林生态系统图集 1 册，各册收集了野外台站的观测样地与观测设施信息，水分、土壤、大气和生物联网观测数据以及特色研究数据。本次数据出版工作必将促进 CNERN/CERN 数据的长期保存、开放共享，充分发挥生态长期监测数据的价值，支撑长期生态学以及生态系统生态学的科学研究工作，为国家生态文明建设提供支撑。

2021 年 7 月

PREFACE 2

序二

科学数据是科学发现和知识创新的重要依据与基石。大数据时代，科技创新越来越依赖于科学数据综合分析。2018 年 3 月，国家颁布了《科学数据管理办法》，提出要进一步加强和规范科学数据管理，保障科学数据安全，提高开放共享水平，更好地为国家科技创新、经济社会发展提供支撑，标志着我国正式在国家层面加强和规范科学数据管理工作。

随着全球变化、区域可持续发展等生态问题的日趋严重以及物联网、大数据和云计算技术的发展，生态学进入“大科学、大数据”时代，生态数据开放共享已经成为推动生态学科发展创新的重要动力。

国家生态系统观测研究网络（National Ecosystem Research Network of China，简称 CNERN）是一个数据密集型的野外科技平台，各野外台站在长期的科学研究中，积累了丰富的科学数据。2011 年，CNERN 组织出版了“中国生态系统定位观测与研究数据集”丛书。该丛书共 4 卷、51 册，系统收集整理了 2008 年以前的各野外台站元数据，观测样地信息与水分、土壤、大气和生物监测以及相关研究成果的数据。该丛书的出版，拓展了 CNERN 生态数据资源共享模式，为我国生态系统研究、资源环境的保护利用与治理以及农、林、牧、渔业相关生产活动提供了重要的数据支撑。

2009 年以来，CNERN 又积累了 10 年的观测与研究数据，同时国家生态科学数据中心于 2019 年正式成立。中心以 CNERN 野外台站为基础，生态系统观测研究数据为核心，拓展部门台站、专项观测网络、科技计划项目、科研团队等数据来源渠道，推进生态科学数据开放共享、产品加工和分析应用。为了开发特色数据资源产品、整合与挖掘生态数据，国家生态科学数据中心立足国家野外生态观测台站长期监测数据，组织开展了新一版的观测与研究数据集的出版工作。

本次出版的数据集主要围绕“生态系统服务功能评估”“生态系统过程与变化”等主题进行了指标筛选，规范了数据的质控、处理方法，并参考数据论文的体例进行编写，以翔实地展现数据产生过程，拓展数据的应用范围。

该丛书包括农田生态系统、草地与荒漠生态系统、森林生态系统以及湖泊湿地海湾生态系统共4卷（51册）以及图集1本，各册收集了野外台站的观测样地与观测设施信息，水分、土壤、大气和生物联网观测数据以及特色研究数据。该套丛书的再一次出版，必将更好地发挥野外台站长期观测数据的价值，推动我国生态科学数据的开放共享和科研范式的转变，为国家生态文明建设提供支撑。

2021年8月

FOREWORD
前言

塔克拉玛干沙漠南缘的和田地区自古以来就深受风沙危害，生态环境极为脆弱。汉唐以来，和田绿洲被迫向昆仑山南移 100～150 km，皮山、墨玉、策勒县城曾 3 次搬迁，古丝绸之路有 20 余座古城被沙海淹没。20 世纪 80 年代，和田地区多个城镇又面临严重的沙漠化威胁，其中，流沙再次逼到策勒县城边缘 1.5 km 处。沙临城下，策勒绿洲再次告急。为治理风沙和预防沙漠化危害、保护策勒绿洲人民的生产和生活，1982 年中国科学院策勒沙漠研究站（简称策勒站）应运而生。1995 年，策勒站搬迁至沙漠地带，在沙漠一线开展科研工作。面对和田地区严峻的沙漠化生态环境问题，面对地方对生态环境治理和科技扶贫的迫切需求，策勒站勇于承担历史使命，围绕荒漠化防治技术、新开垦棉田高产稳产模式、荒漠生态系统可持续管理途径、生态经济型屏障建设开展了长期的观测研究和试验示范。为塔克拉玛干沙漠南缘 1 400 km 风沙线生态环境修复和科技扶贫提供了理论指导和技术支撑，受到了各级政府及国内外相关组织的高度评价。1995 年，策勒站荒漠化治理成果获得联合国环境规划署在全球颁发的 8 项“全球土地退化与荒漠化防治成功业绩奖”中的 2 项。策勒绿洲的沙漠化治理取得了巨大成功。策勒站于 2001 年被纳入国家林业局（现国家林业和草原局）荒漠化监测网络，于 2003 年加入中国科学院组建的中国生态系统研究网络（CERN），2005 年加入国家生态系统观测研究网络。自加入 CERN 后，策勒站逐步建立了涵盖荒漠、绿洲农田、昆仑山北坡的17个主要的生态系统长期观测样地和研究平台，开始对塔里木盆地南缘1 400 km风沙线进行系统、规范的观测。逐步推进以策勒站为中心，结合塔中站等其他野外站点的区域联网观测和研究工作，重点开展1 400 km风沙线荒漠-绿洲环境、区域生态水文变化和山-盆复合生态系统功能演变等基础环境观测，研究并开展荒漠化治理和生态产业开发等试验示范。

《中国生态系统定位观测与研究数据集·草地与荒漠生态系统卷·新疆策勒站（2009—2015）》第一章主要介绍了策勒站的基本情况、主要研究方向和近些年的主要研究成果；第二章主要介绍了策勒站主要样地与观测设施；第三章、第四章、第五章、第六章主要包含了2009—2015年依托CERN和国家生态系统研究网络长期环境观测的要求和规范，基于绿洲农田和荒漠草地生态系统，在常规和辅助观测场收集的水分、土壤、气象、生物等长期生态系统观测数据。

本书由李向义、曾凡江审核。前言、第一章和第二章由李向义撰写，第三章由刘维和热普开提共同整理撰写，第四章由王鹏和热普开提整理撰写，第五章由张波和曾凡江整理撰写，第六章由林丽莎整理撰写。本数据集汇集了在策勒站开展长期野外观测和研究的诸多科研人员和工作人员的努力。在此，感谢郭永平、刘国军、托合提热介甫·图尔荪、李磊、黄彩变、李利、鲁艳等的帮助与支持。其他各单位或个人需要引用和参考，请注明数据引自《中国生态系统定位观测与研究数据集·草地与荒漠生态系统卷·新疆策勒站（2009—2015）》。需要说明的是，尽管在数据集整理过程中进行了严格的质量控制，但由于编者水平有限，如有错误之处，欢迎读者批评指正。

编者

2022年12月

CONTENTS
目录

第1章 台站介绍

1.1 概述

1.1.1 台站概况与环境特征

中国科学院策勒沙漠研究站（简称策勒站）始建于1983年。建站前沙漠距策勒县城仅1.5 km。为应对严峻的沙漠化治理形势，新疆维吾尔自治区人民政府和中国科学院在策勒县召开现场联合办公会议，决定建立策勒沙漠研究站。策勒站于2001年被纳入国家林业局（现国家林业和草原局）荒漠化监测网络，于2003年加入中国科学院组建的中国生态系统研究网络（CERN），2005年加入国家生态系统观测研究网络，被定名为新疆策勒荒漠草地生态系统国家野外科学观测研究站。

策勒站地处塔里木盆地南缘，南依昆仑山，北临我国最大的沙漠塔克拉玛干沙漠（80°43′45″E，37°00′57″N），海拔为1 318 m，站区面积130 hm²，距离乌鲁木齐1 500 km，距离北京4 500 km。区域气候极端干旱，属于典型内陆暖温带荒漠气候；年均气温11.9 ℃，极端最高气温41.9 ℃，极端最低气温−23.9 ℃；水资源短缺，年平均降水量为35.1 mm，年潜在蒸发量为2 595.3 mm；水资源补给以昆仑山区融雪河流为主；地表径流洪枯悬殊，春季占9.3%，夏季占76.8%。全年盛行西北风，大风天气3～9 d，风沙灾害频繁，年均沙尘暴20 d，扬沙、浮尘240 d；生态系统脆弱，沙漠、戈壁面积达95%，自然植被以多年生荒漠植物为主，植被盖度小于15%。

1.1.2 区域代表性和学科代表性

策勒站地处以昆仑山脉为界的青藏高寒区和世界第二大流动沙漠塔克拉玛干沙漠之间，该地区植物稀少，土壤贫瘠，戈壁广布，绿洲散布其间，生态系统结构简单、稳定性差，在我国乃至世界陆地生态系统中极具独特性和典型性，也是世界上最为脆弱的生态区之一。由于受环境制约和风沙危害，该区域大部分县市曾属国家级贫困县市。在塔里木盆地南缘1 400 km风沙线上，策勒站是唯一一个被列入该生态区的中国生态系统网络野外研究站。

因此，策勒站的区域代表性和学科代表性主要表现在以下方面：世界唯一的中纬度内陆极端干旱区；亚洲中部沙尘暴的主要策源地之一；中国西部地区最典型的生态脆弱区。策勒站是研究荒漠生态系统、绿洲生态系统与干旱区山地-绿洲-荒漠复合生态系统的结构、功能及演变过程并进行长期综合观测、试验、示范的理想场所。观测数据和研究成果对于解读极端干旱地区绿洲-荒漠生态系统生态过程及稳定性具有重要的科学价值，对于优化新疆南疆地区生态系统管理和促进社会经济可持续发展具有重要的意义。

1.1.3 支撑条件

经过近40年的发展建设，目前策勒站站区面积130 hm²，布置有荒漠试验区、农田试验区、林果试验区、植物引种育苗区、荒漠生态产业技术试验区等研发区15个，深根植物研究平台4个，绿洲农田水-肥控制试验平台2个，植物逆境适应性研究平台2个，绿洲防护技术研发平台6个。建有换CERN长期生态监测规范要求的绿洲农田生态系统和荒漠生态系统监测平台，包括农田和荒漠综合观测场、辅助观测场等10个，气象综合观测场和地下水位、水质观测与采样等场地6个。此外，策勒站在昆仑山北坡新建了山地绿洲荒漠观测样带（海拔1 350～3 500 m），为研究昆仑山北坡山区-绿洲-荒漠复合生态系统在全球变化中的响应提供了监测和研究平台，同时也拓展了策勒站的研究区域和研究领域。同时，策勒站拥有完善的水分、土壤、大气、生物监测仪器设备50余台（套），实验办公楼（400 m^2）、专家和学生公寓（1 500 m^2）、餐厅（150 m^2）、道路、车辆等用于工作和生活的基础设施完备、功能齐全。

1.2 研究目标与方向

1.2.1 研究目标

围绕极端干旱区的生态与环境特征，结合当地生态建设和经济社会发展的科技需求，开展恢复生态、风沙环境和绿洲生态的试验示范研究，构建绿洲防护体系、荒漠植被可持续管理、绿洲农田稳产高产、荒漠生态产业发展的技术体系和模式，为区域可持续发展提供理论依据和技术支撑。建立监测、研究、示范、服务四位一体的极端干旱荒漠生态系统试验研究、开放共享平台，积累陆地生态系统研究基础资料；阐明荒漠生态系统生态过程、演变规律和发展趋势，界定荒漠生态系统的基本功能；揭示荒漠生态系统和绿洲生态系统的相互作用过程，提出绿洲-荒漠过渡带的合理结构；解析绿洲农田高产稳产与绿洲稳定性机理，研发绿洲农田高产稳产技术与荒漠生态产业开发关键技术，建立生态系统优化管理示范模式和技术体系，服务于该区域的社会经济可持续发展和生态文明建设；建成具有国际影响力的干旱区试验研究基地。

1.2.2 研究方向

1.2.2.1 风沙危害过程及防沙治沙技术集成与示范

综合运用风沙物理学、土壤生态学、植物生态学的理论依据和技术方法，以绿洲生态安全的持续维护为目标，系统研究绿洲不同区域（绿洲近外围、沙漠-绿洲过渡带、沙漠前沿）风沙运移（风蚀、风积、沙丘移动）的动态过程及其与不同下垫面的关系，揭示典型区域风沙危害的规律和趋势。在此基础上，通过区域植被及其生境因子调查与防护屏障功能分析研发集成生物、物理、化学防沙治沙的技术体系，构建不同生态类型区域和不同水资源利用方式条件下综合防护屏障的结构模式，建立相应的示范区，为干旱风沙区防沙治沙技术的推广应用提供科技支撑和示范样板。

1.2.2.2 荒漠植物逆境适应策略与可持续管理模式

综合运用景观生态学、种群生态学、生理生态学和分子生态学的理论依据和技术方法，从形态、生理、分子等不同水平，基于对多年生优势植物幼苗定居过程中的逆境适应特征，维持该过程的光合水分生理特征和养分利用机制，种群繁殖的水分调控策略和群落稳定分布的生态学基础的长期、系统观测试验，从经济学和生态学角度提出多年生优势植被可持续管理的技术措施，为区域荒漠植物的有效保护和合理利用提供科技支撑。

1.2.2.3 绿洲农田高产稳产技术与绿洲稳定性机制

基于定位试验观测，研究绿洲农田大气降水、地表水、土壤水、地下水的相互转化关系与耗散规律及绿洲生态系统水量平衡与水分转化效率，阐明绿洲生态系统水量平衡与生态功能的关系，为绿洲农田生产过程中水资源的合理配置提供理论依据和基础数据；应用系统动力学和物质平衡原理，利用数值模拟技术和方法，研究绿洲农田水量平衡、水盐平衡及其与作物生长发育特征和生产力形成规律的关系，揭示绿洲农田的水分、土壤、大气、生物过程及其相互作用机理，为绿洲农田生态系统的稳定、健康、高质量发展提供理论依据。

1.2.2.4 荒漠生态产业关键技术研发与规模化应用

以生态屏障建设和生态产业发展的需要为目标，针对干旱荒漠区的环境条件，以特色林果、药草、饲草等经济植物的物种配置技术为突破口，开发集成基于生物多样性理论、生态效益和经济效益平衡及多种技术组合的荒漠-绿洲过渡带生态产业，发展物种配置、植被恢复和经济型生态屏障建设、工程化种植和规模化应用等技术体系，构建基于当地资源特点的植被恢复和经济型生态屏障建设优化模式，促进绿洲生态屏障的可经营性，提高植被恢复的有效性和过渡带的生态功能。

围绕上述总体目标和学科方向，通过平台建设、理论创新、技术突破、科技服务等，将策勒站建设成具有国际影响力的干旱区试验研究基地和国家级科普教育基地。

1.3 主要研究成果及人才队伍

1.3.1 主要研究成果

自建站以来，策勒站先后取得了一系列重大科研成果，其中包括联合国环境规划署“全球土地退化与荒漠化防治成功业绩奖”中的两项大奖（1995），创下中国十大科技进展“在新垦沙荒地上连续三年棉花单产世界纪录”（2001），为国家和地方发展作出了重要贡献。近年来，在*American Journal of Botany*、*New Phytologist*、*Plant and Soil*、*Tree Physiology*、《中国科学》等国内外知名学术期刊上发表研究论文300余篇，出版专著5部；获得国家授权专利17项（其中发明专利11项）；获计算机软件登记12项。获得新疆维吾尔自治区科技进步奖4项，其中2011年度新疆科技进步特等奖1项，2014年、2018年度新疆科技进步一等奖各1项（获奖项目名称：“干旱区绿洲化过程及可持续性的调控途径与技术”“塔里木盆地西南缘生态综合整治关键技术开发与示范”），2011年、2013年度新疆维吾尔自治区科技进步二等奖各1项（获奖项目名称：“深根植物根系生态学研究”“塔克拉玛干沙漠南缘主要优势植物的逆境适应策略与可持续管理途径”）。

1.3.2 人才队伍

1.3.2.1 研究团队

通过策勒站的平台建设和学科发展，形成了一支以荒漠生态系统修复和绿洲生态系统稳定研究为核心的科研团队。团队成员26人，包括研究员7人，入选“青年千人”计划3人，美国、加拿大、德国、澳大利亚等国外客座研究员5人等。研究团队紧紧围绕区域社会发展和生态建设中的关键科学问题和重大技术问题，在干旱区退化生态系统修复、绿洲生态屏障建设、精准扶贫等方面发挥着骨干和引领作用。

1.3.2.2 技术支撑团队

策勒站支撑团队结构合理、分工明确、专业完善，能够保证台站各项任务的顺利完成。目前共有固定和聘用技术支撑人员8人，其中：常规监测人员4人，分别负责水分、土壤、大气、生物要素的观测；技术服务人员4人，主要负责技术推广、后勤保障、试验观测服务等。

1.3.2.3 人才培养

近年来，策勒站共培养博士28名、硕士45名（国外博士和硕士各2名），为地方培养相关技术人员500余人。目前在站进行研究工作的硕士、博士研究生共27名，其中博士研究生12名，硕士研究生15名，包括巴基斯坦和哈萨克斯坦的博士研究生各1名。同时，策勒站高度重视青年科技骨干和研究生队伍的培养。通过台站经费支持和国家留学基金资助，数名站内青年科技骨干和博士研究生赴英国谢菲尔德大学、美国沙漠研究所等院校机构学习深造。

第2章

主要样地与观测设施

2.1 概述

2003年加入CERN后，策勒站开始按照CERN的统一要求和部署，进行长期、连续、规范化的水分、土壤、大气和生物环境观测。经过长期的发展建设，在CERN部署的农田和荒漠生态系统的11个观测场（包括气象观测场、农田综合观测场、荒漠综合观测场以及相应的辅助观测场等）之外，还在山区、戈壁、沙漠、绿洲建设了23个不同生态类型的环境观测场，主要包括地下水位观测网络2个（荒漠、绿洲，56个观测及采样点）、风沙运移观测场4个（沙漠、绿洲边缘、绿洲内部等）、气象观测场4个（山区、戈壁、沙漠、绿洲）、山区草地生态系统观测场3个、山-盆复合生态系统观测样带7个（昆仑山北坡-戈壁-绿洲-沙漠）、大气氮沉降观测场3个（山区-绿洲-荒漠），形成了较为完整的区域生态系统监测网络。特别是2019年建成的昆仑山北坡生态系统观测样带和2020年建设的新疆荒漠植物根系生态与植被修复重点实验室，进一步开拓和加强了策勒站的区域环境观测范围和平台研究的承载能力（图2-1）。

图2-1　策勒站沙漠-绿洲-农田-山区环境梯度气象观测场

主要观测样地见表 2-1。

表 2-1　策勒站主要观测样地

样地名称	样地代码	面积/m^2	形状
策勒荒漠综合观测场	CLDZH02	21 750	长方形
策勒荒漠辅助观测场（四）	CLDFZ04	10 000	正方形
策勒荒漠辅助观测场（五）	CLDFZ05	10 000	正方形
策勒绿洲农田综合观测场	CLDZH01	10 000	正方形
策勒绿洲农田辅助观测场（一）	CLDFZ01	10 000	正方形
策勒绿洲农田辅助观测场（二）	CLDFZ02	10 000	正方形
策勒绿洲农田辅助观测场（三）	CLDFZ03	10 000	正方形
策勒绿洲农田调查点（一）	CLDZQ01	960	长方形
策勒绿洲农田调查点（二）	CLDZQ02	2 500	长方形
策勒绿洲农田调查点（三）	CLDZQ03	1 700	长方形
策勒综合气象要素观测场	CLDQX01	750	长方形
策勒荒漠地下水位观测场	CLDZH02CDX_01	4	正方形
策勒绿洲农田地下水位观测场	CLDFZ10CDX_01	4	正方形
策勒流动地表水质采样地	CLDFZ11CLB_01	—	带状
策勒静止地表水质采样地	CLDFZ12CJB_01	—	其他
策勒灌溉水井水质采样地	CLDFZ13CGD_01	4	正方形

主要观测设施见表 2-2。

表 2-2　策勒站主要观测设施

类型	序号	观测设施名称	所在样地名称
气象观测设施	1	自动气象站	策勒综合气象要素观测场
气象观测设施	2	E601 水面蒸发器	策勒综合气象要素观测场
地下水观测设施	3	地下水位观测井	策勒荒漠地下水位观测场
地下水观测设施	4	地下水位观测井	策勒绿洲农田地下水位观测场
土壤水分观测设施	5	土壤温湿盐观测系统	策勒综合气象要素观测场
土壤水分观测设施	6	土壤温湿盐观测系统	策勒荒漠综合观测场
土壤水分观测设施	7	土壤温湿盐观测系统	策勒荒漠辅助观测场（四）
土壤水分观测设施	8	土壤温湿盐观测系统	策勒荒漠辅助观测场（五）
土壤水分观测设施	9	土壤温湿盐观测系统	策勒绿洲农田综合观测场
土壤水分观测设施	10	土壤温湿盐观测系统	策勒绿洲农田辅助观测场（一）
土壤水分观测设施	11	土壤温湿盐观测系统	策勒绿洲农田辅助观测场（二）

2.2 主要观测样地介绍

2.2.1 策勒荒漠综合观测场

策勒荒漠综合观测场（样地代码：CLDZH02）建于 2004 年，为百年尺度的长期荒漠生态系统观测样地。策勒荒漠综合观测场位于策勒县策勒乡托帕村，与策勒站区的直线距离大约为 2.5 km，四周均为自然荒漠。观测场经度范围为 80°42′22″—80°42′28″E，纬度范围为 37°00′26″—37°00′30″N，海拔为 1 305 m。样地为长方形，规格为 150 m×145 m。样地是以骆驼刺（*Alhagi camelorum* Fisch）为主的荒漠植被类型，土壤为风沙土壤。植被和沙包迎风面以及植被稀疏的地方有风蚀现象，背风面有不同程度的风积现象。主要植物种类有骆驼刺、花花柴、拐轴鸦葱、蓝刺头、柽柳等。该观测场建立之前为自然荒漠，由于风蚀风积等风沙危害以及植被的影响，形成了多个沙包、沙垄，也有风蚀形成的沟壑板地。但样地整体地形没有明显的倾向性坡度。沙丘为半固定、半流动状态，风蚀程度为中度。观测场建立以后，采用稀疏的铁丝网围栏，主要是限制放牧和砍伐等人为扰动。在荒漠综合观测场建立之初，进行了生物、土壤等本底样本的取样，进行了样本的测定。

策勒荒漠综合观测场包括观测样地和采样样地。观测样地只进行长期观测，观测在自然状态下荒漠生态系统长期的变化规律和特点，严禁对长期观测区域进行任何形式的人为扰动，非观测人员不得进入，观测人员也只有在固定的观测时段才能进去观测。长期观测区主要用于植物空间格局、群落特征与植物物候变化等的观测。采样地主要包括生物采样地和土壤采样地。生物采样地与土壤采样地共设 6 个 10 m×20 m 的小区为固定观测采样地。观测和采样统一按照 CERN 荒漠生态系统各要素的监测规范定期开展年度和五年一度的取样和分析工作。

2.2.2 策勒荒漠辅助观测场（四）

策勒荒漠辅助观测场（四）（样地代码：CLDFZ04）建于 2004 年，是荒漠生态系统长期综合观测场的辅助观测样地。样地坐标为 80°42′34″E，37°00′26″N。在策勒河的转弯处，位于策勒荒漠综合观测场附近。样地规格为 100 m×100 m，海拔为 1 305 m。荒漠辅助观测场的设置是为了和使用围栏后的荒漠综合观测场进行对比。主要观测人为扰动条件下荒漠生态系统植物群落、土壤、环境等方面的变化。根据观测设计，策勒荒漠辅助观测场（四）没有设置围栏，允许人为干扰，比如进入放牧和植被砍伐等。地形为较为平坦的荒漠地貌类型，没有明显倾向性的坡度，东侧较远处有深沟。地面和植被稀疏的地方有明显风蚀、风积现象。风蚀、风积程度为中度。植被以骆驼刺、拐轴鸦葱、柽柳为主，群落结构较为单一。

策勒荒漠辅助观测场（四）同样设置有观测样地和采样地。观测样地只进行长期观测，主要是对植物空间格局变化等的观测，间隔时间较长。采样地同样包括生物采样地和土壤采样地。生物采样地与土壤采样地共设 6 个 10 m×10 m 的小区，为固定观测采样地。生物采样地与土壤采样地的设置和采样时间、顺序和观测内容基本和策勒荒漠综合观测场一致，统一按照 CERN 荒漠生态系统观测规范开展年度和五年一度的取样和分析工作。

2.2.3 策勒荒漠辅助观测场（五）

策勒荒漠辅助观测场（五）（样地代码：CLDFZ05）位于策勒站区的西侧，同样是荒漠生态系统长期综合观测场的辅助观测样地。样地建于 2004 年，地理坐标为 80°42′34″E，37°00′26″N。海拔为 1 307 m，与荒漠综合观测场的直线距离大约为 2.5 km。根据观测设计，策勒荒漠辅助观测场（五）同样没有进行围栏建设，允许放牧、砍伐等人为干扰。样地地貌类型为起伏不平的荒漠，有明显的沙包和沙垄，但没有明显的倾向性坡度。植被和沙包迎风面以及植被稀疏的地方有风蚀现象，风蚀程度为中度偏弱，沙丘为半固定程度。样地植被以骆驼刺为主，分布有少量的多枝柽柳、花花柴、拐轴鸦葱等。东部和北部有少量受柽柳和风积作用影响形成的较大沙包。

策勒荒漠辅助观测场（五）同样设置观测样地和采样地。观测样地进行植物空间格局等的观测。生物采样地与土壤采样地设有6个10 m×10 m的固定观测采样小区。为了对比和验证，策勒荒漠辅助观测场（五）的观测内容和策勒荒漠辅助观测场（四）一致，都按照CERN荒漠生态系统观测规范进行统一的观测。

2.2.4 策勒绿洲农田综合观测场

策勒绿洲农田综合观测场（常规栽培模式，样地代码：CLDZH01）于2004年建立，为绿洲农田生态系统长期观测样地，主要种植作物为棉花。综合观测场位于站区的北部，在新垦绿洲和自然荒漠的交界处。该观测场为正方形，100 m×100 m，四周都留有保护行。经度范围为80°43′37″—80°43′41″E，纬度范围为37°01′16″—37°01′20″N，海拔为1 306 m。观测场开垦以前是自然荒漠，主要自然植被包括骆驼刺、花花柴、柽柳等。土壤类型属于风沙土。策勒站建立以后，1994年被辟为农田。早期曾经种植过玉米、苜蓿、阿拉伯茴香、棉花等，后期主要是棉花和玉米一年一次的轮作，已经有28年的耕作种植历史。

策勒绿洲农田综合观测场农田在新疆南疆地区新开垦绿洲农地中具有典型的代表性，类似农田系统在本区域也具有较大的分布面积。2004年建立绿洲综合观测场后，采用当地农民传统耕作方式，观测百年尺度上农民传统耕作方式对农田生态系统作物生长、产量和土壤质量、肥力等的影响。依据当地农民的种植习惯（主要是灌溉和施肥等），绿洲农田综合观测场确定了清晰完善的耕作制度。耕种上采用中型拖拉机耕地，机械播种或者机械铺膜人工播种。灌溉方式均为漫灌。灌溉采用井水或者策勒河洪水，每年灌溉6次或7次。6月之前一般是用井水灌溉，7月以后一般是用策勒河的洪水灌溉。

策勒绿洲农田综合观测场中部设置有长期生物采样地和长期土壤采样地。采样地为正方形，40 m×40 m，在周边设置2.5 m宽的保护行，按照生物监测规范原则，均分为64个5 m×5 m的采样区。综合观测场建立初期主要安装中子仪管测定土壤水分。2015年安装1套土壤温、湿、盐观测系统，用来自动观测土壤温、湿、盐变化。2018年安装植物物候自动观测系统，开展作物物候监测。2021年在观测场内安装1套根管（1个观测样方3根，根管长1 m，45°安装），同年开始观测样地内农作物根系的生长动态。综合观测场的观测内容包括生物、水分、土壤三大要素，全部按照CERN综合观测场指标体系观测，采样设计按照CERN统一规范进行。其中，农作物主要按照生长节律对株数、高度、叶面积、生物量、根系、产量等进行观测。

2.2.5 策勒绿洲农田辅助观测场（一）

策勒绿洲农田辅助观测场（一）（高产栽培模式，样地代码：CLDFZ01）建立于2004年，作为策勒绿洲农田综合观测场的辅助观测样地。观测场位于站区的北部，规格为100 m×100 m，四周留有保护行。样地东面和南面均为策勒站的农田，北面林带外为绿洲外围，荒漠、沙漠景观。经度范围为80°43′42″—80°43′46″E，纬度范围为37°01′16″—37°01′20″N，海拔为1 307 m。样地开垦以前是自然荒漠，土壤类型属于风沙土。1992年被辟为农田，早期主要种植玉米和棉花。棉花和玉米基本是两年一次的轮作。在成为观测样地前，种植方式和当地传统种植方式一致，灌溉方式为漫灌，主要依靠洪水灌溉。2004年成为辅助观测样地后，耕作制度、管理方式、作物品种、灌溉量等和综合观测场一致。辅助观测场是农田综合观测场作物和环境长期观测、研究数据的有效重复和验证。区别在于，策勒绿洲农田辅助观测场（一）主要是增加了农田肥料（包括有机肥和化肥）的投入。观测百年尺度上肥料使用量增加的情况下农田生态系统作物产量与生长、农田土壤质量和肥力等的变化。

策勒绿洲农田辅助观测场（一）同样在样地中部设置长期生物采样地和长期土壤采样地。采样地为正方形，40 m×40 m，在周边设置2.5 m宽的保护行，按照生物监测规范，均分为64个5 m×5 m的采样区。辅助观测场同样执行CERN农田生态系统观测规范。观测内容、观测指标、观测时间等和综合观测场一致，但没有安装植物物候自动观测系统和根系监测系统（根管）。

2.2.6 策勒绿洲农田辅助观测场（二）

策勒绿洲农田辅助观测场（二）（不施肥对照模式，样地代码：CLDFZ02）建于2004年，位于策勒站的北部，规格为100 m×100 m。样地四周留有保护行，再往北是自然荒漠。经度范围为80°43′37″—80°43′41″E，纬度范围为37°01′21″—37°01′25″N，海拔为1 310 m。2004年以前，绿洲农田辅助观测场（二）为自然荒漠，主要自然植被包括骆驼刺、花花柴、拐轴鸦葱、芦苇、柽柳等。2004年平整土地后建成观测样地，土壤类型属于风沙土。作为农田生态系统长期辅助观测样地，策勒绿洲农田辅助观测场（二）是综合观测场和策勒绿洲农田辅助观测场（一）的生物和环境长期观测、研究数据的重要补充和有效验证。区别在于，作为对照模式，策勒绿洲农田辅助观测场（二）不施用肥料（包括有机肥和化肥）。观测百年尺度上没有肥料的情况下农田生态系统作物生长、产量等生物要素和土壤肥力、质量等土壤环境要素的变化情况。除了不施肥以外，策勒绿洲农田辅助观测场（二）的耕作制度、管理方式、作物品种、灌溉量等和综合观测场一致。

策勒绿洲农田辅助观测场（二）的长期生物采样地和长期土壤采样地设置、观测指标、内容等和绿洲农田综合观测场一致。

2.2.7 策勒绿洲农田辅助观测场（三）

策勒绿洲农田辅助观测场（三）（自然空白对照样地，样地代码：CLDFZ03）建于2004年，位于策勒站的北部，规格为100 m×100 m。经度范围为80°43′42″—80°43′46″E，纬度范围为37°01′21″—37°01′24″N，海拔为1 308 m。样地建立以前是自然荒漠，自然植被主要包括骆驼刺、花花柴等。样地四周留有保护行，西面和北面均为自然荒漠。策勒绿洲农田辅助观测场（三）不进行种植和管理，仍然维持自然状态，作为几种不同绿洲农田栽培管理模式下的自然空白对照进行监测，代表农田边缘不进行开垦耕作的土地。主要是观测在不开发、不耕种条件下农田边缘荒漠生态系统百年尺度上生物、土壤等的变化。策勒绿洲农田辅助观测场（三）有长期的生物观测样地和土壤采样地。样地设置与农田综合观测场一致，样地也是正方形，40 m×40 m，周边设置2.5 m宽的保护行，均分为64个5 m×5 m的采样区。策勒绿洲农田辅助观测场（三）土壤的观测内容和其他农田观测场一致，但是生物观测指标、内容等和其他农田观测场不同。

2.2.8 策勒绿洲农田调查点

策勒绿洲农田调查点（一）、策勒绿洲农田调查点（二）、策勒绿洲农田调查点（三）（样地代码：CLDZQ01、CLDZQ02、CLDZQ03）建于2004年。策勒绿洲农田调查点都位于策勒原有绿洲范围内，属于耕作年限较长的绿洲农田，有代表性的是新疆南疆地区典型绿洲农田，特别是开垦种植时期较长的原有绿洲农田。调查点由农民自行管理，策勒站只进行相关的观测指标调查。选择绿洲农田调查点是为了与站区新开垦绿洲农田生态系统和不同的农田耕作模式进行长期对比。观测较长时间尺度上农民传统耕作方式对绿洲农田生态系统作物生长、产量和土壤质量、肥力等的影响。

策勒绿洲农田调查点（一）（CLDZQ01）在策勒乡托帕艾热克村，位于策勒绿洲西北部，距离策勒站大约600 m。样地坐标为80°44′28.9″E，37° 00′54.5″N。样地海拔高度为1 312 m。策勒绿洲农田调查点（二）、策勒绿洲农田调查点（三）（CLDZQ02、CLDZQ03）都在策勒乡托帕村，位于策勒绿洲西北部，距离策勒站大约3 km。策勒绿洲农田调查点（二）（CLDZQ02）的经度范围为80°44′58.6″E，纬度范围37° 00′18.6″N。样地海拔为1 319 m。策勒绿洲农田调查点（三）（CLDZQ03）的地理坐标为80°44′57.1″E，37° 00′16.6″N，海拔高度为1 327 m。所有调查点均地势平坦，地下水位深17 m左右，土壤含水量低。土壤质地疏松，为轻质风沙土。农田调查点由农民自行管理，栽培的作物品种、耕种方式、管理措施等均由农民自行选定，策勒站只进行相关观测指标的调查。调查点的观测内容包括生物、水分、土壤三大要素，全部按照CERN观测指标体系要求进行观测，采样设计按照CERN规范进行。样地内无观测设施，所有观测项目均为人工观测或采用农户问卷调查的方式进行观测。

第3章 生物长期观测数据集

3.1 农田生物长期观测数据集

3.1.1 农田作物种类与产值

3.1.1.1 概述

本数据集包括策勒站2009—2015年策勒绿洲农田综合观测场（CLDZH01）、策勒绿洲农田辅助观测场（一）（CLDFZ01）、策勒绿洲农田辅助观测场（二）（CLDFZ02）的棉花种类与产值观测数据，包括作物品种、播种量、占总播比率、测产、直接成本、产值等。数据采集频率为1年1次。

3.1.1.2 数据采集和处理方法

产量调查以观测场样地为单位，棉花产量备注皮棉产量、籽棉产量。每个样地的产量按照所指的样地实际收获的产量统计，相应地估算产值。

3.1.1.3 数据质量控制和评估

对比历年数据，核实异常数据，对样地棉花作物相关数据进行质量控制分析，准确判断各调查指标的年际变化。

3.1.1.4 数据

具体数据见表3-1。

表3-1 农田作物种类与产值

年份	作物品种	播种量/(kg/hm²)	观测场代码	占总播比率/%	测产/(kg/hm²)	直接成本/(元/hm²)	产值/(元/hm²)
2009	K7号	120	CLDZH01	100	2 496.0	8 189.4	15 100.8
2010	中棉35	120	CLDZH01	100	2 894.0	13 571.5	34 728.0
2011	中棉35	120	CLDZH01	100	5 114.0	13 414.1	34 728.0
2012	新陆21	120	CLDZH01	100	6 470.0	14 604.0	49 172.0
2013	新陆中28	120	CLDZH01	100	6 604.0	14 604.0	49 172.0
2014	中棉49	120	CLDZH01	100	9 693.0	13 577.5	53 311.5
2015	豫棉15	120	CLDZH01	100	7 426.0	12 560.8	53 311.5
2009	K7号	120	CLDFZ01	100	2 458.0	10 356.9	14 870.9
2010	中棉35	120	CLDFZ01	100	3 794.0	14 450.5	45 528.0
2011	中棉35	120	CLDFZ01	100	5 928.0	15 750.0	45 528.0
2012	新陆21	120	CLDFZ01	100	9 831.7	18 565.0	74 723.2
2013	新陆中28	120	CLDFZ01	100	8 371.0	18 565.0	74 723.2

（续）

年份	作物品种	播种量/（kg/hm²）	观测场代码	占总播比率/%	测产/（kg/hm²）	直接成本/（元/hm²）	产值/（元/hm²）
2014	中棉 49	120	CLDFZ01	100	9 128.0	15 122.5	50 204.0
2015	豫棉 15	120	CLDFZ01	100	8 559.0	13 890.5	50 204.0
2009	K7 号	120	CLDFZ02	100	446.1	5 205.0	2 698.3
2010	中棉 35	120	CLDFZ02	100	594.0	11 350.0	7 128.0
2011	中棉 35	120	CLDFZ02	100	649.0	8 004.0	7 128.0
2012	新陆 21	120	CLDFZ02	100	1 339.4	8 703.0	10 176.4
2013	新陆中 28	120	CLDFZ02	100	3 585.0	8 703.0	10 176.4
2014	中棉 49	120	CLDFZ02	100	2 110.0	1 507.5	11 605.0
2015	豫棉 15	120	CLDFZ02	100	2 680.0	1 400.0	11 605.0

3.1.2 农田复种指数与典型地块作物轮作体系复种指数

3.1.2.1 概述

本数据集包括策勒站2009—2015年策勒绿洲农田综合观测场（CLDZH01）、策勒绿洲农田辅助观测场（一）（CLDFZ01）、策勒绿洲农田辅助观测场（二）（CLDFZ02）轮作体系的农田复种指数，作物轮作体系是耕作制度的重要组成部分。数据采集频率为1年1次。

3.1.2.2 数据采集和处理方法

实地调查作物名称、作物分布、主要种植模式等，验证基础资料。整理调查内容，并制作调查记录表。

3.1.2.3 数据质量控制和评估

对比历年数据，核实异常数据，准确获得各调查数据的年际变化。

3.1.2.4 数据

具体数据见表3-2。

表3-2 典型地块作物轮作体系复种指数

年份	农田类型	复种指数/%	轮作体系	当年作物	观测场代码
2009	水浇地	100	棉花	棉花	CLDZH01
2010	水浇地	100	棉花	棉花	CLDZH01
2011	水浇地	100	棉花	棉花	CLDZH01
2012	水浇地	100	棉花	棉花	CLDZH01
2013	水浇地	100	棉花	棉花	CLDZH01
2014	水浇地	100	棉花	棉花	CLDZH01
2015	水浇地	100	棉花	棉花	CLDZH01
2009	水浇地	100	棉花	棉花	CLDFZ01
2010	水浇地	100	棉花	棉花	CLDFZ01
2011	水浇地	100	棉花	棉花	CLDFZ01
2012	水浇地	100	棉花	棉花	CLDFZ01
2013	水浇地	100	棉花	棉花	CLDFZ01

（续）

年份	农田类型	复种指数/%	轮作体系	当年作物	观测场代码
2014	水浇地	100	棉花	棉花	CLDFZ01
2015	水浇地	100	棉花	棉花	CLDFZ01
2009	水浇地	100	棉花	棉花	CLDFZ02
2010	水浇地	100	棉花	棉花	CLDFZ02
2011	水浇地	100	棉花	棉花	CLDFZ02
2012	水浇地	100	棉花	棉花	CLDFZ02
2013	水浇地	100	棉花	棉花	CLDFZ02
2014	水浇地	100	棉花	棉花	CLDFZ02
2015	水浇地	100	棉花	棉花	CLDFZ02

3.1.3 农田主要作物肥料投入情况

3.1.3.1 概述

本数据集包括策勒站 2009—2015 年策勒绿洲农田综合观测场（CLDZH01）、策勒绿洲农田辅助观测场（一）（CLDFZ01）、策勒绿洲农田调查点（一）（CLDZQ01）、策勒绿洲农田调查点（二）（CLDZQ02）、策勒绿洲农田调查点（三）（CLDZQ03）棉花肥料投入情况。以农家肥牛、羊粪为主。内容包括施用时间、作物生育时期、施肥方式、施用量。数据采集频率为每年每个生育时期采集 1 次。

3.1.3.2 数据采集和处理方法

每次施肥的时候，观测人员对具体的施用日期、用量等做详细的记录。在站区调查点，通过向农户调查获取数据。

3.1.3.3 数据质量控制和评估

对比历年数据，核实棉花施肥数据，对样地棉花不同物候期数据进行质量控制分析，准确判断各调查数据的年际变化。

3.1.3.4 数据

具体数据见表 3-3。

表 3-3 农田主要作物肥料投入情况

施用时间（年-月-日）	作物名称	肥料名称	作物生育时期	施用方式	施用量/（kg/hm²）	观测场代码
2009-03-29	棉花	农家肥	播前期	撒底肥	19 500.0	CLDZH01
2009-04-10	棉花	尿素	播前期	撒底肥	75.0	CLDZH01
2009-04-10	棉花	磷酸二氢钾	播前期	撒底肥	150.0	CLDZH01
2009-05-29	棉花	尿素	蕾期	撒播	225.0	CLDZH01
2009-06-17	棉花	尿素	开花期	撒播	300.0	CLDZH01
2009-07-08	棉花	尿素	铃期	撒播	300.0	CLDZH01
2009-07-01	棉花	磷酸二氢钾	铃期	喷施	15.0	CLDZH01
2008-07-08	棉花	磷酸二氢钾	铃期	喷施	15.0	CLDZH01
2009-03-26	棉花	农家肥	播前期	撒底肥	30 000.0	CLDFZ01
2009-04-08	棉花	尿素	播前期	撒底肥	225.0	CLDFZ01

（续）

施用时间（年-月-日）	作物名称	肥料名称	作物生育时期	施用方式	施用量/（kg/hm^2）	观测场代码
2009-04-08	棉花	磷酸二氢钾	播前期	撒底肥	300.0	CLDFZ01
2009-05-28	棉花	尿素	蕾期	撒底肥	300.0	CLDFZ01
2009-06-17	棉花	尿素	开花期	撒底肥	300.0	CLDFZ01
2009-07-08	棉花	尿素	铃期	撒底肥	300.0	CLDFZ01
2009-07-01	棉花	磷酸二氢钾	开花期	喷施	1.5	CLDFZ01
2009-07-08	棉花	磷酸二氢钾	开花期	喷施	1.5	CLDFZ01
2009-07-31	棉花	磷酸二氢钾	铃期	喷施	1.5	CLDFZ01
2009-07-31	棉花	尿素	铃期	喷施	1.5	CLDFZ01
2009-03-05	洋葱	农家肥	播前期	撒底肥	27 000.0	CLDZQ01
2009-03-05	洋葱	磷酸二氢钾	播前期	撒底肥	150.0	CLDZQ01
2009-05-20	洋葱	尿素	苗期	撒播	150.0	CLDZQ01
2009-06-24	洋葱	磷酸二氢钾	苗期	撒播	150.0	CLDZQ01
2009-04-05	玉米	农家肥	播前期	撒底肥	30 000.0	CLDZQ02
2009-06-12	玉米	尿素	苗期	撒播	600.0	CLDZQ02
2009-03-09	洋葱	农家肥	播前期	撒底肥	30 000.0	CLDZQ03
2010-03-20	棉花	农家肥	播前期	撒底肥	19 500.0	CLDZH01
2010-04-10	棉花	尿素	播前期	撒底肥	75.0	CLDZH01
2010-04-10	棉花	磷酸二氢钾	播前期	撒底肥	150.0	CLDZH01
2010-05-29	棉花	尿素	蕾期	撒播	225.0	CLDZH01
2010-06-14	棉花	尿素	开花期	撒播	225.0	CLDZH01
2010-07-08	棉花	尿素	铃期	撒播	300.0	CLDZH01
2010-06-18	棉花	磷酸二氢钾	蕾期	喷施	1.5	CLDZH01
2010-07-28	棉花	磷酸二氢钾	铃期	喷施	1.5	CLDZH01
2010-07-28	棉花	尿素	铃期	喷施	0.3	CLDZH01
2010-03-22	棉花	农家肥	播前期	撒底肥	30 000.0	CLDFZ01
2010-04-08	棉花	尿素	播前期	撒底肥	225.0	CLDFZ01
2010-04-08	棉花	磷酸二氢钾	播前期	撒底肥	300.0	CLDFZ01
2010-05-28	棉花	尿素	蕾期	撒底肥	300.0	CLDFZ01
2010-06-14	棉花	尿素	开花期	撒底肥	375.0	CLDFZ01
2010-07-08	棉花	尿素	铃期	撒底肥	300.0	CLDFZ01
2010-06-18	棉花	磷酸二氢钾	开花期	喷施	1.5	CLDFZ01
2010-07-28	棉花	磷酸二氢钾	铃期	喷施	1.5	CLDFZ01

（续）

施用时间（年-月-日）	作物名称	肥料名称	作物生育时期	施用方式	施用量/（kg/hm²）	观测场代码
2010-07-28	棉花	尿素	铃期	喷施	0.3	CLDFZ01
2010-03-29	棉花	磷酸二氢钾	铃期	喷施	1.5	CLDFZ01
2010-03-12	甜瓜	农家肥	播前期	撒底肥	30 000.0	CLDZQ01
2010-03-16	甜瓜	磷酸二氢钾	播前期	撒底肥	375.0	CLDZQ01
2010-05-26	甜瓜	磷酸二氢钾	播前期	撒底肥	75.0	CLDZQ01
2010-03-18	玉米	农家肥	播前期	撒底肥	30 000.0	CLDZQ02
2010-06-01	玉米	尿素	苗期	撒播	300.0	CLDZQ02
2010-03-12	棉花	农家肥	播前期	撒底肥	30 000.0	CLDZQ03
2010-06-08	棉花	尿素	现蕾期	撒底肥	300.0	CLDZQ03
2011-03-26	棉花	农家肥	播前期	撒底肥	19 500.0	CLDZH01
2011-04-15	棉花	尿素	播前期	撒底肥	75.0	CLDZH01
2011-04-15	棉花	磷酸二氢钾	播前期	撒底肥	150.0	CLDZH01
2011-06-08	棉花	尿素	蕾期	撒播	225.0	CLDZH01
2011-06-26	棉花	尿素	开花期	撒播	225.0	CLDZH01
2011-07-18	棉花	尿素	铃期	撒播	300.0	CLDZH01
2011-06-26	棉花	磷酸二氢钾	蕾期	喷施	1.5	CLDZH01
2011-07-28	棉花	磷酸二氢钾	铃期	喷施	1.5	CLDZH01
2011-03-26	棉花	农家肥	播前期	撒底肥	30 000.0	CLDFZ01
2011-04-14	棉花	尿素	播前期	撒底肥	225.0	CLDFZ01
2011-04-14	棉花	磷酸二氢钾	播前期	撒底肥	300.0	CLDFZ01
2011-06-07	棉花	尿素	蕾期	撒底肥	300.0	CLDFZ01
2011-06-25	棉花	尿素	开花期	撒底肥	375.0	CLDFZ01
2011-06-26	棉花	磷酸二氢钾	开花期	喷施	1.5	CLDFZ01
2011-07-19	棉花	尿素	播前期	撒底肥	300.0	CLDFZ01
2011-07-28	棉花	磷酸二氢钾	铃期	喷施	1.5	CLDFZ01
2011-03-20	棉花	农家肥	播前期	撒底肥	30 000.0	CLDZQ01
2011-04-08	棉花	磷酸二氢钾	播前期	撒底肥	375.0	CLDZQ01
2011-06-29	棉花	尿素	播前期	撒底肥	600.0	CLDZQ01
2011-08-06	棉花	尿素	播前期	撒底肥	600.0	CLDZQ01
2011-03-27	棉花	农家肥	播前期	撒底肥	15 000.0	CLDZQ02
2011-05-29	棉花	尿素	苗期	撒播	450.0	CLDZQ02
2011-03-27	棉花	农家肥	播前期	撒底肥	22 500.0	CLDZQ03

（续）

施用时间（年-月-日）	作物名称	肥料名称	作物生育时期	施用方式	施用量/(kg/hm²)	观测场代码
2011-05-25	棉花	尿素	现蕾期	撒底肥	375.0	CLDZQ03
2012-03-23	棉花	农家肥	播前期	撒底肥	19 500.0	CLDZH01
2012-04-15	棉花	尿素	播前期	撒底肥	75.0	CLDZH01
2012-04-15	棉花	磷酸二铵	播前期	撒底肥	150.0	CLDZH01
2012-06-03	棉花	尿素	蕾期	撒播	225.0	CLDZH01
2012-06-26	棉花	尿素	开花期	撒播	225.0	CLDZH01
2012-07-13	棉花	尿素	铃期	撒播	300.0	CLDZH01
2012-06-15	棉花	磷酸二氢钾	蕾期	喷施	1.5	CLDZH01
2012-07-28	棉花	磷酸二氢钾	铃期	喷施	1.5	CLDZH01
2012-03-25	棉花	农家肥	播前期	撒底肥	30 000.0	CLDFZ01
2012-04-14	棉花	尿素	播前期	撒底肥	225.0	CLDFZ01
2012-04-14	棉花	磷酸二铵	播前期	撒底肥	300.0	CLDFZ01
2012-06-04	棉花	尿素	蕾期	撒底肥	300.0	CLDFZ01
2012-06-26	棉花	尿素	开花期	撒底肥	375.0	CLDFZ01
2012-07-13	棉花	尿素	开花期	撒底肥	375.0	CLDFZ01
2012-06-15	棉花	磷酸二氢钾	开花期	喷施	1.5	CLDFZ01
2012-07-28	棉花	磷酸二氢钾	铃期	喷施	1.5	CLDFZ01
2012-03-25	小麦	农家肥	播前期	撒底肥	25 000.0	CLDZQ01
2012-04-29	小麦	磷酸二铵	播前期	撒底肥	450.0	CLDZQ01
2012-05-16	小麦	磷酸二铵	播前期	撒底肥	300.0	CLDZQ01
2012-03-23	西瓜	农家肥	播前期	撒底肥	20 000.0	CLDZQ02
2012-04-20	玉米	农家肥	播前期	撒底肥	30 000.0	CLDZQ03
2012-07-20	玉米	尿素	现蕾期	撒底肥	300.0	CLDZQ03
2013-04-12	棉花	农家肥	播前期	撒底肥	19 500.0	CLDZH01
2013-04-20	棉花	尿素	播前期	撒底肥	75.0	CLDZH01
2013-04-20	棉花	磷酸二铵	播前期	撒底肥	150.0	CLDZH01
2013-06-18	棉花	尿素	蕾期	撒播	225.0	CLDZH01
2013-07-01	棉花	尿素	开花期	撒播	225.0	CLDZH01
2013-07-19	棉花	尿素	铃期	撒播	300.0	CLDZH01
2013-06-21	棉花	磷酸二氢钾	蕾期	喷施	1.5	CLDZH01
2013-04-15	棉花	农家肥	播前期	撒底肥	30 000.0	CLDFZ01
2013-04-19	棉花	尿素	播前期	撒底肥	225.0	CLDFZ01

（续）

施用时间（年-月-日）	作物名称	肥料名称	作物生育时期	施用方式	施用量/（kg/hm²）	观测场代码
2013-04-19	棉花	磷酸二铵	播前期	撒底肥	300.0	CLDFZ01
2013-06-19	棉花	尿素	蕾期	撒底肥	300.0	CLDFZ01
2013-07-02	棉花	尿素	开花期	撒底肥	375.0	CLDFZ01
2013-07-20	棉花	尿素	开花期	撒底肥	375.0	CLDFZ01
2013-06-21	棉花	磷酸二氢钾	开花期	喷施	1.5	CLDFZ01
2013-04-09	红玉米	农家肥	播前期	撒底肥	24 000.0	CLDZQ01
2013-04-15	红玉米	磷酸二铵	播前期	撒底肥	375.0	CLDZQ01
2013-04-13	大豆	农家肥	播前期	撒底肥	20 000.0	CLDZQ02
2013-04-20	玉米	农家肥	播前期	撒底肥	30 000.0	CLDZQ03
2013-06-11	玉米	磷酸二铵	拔节期	撒底肥	375.0	CLDZQ03
2014-04-17	棉花	农家肥	播前期	撒底肥	19 500.0	CLDZH01
2014-04-21	棉花	尿素	播前期	撒底肥	75.0	CLDZH01
2014-04-23	棉花	磷酸二铵	播前期	撒底肥	150.0	CLDZH01
2014-06-15	棉花	尿素	蕾期	撒播	225.0	CLDZH01
2014-06-29	棉花	尿素	开花期	撒播	225.0	CLDZH01
2014-07-18	棉花	尿素	铃期	撒播	300.0	CLDZH01
2014-07-21	棉花	磷酸二氢钾	蕾期	喷施	1.5	CLDZH01
2014-04-19	棉花	农家肥	播前期	撒底肥	30 000.0	CLDFZ01
2014-04-20	棉花	尿素	播前期	撒底肥	225.0	CLDFZ01
2014-04-23	棉花	磷酸二铵	播前期	撒底肥	300.0	CLDFZ01
2014-06-16	棉花	尿素	蕾期	撒底肥	300.0	CLDFZ01
2014-06-30	棉花	尿素	开花期	撒底肥	375.0	CLDFZ01
2014-07-20	棉花	尿素	开花期	撒底肥	375.0	CLDFZ01
2014-07-25	棉花	磷酸二氢钾	开花期	喷施	1.5	CLDFZ01
2014-04-24	苏丹草	农家肥	播前期	撒底肥	24 000.0	CLDZQ01
2014-04-20	西瓜	农家肥	播前期	撒底肥	25 000.0	CLDZQ02
2014-04-20	西瓜	磷酸二铵	播前期	撒底肥	375.0	CLDZQ02
2014-04-22	玉米	农家肥	播前期	撒底肥	30 000.0	CLDZQ03
2014-06-07	玉米	磷酸二铵	拔节期	撒底肥	375.0	CLDZQ03
2015-04-17	棉花	农家肥	播前期	撒底肥	19 500.0	CLDZH01

（续）

施用时间（年-月-日）	作物名称	肥料名称	作物生育时期	施用方式	施用量/（kg/hm²）	观测场代码
2015-04-23	棉花	尿素	播前期	撒底肥	75.0	CLDZH01
2015-04-23	棉花	磷酸二铵	播前期	撒底肥	150.0	CLDZH01
2015-06-16	棉花	尿素	蕾期	撒播	225.0	CLDZH01
2015-07-01	棉花	尿素	开花期	撒播	225.0	CLDZH01
2015-07-21	棉花	尿素	铃期	撒播	300.0	CLDZH01
2015-07-23	棉花	磷酸二氢钾	蕾期	喷施	1.5	CLDZH01
2015-04-19	棉花	农家肥	播前期	撒底肥	30 000.0	CLDFZ01
2015-04-23	棉花	尿素	播前期	撒底肥	225.0	CLDFZ01
2015-04-23	棉花	磷酸二铵	播前期	撒底肥	300.0	CLDFZ01
2015-06-14	棉花	尿素	蕾期	撒底肥	300.0	CLDFZ01
2015-07-01	棉花	尿素	开花期	撒底肥	375.0	CLDFZ01
2015-07-22	棉花	尿素	开花期	撒底肥	375.0	CLDFZ01
2015-07-24	棉花	磷酸二氢钾	开花期	喷施	1.5	CLDFZ01
2015-04-10	石榴	农家肥	播前期	撒底肥	24 000.0	CLDZQ01
2015-04-20	玉米	农家肥	播前期	撒底肥	25 000.0	CLDZQ02
2015-04-20	玉米	磷酸二铵	播前期	撒底肥	375.0	CLDZQ02
2015-04-10	玉米	农家肥	播前期	撒底肥	30 000.0	CLDZQ03
2015-06-07	玉米	磷酸二铵	拔节期	撒底肥	375.0	CLDZQ03

3.1.4 农田主要作物农药除草剂、生长剂等的投入情况

3.1.4.1 概述

本数据集包括策勒站2009—2015年策勒绿洲农田综合观测场（CLDZH01）棉花的农药使用情况，数据包括施用时间、作物生育时期、药剂名称、施用量等。数据采集频率为每年每个生育时期采集1次。

3.1.4.2 数据采集和处理方法

观测人员对具体每次喷洒农药的施用日期、用量做详细的记录。在站区调查点，通过向农户调查获取数据。

3.1.4.3 数据质量控制和评估

核实棉花农药喷洒数据，对样地棉花作不同物候期的质量控制分析，准确判断各调查数据的年际变化。

3.1.4.4 数据

具体数据见表3-4。

表 3-4 农田主要作物农药除草剂生长剂等投入情况

施用时间（年-月-日）	药剂名称	作物生育时期	施用量/（g/hm²）	观测场代码
2009-06-12	啶虫脒	蕾期	液体，450 mL/hm²	CLDZH01
2009-07-01	甲哌鎓	开花期	45.00	CLDZH01
2009-07-08	甲哌鎓	铃期	75.00	CLDZH01
2010-06-18	甲哌鎓	开花期	75.00	CLDZH01
2010-07-28	甲哌鎓	铃期	150.00	CLDZH01
2011-06-26	甲哌鎓	开花期	75.00	CLDZH01
2012-06-15	甲哌鎓	开花期	75.00	CLDZH01
2012-07-28	磷酸二氢钾	铃期	150.00	CLDZH01
2013-06-21	甲哌鎓	开花期	75.00	CLDZH01
2013-06-21	磷酸二氢钾	开花期	150.00	CLDZH01
2013-06-21	1.4%复硝酚钠水剂	开花期	45.00	CLDZH01
2013-06-21	聚能硼	开花期	1 500.00	CLDZH01
2014-07-11	甲哌鎓	开花期	75.00	CLDZH01
2014-07-11	磷酸二氢钾	开花期	150.00	CLDZH01
2014-07-11	1.4%复硝酚钠水剂	开花期	45.00	CLDZH01
2014-07-11	聚能硼	开花期	1 500.00	CLDZH01
2015-04-21	一甲戊灵	开花期	75.00	CLDZH01
2015-07-02	生物抑菌高能液肥	开花期	75.00	CLDZH01
2015-07-02	磷酸二氢钾	开花期	150.00	CLDZH01
2015-07-02	禾丰生长素	开花期	3.75	CLDZH01
2015-04-21	一甲戊灵	开花期	75.00	CLDZH01
2015-07-03	生物抑菌高能液肥	开花期	75.00	CLDZH01
2015-07-03	磷酸二氢钾	开花期	150.00	CLDZH01
2015-07-03	禾丰生长素	开花期	3.75	CLDZH01

3.1.5 农田灌溉制度

3.1.5.1 概述

本数据集包括策勒站 2009—2015 年策勒绿洲农田综合观测场（CLDZH01）、策勒绿洲农田辅助观测场（一）（CLDFZ01），策勒绿洲农田辅助观测场（二）（CLDFZ02）棉花灌溉情况。灌溉制度是农作物种植制度的一部分，是栽培、施肥、灌溉、土壤耕作、病虫害和杂草防治等环节的综合技术体系的重要组成部分。数据包括灌溉时间、作物生育时期、灌溉方式、灌溉量。数据采集频率为每年每个生育时期采集 1 次。

3.1.5.2　数据采集和处理方法

整理需要调查的内容，并制作调查记录表，实地调查，验证基础资料。详细记录棉花的各生育时期用水时间、用水方式。

3.1.5.3　数据质量控制和评估

对比历年数据，控制质量，核实数据，控制样地棉花作物不同生育时期用水方式和用水量数据的质量，准确判断各调查数据的年际变化。

3.1.5.4　数据

具体数据见表 3－5。

表 3－5　农田灌溉制度

灌溉时间（年-月-日）	作物生育时期	灌溉水源	灌溉方式	灌溉量/mm	观测场代码
2009－04－03	播前期	井水	漫灌	100	CLDZH01
2009－05－29	苗期	井水	漫灌	60	CLDZH01
2009－06－14	开花期	洪水	漫灌	60	CLDZH01
2009－06－17	开花期	井水	漫灌	60	CLDZH01
2009－07－28	打顶期	井水	漫灌	60	CLDZH01
2009－08－21	吐絮期	井水	漫灌	60	CLDZH01
2009－04－03	播前期	井水	漫灌	100	CLDFZ01
2009－05－28	苗期	井水	漫灌	60	CLDFZ01
2009－06－13	苗期	洪水	漫灌	60	CLDFZ01
2009－06－17	苗期	井水	漫灌	60	CLDFZ01
2009－07－27	开花期	井水	漫灌	60	CLDFZ01
2009－08－20	吐絮期	井水	漫灌	60	CLDFZ01
2009－04－05	播前期	井水	漫灌	100	CLDFZ02
2009－05－15	苗期	井水	漫灌	60	CLDFZ02
2009－05－29	苗期	井水	漫灌	60	CLDFZ02
2009－06－18	开花期	井水	漫灌	60	CLDFZ02
2009－07－29	打顶期	井水	漫灌	60	CLDFZ02
2009－07－03	开花期	井水	漫灌	60	CLDFZ02
2009－08－22	吐絮期	井水	漫灌	60	CLDFZ02
2010－04－07	播前期	井水	漫灌	150	CLDZH01
2010－06－14	蕾期	井水	漫灌	100	CLDZH01
2010－07－03	开花期	洪水	漫灌	100	CLDZH01
2010－07－15	开花期	洪水	漫灌	100	CLDZH01
2010－08－13	铃期	洪水	漫灌	100	CLDZH01
2010－09－04	吐絮期	井水	漫灌	100	CLDZH01
2010－04－06	播前期	井水	漫灌	100	CLDFZ01

（续）

灌溉时间（年-月-日）	作物生育时期	灌溉水源	灌溉方式	灌溉量/mm	观测场代码
2010-06-14	蕾期	井水	漫灌	60	CLDFZ01
2010-07-02	开花期	洪水	漫灌	60	CLDFZ01
2010-07-14	开花期	洪水	漫灌	60	CLDFZ01
2010-08-13	铃期	洪水	漫灌	60	CLDFZ01
2010-09-03	吐絮期	井水	漫灌	60	CLDFZ01
2010-04-07	播前期	井水	漫灌	100	CLDFZ02
2010-06-16	苗期	井水	漫灌	60	CLDFZ02
2010-07-03	开花期	洪水	漫灌	60	CLDFZ02
2010-07-16	开花期	洪水	漫灌	60	CLDFZ02
2010-08-14	铃期	洪水	漫灌	60	CLDFZ02
2010-09-05	吐絮期	井水	漫灌	60	CLDFZ02
2011-04-15	播前期	井水	漫灌	150	CLDZH01
2011-06-08	蕾期	井水	漫灌	100	CLDZH01
2011-06-26	开花期	洪水	漫灌	100	CLDZH01
2011-07-18	开花期	洪水	漫灌	100	CLDZH01
2011-08-17	铃期	洪水	漫灌	100	CLDZH01
2011-09-13	吐絮期	井水	漫灌	100	CLDZH01
2011-04-14	播前期	井水	漫灌	100	CLDFZ01
2011-06-07	蕾期	井水	漫灌	60	CLDFZ01
2011-06-25	开花期	洪水	漫灌	60	CLDFZ01
2011-07-19	开花期	洪水	漫灌	60	CLDFZ01
2011-08-17	铃期	洪水	漫灌	60	CLDFZ01
2011-09-12	吐絮期	井水	漫灌	60	CLDFZ01
2011-04-16	播前期	井水	漫灌	100	CLDFZ01
2011-06-07	苗期	井水	漫灌	60	CLDFZ01
2011-06-24	开花期	洪水	漫灌	60	CLDFZ01
2011-07-18	开花期	洪水	漫灌	60	CLDFZ01
2011-08-17	铃期	洪水	漫灌	60	CLDFZ01
2012-09-12	吐絮期	井水	漫灌	60	CLDFZ01
2012-04-11	播前期	井水	漫灌	150	CLDZH01
2012-06-03	现蕾期	井水	漫灌	100	CLDZH01
2012-06-26	开花期	洪水+井水	漫灌	100	CLDZH01
2012-07-12	开花期	洪水	漫灌	100	CLDZH01

（续）

灌溉时间（年-月-日）	作物生育时期	灌溉水源	灌溉方式	灌溉量/mm	观测场代码
2012-08-03	铃期	洪水	漫灌	100	CLDZH01
2012-08-23	吐絮期	井水	漫灌	100	CLDZH01
2012-04-10	播前期	井水	漫灌	100	CLDFZ01
2012-06-04	现蕾期	井水	漫灌	60	CLDFZ01
2012-06-26	开花期	洪水+井水	漫灌	60	CLDFZ01
2012-07-13	开花期	洪水	漫灌	60	CLDFZ01
2012-08-03	铃期	洪水	漫灌	60	CLDFZ01
2012-08-23	吐絮期	井水	漫灌	60	CLDFZ01
2012-04-12	播前期	井水	漫灌	100	CLDFZ02
2012-06-05	现蕾期	井水	漫灌	60	CLDFZ02
2012-06-27	开花期	洪水+井水	漫灌	60	CLDFZ02
2012-07-14	开花期	洪水	漫灌	60	CLDFZ02
2012-08-03	铃期	洪水	漫灌	60	CLDFZ02
2012-08-23	吐絮期	井水	漫灌	60	CLDFZ02
2013-04-16	播前期	井水	漫灌	150	CLDZH01
2013-06-19	现蕾期	井水	漫灌	100	CLDZH01
2013-07-02	开花期	井水	漫灌	100	CLDZH01
2013-07-20	开花期	洪水	漫灌	120	CLDZH01
2013-08-16	铃期	洪水	漫灌	120	CLDZH01
2013-04-17	播前期	井水	漫灌	150	CLDFZ01
2013-06-20	现蕾期	井水	漫灌	100	CLDFZ01
2013-07-03	开花期	井水	漫灌	100	CLDFZ01
2013-07-21	开花期	洪水	漫灌	120	CLDFZ01
2013-08-17	铃期	洪水	漫灌	120	CLDFZ01
2013-04-18	播前期	井水	漫灌	150	CLDFZ02
2013-06-21	现蕾期	井水	漫灌	100	CLDFZ02
2013-07-03	开花期	井水	漫灌	100	CLDFZ02
2013-07-21	开花期	洪水	漫灌	120	CLDFZ02
2013-08-17	铃期	洪水	漫灌	120	CLDFZ02
2014-04-17	播前期	洪水	漫灌	150	CLDZH01
2014-05-19	现蕾期	洪水	漫灌	100	CLDZH01
2014-07-12	开花期	洪水	漫灌	100	CLDZH01
2014-08-16	开花期	洪水	漫灌	120	CLDZH01

（续）

灌溉时间（年-月-日）	作物生育时期	灌溉水源	灌溉方式	灌溉量/mm	观测场代码
2014-09-19	铃期	洪水	漫灌	120	CLDZH01
2014-04-18	播前期	洪水	漫灌	150	CLDFZ01
2014-05-19	现蕾期	洪水	漫灌	100	CLDFZ01
2014-07-13	开花期	洪水	漫灌	100	CLDFZ01
2014-08-18	开花期	洪水	漫灌	120	CLDFZ01
2014-09-21	铃期	洪水	漫灌	120	CLDFZ01
2014-04-19	播前期	洪水	漫灌	150	CLDFZ02
2014-05-20	现蕾期	洪水	漫灌	100	CLDFZ02
2014-07-13	开花期	洪水	漫灌	100	CLDFZ02
2014-08-20	开花期	洪水	漫灌	120	CLDFZ02
2014-09-16	铃期	洪水	漫灌	120	CLDFZ02
2015-04-18	播前期	井水	漫灌	150	CLDZH01
2015-06-16	现蕾期	井水	漫灌	100	CLDZH01
2015-07-06	开花期	井水	漫灌	100	CLDZH01
2015-07-28	开花期	洪水	漫灌	120	CLDZH01
2015-08-14	铃期	洪水	漫灌	120	CLDZH01
2015-04-19	播前期	井水	漫灌	150	CLDFZ01
2015-06-14	现蕾期	井水	漫灌	100	CLDFZ01
2015-07-07	开花期	井水	漫灌	100	CLDFZ01
2015-07-28	开花期	洪水	漫灌	120	CLDFZ01
2015-08-14	铃期	洪水	漫灌	120	CLDFZ01
2015-04-20	播前期	井水	漫灌	150	CLDFZ02
2015-06-13	现蕾期	井水	漫灌	100	CLDFZ02
2015-07-15	开花期	井水	漫灌	100	CLDFZ02
2015-07-29	开花期	洪水	漫灌	120	CLDFZ02
2015-08-14	铃期	洪水	漫灌	120	CLDFZ02

3.1.6 棉花生育时期调查

3.1.6.1 概述

本数据集包括策勒站 2009—2015 年策勒绿洲农田综合观测场（CLDZH01）、策勒绿洲农田辅助观测场（二）（CLDFZ02）棉花生育时期调查数据，包括作物名称、播种期、出苗期、现蕾期、开花期、打顶期、吐絮期、最终收获期。数据采集频率为 1 年 1 次。

3.1.6.2 数据采集和处理方法

选择具有代表性、作物植株生长较一致的地块进行多点观测。一般在下午观测。针对不同作物的不同生长时期，每隔 3 d、5 d、7 d、10 d 观测 1 次。在作物的各个生育时期进行人工观测，并根据作物外部形态的变化特征及时记录作物各个生育时期开始的日期。生育动态观测由专人负责，平时培训补充人员，避免记录中断。

3.1.6.3　数据质量控制和评估

对比历年数据，核实异常数据，对棉花各个生育时期开始的日期做详细记录，准确判断各调查数据的年际变化。

3.1.6.4　数据

详细数据见表 3-6。

表 3-6　棉花生育时期调查

年份	作物名称	播种期（月-日）	出苗期（月-日）	现蕾期（月-日）	开花期（月-日）	打顶期（月-日）	吐絮期（月-日）	最终收获期（月-日）	观测场代码
2009	K7 号	4-08	4-13	6-05	6-24	7-14	8-19	10-24	CLDZH01
2010	K7 号	4-16	4-20	6-15	6-24	7-14	8-23	9-05	CLDZH01
2011	中棉 35	4-20	4-28	6-27	7-10	7-22	8-16	10-09	CLDZH01
2012	新陆 21	4-14	4-26	6-15	6-22	7-07	8-24	11-02	CLDZH01
2013	新陆 21	4-19	4-26	6-13	7-02	7-23	8-27	11-14	CLDZH01
2014	中棉 49	4-18	4-25	6-14	7-07	7-06	8-24	11-08	CLDZH01
2015	豫棉 15	4-23	5-03	6-12	7-07	7-26	8-28	11-15	CLDZH01
2009	K7 号	4-09	4-15	6-10	6-27	7-15	8-21	10-24	CLDFZ02
2010	K7 号	4-13	4-22	6-20	6-27	7-18	8-19	9-04	CLDFZ02
2011	中棉 35	4-18	4-27	6-25	7-15	7-21	8-19	10-07	CLDFZ02
2012	新陆 21	4-16	4-28	6-23	6-25	7-08	8-21	10-25	CLDFZ02
2013	新陆 21	4-21	4-27	6-12	7-06	7-24	8-28	11-05	CLDFZ02

3.1.7　作物叶面积与生物量动态

3.1.7.1　概述

本数据集包括策勒站 2009—2015 年策勒绿洲农田综合观测场（CLDZH01）、策勒绿洲农田辅助观测场（二）（CLDFZ02）叶面积与生物量数据。作物生物量动态是作物生长状况的直接反映，干物质的积累和分配随作物生育时期生长中心的转移而转移，与叶面积动态变化和环境因子相关。数据包括作物物候期、群体高度、叶面积指数、地上部总鲜重、茎干重、叶干重、地上部总干重。数据采集频率为 1 年 1 次。

3.1.7.2　数据采集和处理方法

叶面积指数是反映作物群体光合面积大小的动态指标，棉花苗期叶面积指数的测定在苗长到 10 cm以上时（约在播种 20 d 后）进行，在 50%以上植株的第 3 个叶完全展开时测定叶面积指数和地上部生物量，做到同点观测。

3.1.7.3　数据质量控制和评估

对历年数据进行整理和质量控制，对异常数据进行核实，准确判断调查数据的年际变化。

3.1.7.4 数据

详细数据见表 3-7。

表 3-7 作物叶面积与生物量

时间（年-月）	作物生育时期	样方号	群体高度/cm	叶面积指数	地上部总鲜重/（g/m²）	茎干重/（g/m²）	叶干重/（g/m²）	地上部总干重/（g/m²）	观测场代码
2009-05	出苗期	1	9.3	0.1	77.2	1.8	8.3	10.1	CLDZH01
2009-06	现蕾期	1	28.9	1.1	754.4	53.9	94.1	147.9	CLDZH01
2009-06	开花期	1	38.7	2.0	1 504.6	162.6	153.1	315.7	CLDZH01
2009-07	打顶期	1	38.0	2.5	2 655.4	307.7	156.0	463.7	CLDZH01
2009-08	吐絮期	1	50.8	41.3	5 561.3	1 506.7	263.5	1 770.2	CLDZH01
2009-09	收获期	1	61.9	5.4	5 874.0	1 311.8	272.7	1 584.5	CLDZH01
2009-05	出苗期	2	9.0	0.1	67.0	4.1	9.3	13.3	CLDZH01
2009-06	现蕾期	2	24.8	0.9	559.7	44.6	69.7	114.2	CLDZH01
2009-06	开花期	2	34.0	1.4	1 052.9	106.2	112.8	219.0	CLDZH01
2009-07	打顶期	2	30.5	1.2	1 007.6	144.8	82.5	227.3	CLDZH01
2009-08	吐絮期	2	52.0	38.0	4 606.7	741.7	245.6	987.3	CLDZH01
2009-09	收获期	2	57.6	5.2	5 332.0	1 240.8	297.7	1 538.5	CLDZH01
2009-05	出苗期	3	11.1	0.1	58.5	3.3	7.4	10.7	CLDZH01
2009-06	现蕾期	3	36.2	1.6	1 057.7	97.3	119.7	217.1	CLDZH01
2009-06	开花期	3	39.9	2.0	1 513.7	179.4	151.8	331.2	CLDZH01
2009-07	打顶期	3	42.1	3.0	2 782.1	284.5	154.7	439.2	CLDZH01
2009-08	吐絮期	3	51.0	34.9	5 202.6	854.4	242.7	1 097.1	CLDZH01
2009-09	收获期	3	46.7	3.2	4 246.2	974.4	233.5	1 207.9	CLDZH01
2009-05	出苗期	4	8.2	0.1	47.8	3.0	6.8	9.8	CLDZH01
2009-06	现蕾期	4	27.9	1.1	808.3	71.0	100.8	171.7	CLDZH01
2009-06	开花期	4	36.4	2.2	1 536.5	172.3	145.3	317.6	CLDZH01
2009-07	打顶期	4	32.0	1.7	1 478.3	152.8	95.4	248.2	CLDZH01
2009-08	吐絮期	4	46.4	27.4	3 626.1	609.9	201.3	811.2	CLDZH01
2009-09	收获期	4	47.6	4.7	5 198.0	1 236.9	250.6	1 487.5	CLDZH01
2010-05	出苗期	1	11.5	0.2	1 028.0	105.0	116.5	221.5	CLDZH01
2010-06	现蕾期	1	42.3	1.8	1 028.0	105.0	116.5	221.5	CLDZH01
2010-07	开花期	1	54.1	2.5	1 880.0	204.0	166.9	370.9	CLDZH01
2010-07	打顶期	1	53.4	3.3	3 506.7	531.7	136.0	667.7	CLDZH01

(续)

时间(年-月)	作物生育时期	样方号	群体高度/cm	叶面积指数	地上部总鲜重/(g/m²)	茎干重/(g/m²)	叶干重/(g/m²)	地上部总干重/(g/m²)	观测场代码
2010-09	吐絮期	1	73.6	4.2	6 166.6	1 237.3	271.7	1 509.0	CLDZH01
2010-10	收获期	1	88.7	4.4	6 943.0	2 149.6	329.6	2 479.2	CLDZH01
2010-05	出苗期	2	11.2	0.2	120.7	6.8	18.8	25.6	CLDZH01
2010-06	现蕾期	2	33.4	1.6	733.6	72.6	110.5	183.1	CLDZH01
2010-06	开花期	2	53.1	2.3	1 740.0	225.2	159.4	384.6	CLDZH01
2010-07	打顶期	2	60.1	3.6	3 337.5	407.6	198.0	605.6	CLDZH01
2010-09	吐絮期	2	82.1	4.1	6 003.8	1 124.0	269.9	1 393.9	CLDZH01
2010-10	收获期	2	86.5	3.2	6 269.1	2 057.3	258.5	2 315.8	CLDZH01
2010-05	出苗期	3	12.7	0.2	147.6	9.7	24.6	34.3	CLDZH01
2010-06	现蕾期	3	40.5	1.6	886.7	82.0	95.8	177.8	CLDZH01
2010-06	开花期	3	60.1	3.6	2 520.0	302.6	231.7	534.3	CLDZH01
2010-07	打顶期	3	65.9	3.8	3 919.5	488.1	227.8	715.9	CLDZH01
2010-09	吐絮期	3	74.2	4.6	4 143.7	660.7	227.1	887.8	CLDZH01
2010-10	收获期	3	66.9	3.0	4 343.9	830.0	186.6	1 016.6	CLDZH01
2010-05	出苗期	4	12.4	0.3	141.0	8.0	21.8	29.8	CLDZH01
2010-06	现蕾期	4	37.3	1.3	1 081.8	103.2	84.9	188.1	CLDZH01
2010-06	开花期	4	51.3	2.7	1 860.0	225.5	165.2	390.7	CLDZH01
2010-07	打顶期	4	70.0	4.5	5 071.2	717.5	261.5	979.0	CLDZH01
2010-09	吐絮期	4	75.4	5.7	6 206.4	1 219.2	279.8	1 499.0	CLDZH01
2010-10	收获期	4	73.9	2.8	3 360.0	1 008.9	196.5	1 205.4	CLDZH01
2011-05	出苗期	1	17.9	0.2	182.2	7.4	18.9	26.3	CLDZH01
2011-06	现蕾期	1	49.0	0.5	563.5	41.0	63.6	104.6	CLDZH01
2011-07	开花期	1	56.0	1.3	1 446.3	149.0	131.2	280.2	CLDZH01
2011-07	打顶期	1	73.7	2.5	2 587.4	346.5	163.2	509.7	CLDZH01
2011-08	吐絮期	1	70.0	3.3	5 281.1	759.6	337.3	1 096.9	CLDZH01
2011-09	收获期	1	86.4	4.2	6 856.3	1 892.5	416.7	2 309.2	CLDZH01
2011-05	出苗期	2	15.3	0.2	139.9	8.1	18.9	26.9	CLDZH01
2011-06	现蕾期	2	48.4	0.7	514.5	40.6	80.9	121.5	CLDZH01
2011-07	开花期	2	56.6	2.3	1 714.6	182.7	188.3	371.0	CLDZH01
2011-07	打顶期	2	55.9	2.6	2 655.0	142.4	183.8	326.2	CLDZH01
2011-08	吐絮期	2	75.3	3.0	3 142.0	575.4	207.4	782.8	CLDZH01
2011-09	收获期	2	73.1	3.9	6 504.1	1 207.2	408.9	1 616.1	CLDZH01

（续）

时间（年-月）	作物生育时期	样方号	群体高度/cm	叶面积指数	地上部总鲜重/(g/m²)	茎干重/(g/m²)	叶干重/(g/m²)	地上部总干重/(g/m²)	观测场代码
2011-05	出苗期	3	14.1	0.2	152.7	8.3	20.3	28.6	CLDZH01
2011-06	现蕾期	3	49.7	0.8	659.0	46.1	97.4	143.5	CLDZH01
2011-07	开花期	3	58.5	2.0	1 688.1	141.9	131.5	273.4	CLDZH01
2011-07	打顶期	3	62.2	1.7	1 457.1	193.5	190.5	384.0	CLDZH01
2011-08	吐絮期	3	71.3	2.7	2 396.4	459.0	213.5	672.5	CLDZH01
2011-09	收获期	3	80.1	4.1	6 356.6	1 201.7	502.5	1 704.2	CLDZH01
2011-05	出苗期	4	12.4	0.3	142.1	7.1	16.6	23.7	CLDZH01
2011-06	现蕾期	4	53.2	0.8	638.7	54.6	90.7	145.3	CLDZH01
2011-07	开花期	4	59.7	2.6	1 928.7	207.3	193.3	400.6	CLDZH01
2011-07	打顶期	4	64.8	3.3	3 263.0	296.7	336.2	632.9	CLDZH01
2011-08	吐絮期	4	74.0	3.1	3 141.8	448.0	219.6	667.6	CLDZH01
2011-09	收获期	4	77.0	4.6	8 186.0	1 536.4	515.3	2 051.7	CLDZH01
2012-05	出苗期	1	9.6	0.1	80.5	4.2	10.6	14.8	CLDZH01
2012-06	现蕾期	1	21.2	0.7	373.5	32.4	52.8	85.2	CLDZH01
2012-06	开花期	1	25.6	0.8	654.6	46.2	73.2	119.4	CLDZH01
2012-07	打顶期	1	73.7	3.9	4 138.3	499.5	269.6	769.1	CLDZH01
2012-09	吐絮期	1	75.2	4.0	4 746.0	771.8	243.6	1 015.4	CLDZH01
2012-09	收获期	1	95.7	7.1	11 549.4	1 971.4	484.9	2 456.3	CLDZH01
2012-05	出苗期	2	9.6	0.2	101.4	5.3	13.8	19.1	CLDZH01
2012-06	现蕾期	2	25.1	0.6	472.0	38.9	60.4	99.4	CLDZH01
2012-07	开花期	2	28.0	1.3	888.7	82.4	100.0	182.5	CLDZH01
2012-07	打顶期	2	67.5	3.1	2 813.5	304.6	207.7	512.3	CLDZH01
2012-09	吐絮期	2	71.4	4.7	6 126.4	1 072.6	314.2	1 386.8	CLDZH01
2012-09	收获期	2	74.7	3.4	4 710.8	740.5	237.9	978.4	CLDZH01
2012-05	出苗期	3	11.7	0.1	85.5	4.3	11.4	15.7	CLDZH01
2012-06	现蕾期	3	24.7	0.9	482.1	38.2	60.4	98.5	CLDZH01
2012-06	开花期	3	32.6	1.2	978.1	102.8	103.3	206.1	CLDZH01
2012-07	打顶期	3	81.0	4.7	4 706.7	537.1	280.2	817.4	CLDZH01
2012-09	吐絮期	3	79.1	5.5	5 957.0	979.1	301.3	1 280.4	CLDZH01
2012-09	收获期	3	94.8	4.7	8 219.7	1 552.1	335.1	1 887.2	CLDZH01
2012-05	出苗期	4	10.8	0.2	74.6	3.5	9.9	13.4	CLDZH01
2012-06	现蕾期	4	23.4	1.2	357.3	30.8	46.7	77.4	CLDZH01

（续）

时间（年-月）	作物生育时期	样方号	群体高度/cm	叶面积指数	地上部总鲜重/(g/m²)	茎干重/(g/m²)	叶干重/(g/m²)	地上部总干重/(g/m²)	观测场代码
2012-06	开花期	4	36.2	1.8	1 512.5	129.9	154.7	284.6	CLDZH01
2012-07	打顶期	4	62.6	3.4	3 217.3	472.0	211.7	683.6	CLDZH01
2012-09	吐絮期	4	80.5	5.9	7 465.5	1 265.1	353.2	1 618.3	CLDZH01
2012-09	收获期	4	82.7	4.4	6 747.0	1 900.7	267.9	2 168.6	CLDZH01
2013-05	出苗期	1	14.6	0.5	246.7	13.9	33.9	47.9	CLDZH01
2013-06	现蕾期	1	21.4	0.9	538.7	41.2	64.1	105.3	CLDZH01
2013-07	开花期	1	49.4	2.4	2 126.4	244.8	193.3	438.1	CLDZH01
2013-07	打顶期	1	59.7	4.0	3 975.1	583.3	265.0	848.3	CLDZH01
2013-08	吐絮期	1	68.9	5.0	7 068.0	1 398.4	598.4	1 996.8	CLDZH01
2013-09	收获期	1	59.4	5.6	5 447.0	1 553.0	379.9	1 932.9	CLDZH01
2013-05	出苗期	2	14.5	0.4	213.8	11.6	27.7	39.3	CLDZH01
2013-06	现蕾期	2	24.2	1.2	709.0	54.6	78.9	133.5	CLDZH01
2013-07	开花期	2	50.6	2.3	1 753.7	198.6	171.8	370.4	CLDZH01
2013-07	打顶期	2	56.1	3.8	3 467.5	471.5	246.8	718.3	CLDZH01
2013-08	吐絮期	2	59.3	4.0	5 523.8	1 022.4	254.7	1 277.1	CLDZH01
2013-09	收获期	2	59.1	2.7	4 320.0	1 299.4	187.4	1 486.7	CLDZH01
2013-05	出苗期	3	15.1	0.3	157.2	9.1	23.0	32.2	CLDZH01
2013-06	现蕾期	3	24.4	1.3	726.3	52.6	88.2	140.8	CLDZH01
2013-07	开花期	3	51.7	2.1	1 680.1	191.1	164.0	355.1	CLDZH01
2013-07	打顶期	3	60.0	3.6	3 360.3	433.8	238.5	672.3	CLDZH01
2013-08	吐絮期	3	59.2	3.3	5 082.9	954.0	230.0	1 184.0	CLDZH01
2013-09	收获期	3	51.0	2.1	2 080.0	239.9	162.6	402.4	CLDZH01
2013-05	出苗期	4	13.9	0.3	148.8	7.9	21.6	29.5	CLDZH01
2013-06	现蕾期	4	24.2	0.8	473.0	39.5	59.8	99.3	CLDZH01
2013-07	开花期	4	44.5	1.7	1 379.1	162.2	129.0	291.2	CLDZH01
2013-07	打顶期	4	62.1	3.0	2 809.9	392.7	207.8	600.5	CLDZH01
2013-08	吐絮期	4	69.4	6.6	8 211.4	1 300.3	443.3	1 743.6	CLDZH01
2013-09	收获期	4	60.6	4.5	6 350.0	1 874.0	321.8	2 195.8	CLDZH01
2014-05	出苗期	1	16.4	0.3	156.3	11.7	24.5	36.2	CLDZH01
2014-06	现蕾期	1	23.1	0.4	498.6	38.2	55.2	93.4	CLDZH01
2014-07	开花期	1	48.7	2.2	1 619.0	125.4	157.1	282.5	CLDZH01
2014-07	打顶期	1	60.7	2.9	3 205.3	409.3	215.4	624.7	CLDZH01

（续）

时间（年-月）	作物生育时期	样方号	群体高度/cm	叶面积指数	地上部总鲜重/(g/m²)	茎干重/(g/m²)	叶干重/(g/m²)	地上部总干重/(g/m²)	观测场代码
2014-08	吐絮期	1	58.6	3.0	4 039.2	591.3	244.2	835.5	CLDZH01
2014-10	收获期	1	63.0	3.8	4 453.4	1 017.3	335.8	1 353.1	CLDZH01
2014-05	出苗期	2	15.8	0.3	160.0	12.2	25.4	37.7	CLDZH01
2014-06	现蕾期	2	26.1	0.5	587.4	46.3	65.1	111.4	CLDZH01
2014-07	开花期	2	46.5	2.0	1 391.8	158.1	158.7	316.8	CLDZH01
2014-07	打顶期	2	62.3	2.6	3 010.8	447.1	205.7	652.8	CLDZH01
2014-08	吐絮期	2	70.1	3.9	5 214.0	820.3	374.6	1 194.9	CLDZH01
2014-10	收获期	2	69.6	5.2	6 630.9	1 758.9	447.0	2 205.9	CLDZH01
2014-05	出苗期	3	16.3	0.3	172.9	11.9	27.0	38.9	CLDZH01
2014-06	现蕾期	3	22.4	0.3	635.2	48.0	69.3	117.3	CLDZH01
2014-07	开花期	3	50.2	1.9	1 449.7	156.8	147.6	304.4	CLDZH01
2014-07	打顶期	3	63.5	3.2	3 181.2	406.7	240.3	647.0	CLDZH01
2014-08	吐絮期	3	62.4	3.0	4 200.9	732.6	231.6	964.2	CLDZH01
2014-10	收获期	3	64.7	2.8	3 493.1	1 197.3	266.0	1 463.3	CLDZH01
2014-05	出苗期	4	15.5	0.4	197.1	13.6	28.2	41.8	CLDZH01
2014-06	现蕾期	4	26.7	0.4	502.5	37.9	55.6	93.5	CLDZH01
2014-07	开花期	4	43.8	1.5	1 055.6	112.9	111.3	224.2	CLDZH01
2014-07	打顶期	4	59.7	2.6	2 830.5	436.6	217.8	654.4	CLDZH01
2014-08	吐絮期	4	67.6	3.3	4 864.6	768.1	241.3	1 009.4	CLDZH01
2014-10	收获期	4	66.6	3.8	4 952.5	1 130.4	348.2	1 478.6	CLDZH01
2015-06	出苗期	1	13.1	0.4	156.3	11.7	24.5	36.2	CLDZH01
2015-06	现蕾期	1	30.7	1.7	498.6	38.2	55.2	93.4	CLDZH01
2015-07	开花期	1	38.3	1.8	1 619.0	125.4	157.1	282.5	CLDZH01
2015-07	打顶期	1	54.3	5.0	3 205.3	409.3	215.4	624.7	CLDZH01
2015-09	吐絮期	1	61.6	6.3	4 039.2	591.3	244.2	835.5	CLDZH01
2015-10	收获期	1	50.8	1.8	4 453.4	1 017.3	335.8	1 353.1	CLDZH01
2015-06	出苗期	2	14.3	0.4	160.0	12.2	25.4	37.7	CLDZH01
2015-06	现蕾期	2	28.2	1.6	587.4	46.3	65.1	111.4	CLDZH01
2015-07	开花期	2	43.8	2.4	1 391.8	158.1	158.7	316.8	CLDZH01
2015-07	打顶期	2	56.5	5.0	3 010.8	447.1	205.7	652.8	CLDZH01
2015-09	吐絮期	2	67.3	4.3	5 214.0	820.3	374.6	1 194.9	CLDZH01
2015-10	收获期	2	49.1	1.6	6 630.9	1 758.9	447.0	2 205.9	CLDZH01

（续）

时间（年-月）	作物生育时期	样方号	群体高度/cm	叶面积指数	地上部总鲜重/（g/m²）	茎干重/（g/m²）	叶干重/（g/m²）	地上部总干重/（g/m²）	观测场代码
2015-06	出苗期	3	12.8	0.4	172.9	11.9	27.0	38.9	CLDZH01
2015-06	现蕾期	3	28.9	1.4	635.2	48.0	69.3	117.3	CLDZH01
2015-07	开花期	3	34.4	2.0	1 449.7	156.8	147.6	304.4	CLDZH01
2015-07	打顶期	3	54.9	4.6	3 181.2	406.7	240.3	647.0	CLDZH01
2015-09	吐絮期	3	60.4	4.2	4 200.9	732.6	231.6	964.2	CLDZH01
2015-10	收获期	3	40.8	0.8	3 493.1	1 197.3	266.0	1 463.3	CLDZH01
2015-06	出苗期	4	11.7	0.4	197.1	13.6	28.2	41.8	CLDZH01
2015-06	现蕾期	4	32.2	1.9	502.5	37.9	55.6	93.5	CLDZH01
2015-07	开花期	4	40.5	2.7	1 055.6	112.9	111.3	224.2	CLDZH01
2015-07	打顶期	4	59.2	5.7	2 830.5	436.6	217.8	654.4	CLDZH01
2015-09	吐絮期	4	49.4	3.3	4 864.6	768.1	241.3	1 009.4	CLDZH01
2015-10	收获期	4	48.2	0.8	4 952.5	1 130.4	348.2	1 478.6	CLDZH01
2009-05	出苗期	1	11.8	0.1	81.1	5.6	12.8	18.4	CLDZH01
2009-06	现蕾期	1	37.5	1.3	773.5	86.5	98.6	185.1	CLDZH01
2009-06	开花期	1	38.7	2.4	1 936.3	205.7	169.1	374.8	CLDZH01
2009-07	打顶期	1	36.3	2.4	1 458.7	196.0	116.6	312.6	CLDZH01
2009-08	吐絮期	1	54.0	34.3	3 771.4	717.2	224.5	941.7	CLDZH01
2009-09	收获期	1	60.0	5.3	6 131.3	1 245.6	461.8	1 707.4	CLDZH01
2009-05	出苗期	2	13.8	0.2	121.8	7.8	17.4	25.2	CLDZH01
2009-06	现蕾期	2	35.6	1.4	977.0	79.1	110.8	189.9	CLDZH01
2009-06	开花期	2	42.0	2.1	1 597.4	158.3	137.0	295.3	CLDZH01
2009-07	打顶期	2	40.7	1.9	1 830.2	207.9	130.6	338.5	CLDZH01
2009-08	吐絮期	2	60.2	29.2	4 101.5	815.4	208.8	1 024.2	CLDZH01
2009-09	收获期	2	67.0	3.8	5 865.5	1 257.2	289.9	1 547.1	CLDZH01
2009-05	出苗期	3	13.0	0.1	112.9	6.2	13.2	19.4	CLDZH01
2009-06	现蕾期	3	32.1	1.4	972.7	89.9	125.6	215.6	CLDZH01
2009-07	开花期	3	46.9	2.4	1 660.3	189.5	150.8	340.3	CLDZH01
2009-07	打顶期	3	40.1	2.2	1 678.9	169.6	137.8	307.4	CLDZH01
2009-08	吐絮期	3	57.6	36.2	4 518.4	798.8	222.9	1 021.7	CLDZH01
2009-09	收获期	3	71.0	5.3	5 484.9	1 250.0	254.6	1 504.6	CLDZH01
2009-05	出苗期	4	13.1	0.2	117.5	6.5	15.4	21.9	CLDZH01
2009-06	现蕾期	4	36.7	1.8	1 274.5	121.9	147.6	269.4	CLDZH01

（续）

时间（年-月）	作物生育时期	样方号	群体高度/cm	叶面积指数	地上部总鲜重/(g/m²)	茎干重/(g/m²)	叶干重/(g/m²)	地上部总干重/(g/m²)	观测场代码
2009-07	开花期	4	54.4	2.4	1 789.3	207.8	158.2	366.0	CLDZH01
2009-07	打顶期	4	40.7	2.0	1 840.9	169.7	131.9	301.6	CLDZH01
2009-08	吐絮期	4	64.3	30.3	5 394.7	966.2	278.5	1 244.7	CLDZH01
2009-09	收获期	4	62.8	4.1	4 300.1	898.2	267.1	1 165.3	CLDZH01
2010-05	出苗期	1	14.5	0.3	171.0	9.9	26.1	36.0	CLDZH01
2010-06	现蕾期	1	39.1	1.6	1 020.0	95.0	115.4	210.4	CLDZH01
2010-07	开花期	1	48.7	2.5	1 444.9	202.3	130.2	332.5	CLDZH01
2010-07	打顶期	1	60.1	3.1	2 880.3	325.0	183.2	508.2	CLDZH01
2010-09	吐絮期	1	72.6	4.4	3 488.4	548.8	182.2	731.0	CLDZH01
2010-10	收获期	1	73.9	3.0	3 913.1	1 126.8	221.9	1 348.7	CLDZH01
2010-05	出苗期	2	16.5	0.3	187.4	12.1	29.0	41.1	CLDZH01
2010-06	现蕾期	2	35.2	1.2	1 000.0	85.2	118.0	203.2	CLDZH01
2010-07	开花期	2	54.2	3.1	1 880.8	289.3	170.8	460.1	CLDZH01
2010-07	打顶期	2	62.1	3.9	3 628.3	451.3	181.6	632.9	CLDZH01
2010-09	吐絮期	2	68.1	4.4	4 196.7	599.8	205.9	805.7	CLDZH01
2010-10	收获期	2	84.6	3.4	6 669.9	1 457.0	337.9	1 794.9	CLDZH01
2010-05	出苗期	3	26.5	0.3	165.6	9.5	24.3	33.8	CLDZH01
2010-06	现蕾期	3	38.6	1.2	860.0	77.1	95.1	172.2	CLDZH01
2010-07	开花期	3	60.4	3.2	2 158.7	267.9	183.0	450.9	CLDZH01
2010-07	打顶期	3	73.6	4.2	3 851.2	376.8	106.1	482.9	CLDZH01
2010-09	吐絮期	3	87.6	3.6	5 169.9	855.8	279.2	1 135.0	CLDZH01
2010-10	收获期	3	64.9	2.4	3 585.5	1 311.1	187.3	1 498.4	CLDZH01
2010-05	出苗期	4	14.4	0.5	159.1	10.1	25.6	35.7	CLDZH01
2010-06	现蕾期	4	33.1	0.9	700.0	59.8	80.1	139.9	CLDZH01
2010-07	开花期	4	62.1	3.1	2 145.1	301.0	188.5	489.5	CLDZH01
2010-07	打顶期	4	59.3	2.8	2 398.4	251.4	127.8	379.2	CLDZH01
2010-09	吐絮期	4	69.5	5.4	4 333.7	1 041.6	206.8	1 248.4	CLDZH01
2010-10	收获期	4	72.7	2.6	5 764.7	310.5	222.4	532.9	CLDZH01
2011-05	出苗期	1	14.5	0.3	171.0	9.9	26.1	36.0	CLDZH01
2011-06	现蕾期	1	47.4	1.0	682.7	52.2	69.4	121.6	CLDZH01
2011-07	开花期	1	59.2	2.5	1 517.8	143.3	135.9	279.2	CLDZH01
2011-07	打顶期	1	75.7	2.8	2 146.8	308.7	185.0	493.7	CLDZH01

（续）

时间（年-月）	作物生育时期	样方号	群体高度/cm	叶面积指数	地上部总鲜重/（g/m²）	茎干重/（g/m²）	叶干重/（g/m²）	地上部总干重/（g/m²）	观测场代码
2011-08	吐絮期	1	72.2	4.0	4 283.9	567.4	337.3	904.7	CLDZH01
2011-09	收获期	1	86.4	4.7	8 215.5	1 715.6	503.5	2 219.1	CLDZH01
2011-05	出苗期	2	16.5	0.3	187.4	12.1	29.0	41.1	CLDZH01
2011-06	现蕾期	2	48.7	1.2	894.0	66.2	76.2	142.4	CLDZH01
2011-07	开花期	2	55.1	3.2	2 573.6	240.1	349.2	589.3	CLDZH01
2011-07	打顶期	2	74.4	2.9	2 299.1	371.8	263.5	635.3	CLDZH01
2011-08	吐絮期	2	77.4	3.9	3 244.9	669.7	202.5	872.2	CLDZH01
2011-09	收获期	2	70.6	4.5	7 692.0	1 530.0	614.3	2 144.3	CLDZH01
2011-05	出苗期	3	26.5	0.3	165.6	9.5	24.3	33.8	CLDZH01
2011-06	现蕾期	3	52.7	1.0	722.9	64.3	82.1	146.4	CLDZH01
2011-07	开花期	3	62.6	2.2	1 565.7	182.9	150.3	333.2	CLDZH01
2011-07	打顶期	3	74.7	3.0	2 320.0	188.3	220.5	408.8	CLDZH01
2011-08	吐絮期	3	74.3	3.3	4 762.4	932.5	640.0	1 572.5	CLDZH01
2011-09	收获期	3	82.0	4.0	8 042.8	1 835.1	506.1	2 341.2	CLDZH01
2011-05	出苗期	4	14.4	0.5	159.1	10.1	25.6	35.7	CLDZH01
2011-06	现蕾期	4	48.4	1.2	955.2	79.5	97.5	177.0	CLDZH01
2011-07	开花期	4	86.4	3.9	6 729.8	1 379.7	413.8	1 793.5	CLDZH01
2011-07	打顶期	4	71.4	2.5	2 188.5	319.5	174.9	494.4	CLDZH01
2011-08	吐絮期	4	72.3	2.8	2 300.3	431.5	131.6	563.1	CLDZH01
2011-09	收获期	4	72.7	2.6	6 729.8	1 379.7	413.8	1 793.5	CLDZH01
2012-05	出苗期	1	11.3	0.2	99.9	5.1	13.6	18.7	CLDZH01
2012-06	现蕾期	1	27.0	0.7	675.2	54.2	83.3	137.5	CLDZH01
2012-06	开花期	1	30.3	1.3	1 106.6	93.5	120.3	213.8	CLDZH01
2012-07	打顶期	1	76.7	3.8	4 588.1	811.3	288.3	1 099.6	CLDZH01
2012-08	吐絮期	1	75.3	3.9	5 749.3	1 140.8	257.5	1 398.3	CLDZH01
2012-09	收获期	1	84.1	5.8	9 838.3	2 358.4	397.3	2 755.7	CLDZH01
2012-05	出苗期	2	12.7	0.2	128.6	7.3	16.7	24.0	CLDZH01
2012-06	现蕾期	2	28.2	1.3	829.2	67.9	96.4	164.3	CLDZH01
2012-06	开花期	2	35.5	1.9	1 325.5	127.2	143.1	270.2	CLDZH01
2012-07	打顶期	2	73.6	3.1	4 810.4	682.1	326.8	1 008.8	CLDZH01
2012-08	吐絮期	2	79.1	3.8	6 303.7	1 127.9	244.0	1 371.9	CLDZH01
2012-09	收获期	2	77.5	4.8	8 167.1	2 214.7	363.5	2 578.2	CLDZH01

（续）

时间（年-月）	作物生育时期	样方号	群体高度/cm	叶面积指数	地上部总鲜重/（g/m²）	茎干重/（g/m²）	叶干重/（g/m²）	地上部总干重/（g/m²）	观测场代码
2012-05	出苗期	3	13.2	0.2	129.3	7.2	16.4	23.7	CLDZH01
2012-06	现蕾期	3	26.2	0.7	455.3	34.3	52.4	86.7	CLDZH01
2012-06	开花期	3	40.5	1.8	1 513.8	133.6	154.3	287.9	CLDZH01
2012-07	打顶期	3	63.0	3.9	4 237.4	694.6	285.4	979.9	CLDZH01
2012-08	吐絮期	3	81.8	4.4	6 454.5	1 340.0	279.3	1 619.3	CLDZH01
2012-09	收获期	3	76.5	4.1	7 196.5	2 425.6	308.0	2 733.6	CLDZH01
2012-05	出苗期	4	13.4	0.1	91.3	5.0	11.7	16.6	CLDZH01
2012-06	现蕾期	4	28.8	1.3	911.2	69.5	97.7	167.2	CLDZH01
2012-06	开花期	4	31.6	1.7	848.9	74.9	99.9	174.7	CLDZH01
2012-07	打顶期	4	65.6	4.0	4 749.7	719.0	269.2	988.2	CLDZH01
2012-08	吐絮期	4	67.7	3.2	4 036.1	733.0	192.1	925.1	CLDZH01
2012-09	收获期	4	69.0	3.1	5 640.3	2 750.6	240.0	2 990.6	CLDZH01
2013-05	出苗期	1	13.7	0.3	157.7	8.3	21.6	29.9	CLDZH01
2013-06	现蕾期	1	25.6	1.4	827.9	55.8	89.3	145.1	CLDZH01
2013-07	开花期	1	55.1	3.3	2 662.1	308.9	321.7	630.6	CLDZH01
2013-07	打顶期	1	66.7	4.4	4 118.1	574.7	274.5	849.2	CLDZH01
2013-08	吐絮期	1	82.3	5.2	5 503.2	962.4	355.2	1 317.6	CLDZH01
2013-09	收获期	1	71.8	3.5	5 600.0	1 201.0	253.1	1 454.1	CLDZH01
2013-05	出苗期	2	15.3	0.4	191.0	10.7	28.7	39.4	CLDZH01
2013-06	现蕾期	2	22.9	1.1	648.5	50.5	75.1	125.6	CLDZH01
2013-07	开花期	2	59.2	3.5	2 527.8	305.1	221.3	526.4	CLDZH01
2013-07	打顶期	2	58.8	3.0	2 879.3	400.9	186.1	587.0	CLDZH01
2013-08	吐絮期	2	69.5	3.9	5 318.5	990.9	253.1	1 244.0	CLDZH01
2013-09	收获期	2	79.9	4.7	7 300.0	1 882.1	347.0	2 229.1	CLDZH01
2013-05	出苗期	3	12.6	0.3	150.4	8.3	23.3	31.5	CLDZH01
2013-06	现蕾期	3	19.8	0.7	412.0	34.3	47.9	82.3	CLDZH01
2013-07	开花期	3	58.1	2.9	3 119.3	281.2	209.5	490.7	CLDZH01
2013-07	打顶期	3	60.8	4.3	3 746.6	470.9	283.0	753.9	CLDZH01
2013-08	吐絮期	3	69.2	4.1	5 546.6	1 072.2	255.0	1 327.2	CLDZH01
2013-09	收获期	3	75.7	3.4	5 200.0	1 254.1	256.6	1 510.7	CLDZH01
2013-05	出苗期	4	14.8	0.4	196.3	10.6	30.3	40.8	CLDZH01
2013-06	现蕾期	4	23.8	1.1	638.7	46.6	71.8	118.4	CLDZH01

（续）

时间（年-月）	作物生育时期	样方号	群体高度/cm	叶面积指数	地上部总鲜重/(g/m²)	茎干重/(g/m²)	叶干重/(g/m²)	地上部总干重/(g/m²)	观测场代码
2013-07	开花期	4	54.5	3.8	3 097.3	360.2	193.9	554.1	CLDZH01
2013-07	打顶期	4	69.4	5.5	5 195.3	670.9	390.7	1 061.6	CLDZH01
2013-08	吐絮期	4	60.3	3.4	4 606.4	857.4	224.1	1 081.5	CLDZH01
2013-09	收获期	4	79.0	4.9	6 210.0	1 538.9	345.8	1 884.7	CLDZH01
2014-05	出苗期	1	15.5	0.3	166.2	12.0	26.4	38.4	CLDZH01
2014-06	现蕾期	1	27.1	1.2	769.9	43.6	76.9	120.5	CLDZH01
2014-07	开花期	1	40.9	1.8	1 267.6	156.9	146.0	302.9	CLDZH01
2014-07	打顶期	1	61.7	3.4	3 542.4	458.1	243.1	701.2	CLDZH01
2014-08	吐絮期	1	63.6	2.4	5 503.2	962.4	355.2	1 317.6	CLDZH01
2014-10	收获期	1	67.6	3.9	4 306.6	1 190.2	336.1	1 526.3	CLDZH01
2014-05	出苗期	2	15.0	0.3	179.7	13.0	29.0	42.0	CLDZH01
2014-06	现蕾期	2	26.0	1.3	637.3	47.7	69.7	117.4	CLDZH01
2014-07	开花期	2	44.6	1.8	1 259.5	120.3	133.9	254.2	CLDZH01
2014-07	打顶期	2	55.9	2.6	2 773.9	413.5	212.8	626.3	CLDZH01
2014-08	吐絮期	2	69.7	2.9	5 318.5	990.9	253.1	1 244.0	CLDZH01
2014-10	收获期	2	68.4	3.0	3 179.9	892.3	255.1	1 147.4	CLDZH01
2014-05	出苗期	3	15.3	0.4	199.9	13.8	32.4	46.2	CLDZH01
2014-06	现蕾期	3	26.4	0.9	408.3	28.4	38.4	66.8	CLDZH01
2014-07	开花期	3	49.8	2.5	1 881.0	203.1	172.6	375.7	CLDZH01
2014-07	打顶期	3	61.1	3.1	3 291.7	451.2	222.2	673.4	CLDZH01
2014-08	吐絮期	3	73.0	3.1	5 546.6	1 072.2	255.0	1 327.2	CLDZH01
2014-10	收获期	3	71.8	3.2	4 312.0	1 273.6	275.7	1 549.3	CLDZH01
2014-05	出苗期	4	15.6	0.3	172.3	11.5	29.9	41.4	CLDZH01
2014-06	现蕾期	4	27.8	1.5	646.4	48.1	76.9	125.0	CLDZH01
2014-07	开花期	4	46.3	1.9	1 392.0	136.3	143.9	280.2	CLDZH01
2014-07	打顶期	4	64.9	3.2	3 312.8	440.9	233.4	674.3	CLDZH01
2014-08	吐絮期	4	74.1	3.1	4 606.4	857.4	224.1	1 081.5	CLDZH01
2014-10	收获期	4	70.6	4.0	4 502.0	1 121.6	370.0	1 491.6	CLDZH01
2015-06	出苗期	1	15.3	0.3	166.2	12.0	26.4	38.4	CLDZH01
2015-06	现蕾期	1	34.2	1.9	769.9	43.6	76.9	120.5	CLDZH01
2015-07	开花期	1	41.6	2.8	1 267.6	156.9	146.0	302.9	CLDZH01
2015-07	打顶期	1	49.8	3.5	3 542.4	458.1	243.1	701.2	CLDZH01

（续）

时间（年-月）	作物生育时期	样方号	群体高度/cm	叶面积指数	地上部总鲜重/(g/m²)	茎干重/(g/m²)	叶干重/(g/m²)	地上部总干重/(g/m²)	观测场代码
2015-09	吐絮期	1	61.1	4.4	5 503.2	962.4	355.2	1 317.6	CLDZH01
2015-10	收获期	1	55.6	1.2	4 306.6	1 190.2	336.1	1 526.3	CLDZH01
2015-06	出苗期	2	14.3	0.3	179.7	13.0	29.0	42.0	CLDZH01
2015-06	现蕾期	2	32.3	2.1	637.3	47.7	69.7	117.4	CLDZH01
2015-07	开花期	2	42.1	2.5	1 259.5	120.3	133.9	254.2	CLDZH01
2015-07	打顶期	2	61.2	5.3	2 773.9	413.5	212.8	626.3	CLDZH01
2015-09	吐絮期	2	60.5	5.3	5 318.5	990.9	253.1	1 244.0	CLDZH01
2015-10	收获期	2	55.9	1.0	3 179.9	892.3	255.1	1 147.4	CLDZH01
2015-06	出苗期	3	14.0	0.4	199.9	13.8	32.4	46.2	CLDZH01
2015-06	现蕾期	3	32.3	1.8	408.3	28.4	38.4	66.8	CLDZH01
2015-07	开花期	3	40.7	3.0	1 881.0	203.1	172.6	375.7	CLDZH01
2015-07	打顶期	3	56.5	5.2	3 291.7	451.2	222.2	673.4	CLDZH01
2015-09	吐絮期	3	58.2	1.0	5 546.6	1 072.2	255.0	1 327.2	CLDZH01
2015-10	收获期	3	71.8	3.2	4 312.0	1 273.6	275.7	1 549.3	CLDZH01
2015-06	出苗期	4	15.8	0.6	172.3	11.5	29.9	41.4	CLDZH01
2015-06	现蕾期	4	30.8	1.7	646.4	48.1	76.9	125.0	CLDZH01
2015-07	开花期	4	40.2	2.6	1 392.0	136.3	143.9	280.2	CLDZH01
2015-07	打顶期	4	56.3	5.2	3 312.8	440.9	233.4	674.3	CLDZH01
2015-09	吐絮期	4	50.5	1.3	4 606.4	857.4	224.1	1 081.5	CLDZH01
2015-10	收获期	4	70.6	4.0	4 502.0	1 121.6	370.0	1 491.6	CLDZH01
2009-05	出苗期	1	7.9	0.1	33.7	2.0	5.2	7.2	CLDFZ02
2009-06	现蕾期	1	16.9	0.3	212.7	17.2	31.4	48.6	CLDFZ02
2009-07	开花期	1	32.6	0.6	390.8	30.3	45.2	75.5	CLDFZ02
2009-07	打顶期	1	16.0	0.5	335.5	37.3	38.3	75.5	CLDFZ02
2009-08	吐絮期	1	27.2	9.0	1 312.9	233.2	72.1	305.3	CLDFZ02
2009-09	收获期	1	23.7	1.2	1 756.2	443.2	267.1	710.3	CLDFZ02
2009-05	出苗期	2	7.3	0.1	28.6	1.6	4.2	5.9	CLDFZ02
2009-06	现蕾期	2	16.6	0.4	221.0	15.8	33.5	49.3	CLDFZ02
2009-07	开花期	2	30.8	0.9	577.5	45.0	46.7	91.7	CLDFZ02
2009-07	打顶期	2	19.5	0.7	460.2	52.8	56.1	109.0	CLDFZ02
2009-08	吐絮期	2	27.1	14.5	1 431.4	197.9	105.7	303.6	CLDFZ02
2009-09	收获期	2	20.3	1.2	1 604.7	340.4	115.5	455.9	CLDFZ02

（续）

时间（年-月）	作物生育时期	样方号	群体高度/cm	叶面积指数	地上部总鲜重/(g/m²)	茎干重/(g/m²)	叶干重/(g/m²)	地上部总干重/(g/m²)	观测场代码
2009-05	出苗期	3	5.7	0.1	24.4	1.7	3.5	5.1	CLDFZ02
2009-06	现蕾期	3	14.6	0.3	186.5	13.5	28.1	41.6	CLDFZ02
2009-07	开花期	3	28.8	0.7	388.2	39.3	33.4	72.7	CLDFZ02
2009-07	打顶期	3	20.9	0.7	481.2	57.6	57.7	115.2	CLDFZ02
2009-08	吐絮期	3	24.9	7.8	954.2	166.3	61.2	227.5	CLDFZ02
2009-09	收获期	3	22.7	0.8	989.4	273.2	76.1	349.3	CLDFZ02
2009-05	出苗期	4	7.2	0.1	34.8	2.2	5.2	7.4	CLDFZ02
2009-06	现蕾期	4	13.6	0.2	167.5	10.8	21.2	32.0	CLDFZ02
2009-07	开花期	4	28.7	0.9	514.1	42.2	53.2	95.4	CLDFZ02
2009-07	打顶期	4	19.3	0.7	556.6	62.8	56.6	119.5	CLDFZ02
2009-08	吐絮期	4	29.5	10.2	1 774.2	327.7	85.6	413.3	CLDFZ02
2009-09	收获期	4	21.4	0.7	834.2	244.3	66.7	311.0	CLDFZ02
2010-05	出苗期	1	10.2	0.1	62.8	3.3	10.2	13.5	CLDFZ02
2010-06	现蕾期	1	15.9	0.3	174.2	14.7	19.3	34.0	CLDFZ02
2010-07	开花期	1	17.0	4.7	240.0	26.4	33.1	59.5	CLDFZ02
2010-08	打顶期	1	24.1	0.8	595.8	59.1	53.3	112.4	CLDFZ02
2010-09	吐絮期	1	34.3	1.3	1 545.8	324.2	74.3	398.5	CLDFZ02
2010-10	收获期	1	35.6	1.2	1 238.7	166.2	107.3	273.5	CLDFZ02
2010-05	出苗期	2	8.4	0.1	59.2	3.4	9.6	13.0	CLDFZ02
2010-06	现蕾期	2	14.1	0.4	168.7	11.2	25.2	36.4	CLDFZ02
2010-07	开花期	2	17.8	4.0	260.0	33.7	33.3	67.0	CLDFZ02
2010-08	打顶期	2	23.7	1.0	652.3	66.8	49.3	116.1	CLDFZ02
2010-09	吐絮期	2	32.5	1.6	1 459.9	306.1	83.4	389.5	CLDFZ02
2010-10	收获期	2	32.1	1.1	1 553.2	220.3	96.9	317.2	CLDFZ02
2010-05	出苗期	3	9.3	0.1	64.2	3.3	10.6	13.9	CLDFZ02
2010-06	现蕾期	3	15.7	0.3	180.3	17.7	27.8	45.5	CLDFZ02
2010-07	开花期	3	24.8	0.8	525.2	83.3	55.4	138.7	CLDFZ02
2010-08	打顶期	3	31.1	1.0	1 072.1	116.2	67.0	183.2	CLDFZ02
2010-09	吐絮期	3	29.4	0.7	1 119.7	210.0	51.2	261.2	CLDFZ02
2010-10	收获期	3	34.6	0.6	531.0	113.4	56.7	170.1	CLDFZ02
2010-05	出苗期	4	10.5	0.2	77.7	4.3	13.2	17.5	CLDFZ02
2010-06	现蕾期	4	13.9	0.3	143.7	13.9	23.7	37.6	CLDFZ02

（续）

时间（年-月）	作物生育时期	样方号	群体高度/cm	叶面积指数	地上部总鲜重/（g/m²）	茎干重/（g/m²）	叶干重/（g/m²）	地上部总干重/（g/m²）	观测场代码
2010-07	开花期	4	29.4	0.9	509.5	72.5	55.7	128.2	CLDFZ02
2010-08	打顶期	4	27.8	0.9	1 071.4	117.7	63.8	181.5	CLDFZ02
2010-09	吐絮期	4	30.2	1.1	1 208.8	270.4	63.4	333.8	CLDFZ02
2010-10	收获期	4	28.5	1.0	875.6	187.9	88.8	276.7	CLDFZ02
2011-05	出苗期	1	10.2	0.1	62.8	3.3	10.2	13.5	CLDFZ02
2011-06	现蕾期	1	23.1	0.6	380.0	39.1	60.0	99.1	CLDFZ02
2011-07	开花期	1	36.2	0.7	483.0	54.2	67.8	122.0	CLDFZ02
2011-08	打顶期	1	42.7	0.5	506.5	75.8	39.3	115.1	CLDFZ02
2011-09	吐絮期	1	29.3	0.6	604.8	103.7	96.2	199.9	CLDFZ02
2011-09	收获期	1	50.9	0.9	965.3	207.4	113.3	320.7	CLDFZ02
2011-05	出苗期	2	8.4	0.1	59.2	3.4	9.6	13.0	CLDFZ02
2011-06	现蕾期	2	24.1	0.5	294.9	26.3	48.4	74.7	CLDFZ02
2011-07	开花期	2	42.9	0.7	426.4	48.7	54.4	103.1	CLDFZ02
2011-08	打顶期	2	45.3	0.7	537.9	97.4	97.0	194.4	CLDFZ02
2011-09	吐絮期	2	17.6	0.9	817.3	126.4	100.6	227.0	CLDFZ02
2011-09	收获期	2	31.5	0.6	786.5	218.4	81.6	300.0	CLDFZ02
2011-05	出苗期	3	9.3	0.1	64.2	3.3	10.6	13.9	CLDFZ02
2011-06	现蕾期	3	22.5	0.4	233.9	23.3	39.3	62.6	CLDFZ02
2011-07	开花期	3	42.2	0.7	465.7	49.1	63.4	112.5	CLDFZ02
2011-08	打顶期	3	41.0	0.7	620.6	116.5	64.0	180.5	CLDFZ02
2011-09	吐絮期	3	29.3	0.5	397.8	98.5	96.3	194.8	CLDFZ02
2011-09	收获期	3	34.7	0.7	605.3	175.8	63.6	239.4	CLDFZ02
2011-05	出苗期	4	10.5	0.2	77.7	4.3	13.2	17.5	CLDFZ02
2011-06	现蕾期	4	20.5	0.3	73.9	14.4	29.8	44.2	CLDFZ02
2011-07	开花期	4	45.2	0.6	437.6	43.8	53.4	97.2	CLDFZ02
2011-08	打顶期	4	34.9	0.8	753.9	109.6	72.3	181.9	CLDFZ02
2011-09	吐絮期	4	20.1	0.9	518.3	77.0	58.0	135.0	CLDFZ02
2011-09	收获期	4	28.5	0.7	677.9	148.5	53.3	201.8	CLDFZ02
2012-05	出苗期	1	7.8	0.1	44.2	2.3	6.3	8.6	CLDFZ02
2012-06	现蕾期	1	15.6	0.3	167.8	12.8	27.7	40.5	CLDFZ02
2012-06	开花期	1	18.9	0.4	229.4	22.4	34.9	57.3	CLDFZ02
2012-07	打顶期	1	20.5	0.5	426.6	63.6	38.2	101.8	CLDFZ02

（续）

时间（年-月）	作物生育时期	样方号	群体高度/cm	叶面积指数	地上部总鲜重/（g/m²）	茎干重/（g/m²）	叶干重/（g/m²）	地上部总干重/（g/m²）	观测场代码
2012-09	吐絮期	1	29.2	0.6	716.4	150.5	54.2	204.7	CLDFZ02
2012-09	收获期	1	37.7	0.6	889.5	145.6	60.5	206.1	CLDFZ02
2012-05	出苗期	2	8.3	0.1	50.4	3.1	6.5	9.6	CLDFZ02
2012-06	现蕾期	2	17.7	0.5	237.2	19.4	35.5	54.9	CLDFZ02
2012-06	开花期	2	20.2	0.4	268.1	24.6	38.8	63.4	CLDFZ02
2012-07	打顶期	2	23.8	0.6	543.1	73.4	48.8	122.2	CLDFZ02
2012-09	吐絮期	2	28.5	0.6	734.8	152.7	56.6	209.3	CLDFZ02
2012-09	收获期	2	35.7	0.8	1 106.2	148.6	76.8	225.4	CLDFZ02
2012-05	出苗期	3	8.7	0.1	48.1	2.7	6.7	9.4	CLDFZ02
2012-06	现蕾期	3	15.8	0.4	229.9	17.7	34.8	52.5	CLDFZ02
2012-06	开花期	3	16.8	0.4	214.7	18.3	33.2	51.5	CLDFZ02
2012-07	打顶期	3	27.8	0.7	462.4	61.0	51.2	112.1	CLDFZ02
2012-09	吐絮期	3	23.5	0.7	643.7	98.6	56.1	154.7	CLDFZ02
2012-09	收获期	3	29.4	0.4	653.3	131.0	33.0	164.0	CLDFZ02
2012-05	出苗期	4	8.4	0.1	49.0	2.5	6.6	9.1	CLDFZ02
2012-06	现蕾期	4	15.0	0.4	216.8	17.8	31.1	48.9	CLDFZ02
2012-06	开花期	4	14.0	0.4	235.1	18.9	37.9	56.8	CLDFZ02
2012-07	打顶期	4	28.4	0.9	1 128.3	161.4	66.1	227.5	CLDFZ02
2012-09	吐絮期	4	28.2	0.8	854.7	147.5	62.4	209.9	CLDFZ02
2012-09	收获期	4	29.1	0.7	1 000.9	188.9	59.7	248.6	CLDFZ02
2013-05	出苗期	1	10.3	0.2	72.7	4.1	12.5	16.6	CLDFZ02
2013-06	现蕾期	1	21.4	0.5	304.2	28.4	44.3	72.7	CLDFZ02
2013-07	开花期	1	18.9	0.7	448.7	45.6	58.9	104.5	CLDFZ02
2013-07	打顶期	1	33.4	0.9	676.8	98.9	73.3	172.2	CLDFZ02
2013-08	吐絮期	1	28.6	0.6	439.4	137.3	60.2	197.5	CLDFZ02
2013-09	收获期	1	50.8	1.9	1 875.0	409.7	135.1	544.8	CLDFZ02
2013-05	出苗期	2	10.7	0.2	70.7	3.9	12.5	16.4	CLDFZ02
2013-06	现蕾期	2	20.1	0.5	278.1	19.2	44.1	63.3	CLDFZ02
2013-07	开花期	2	20.2	0.9	610.8	78.6	73.0	151.6	CLDFZ02
2013-07	打顶期	2	33.4	1.0	688.5	98.6	81.2	179.8	CLDFZ02
2013-08	吐絮期	2	38.4	1.4	1 278.0	212.6	119.3	331.9	CLDFZ02
2013-09	收获期	2	55.0	1.5	1 785.0	395.3	97.2	492.5	CLDFZ02

（续）

时间（年-月）	作物生育时期	样方号	群体高度/cm	叶面积指数	地上部总鲜重/（g/m²）	茎干重/（g/m²）	叶干重/（g/m²）	地上部总干重/（g/m²）	观测场代码
2013-05	出苗期	3	9.8	0.2	89.9	5.1	16.5	21.6	CLDFZ02
2013-06	现蕾期	3	20.1	0.4	213.8	14.9	30.7	45.6	CLDFZ02
2013-07	开花期	3	16.8	1.0	727.0	88.7	77.9	166.6	CLDFZ02
2013-07	打顶期	3	30.8	0.7	521.7	76.4	59.4	135.8	CLDFZ02
2013-08	吐絮期	3	35.3	0.9	710.2	112.3	79.7	192.0	CLDFZ02
2013-09	收获期	3	48.5	1.1	1 145.0	310.5	69.1	379.5	CLDFZ02
2013-05	出苗期	4	11.6	0.3	120.3	6.6	21.2	27.8	CLDFZ02
2013-06	现蕾期	4	20.6	0.5	253.4	19.7	39.7	59.4	CLDFZ02
2013-07	开花期	4	14.0	1.0	738.7	83.1	84.7	167.8	CLDFZ02
2013-07	打顶期	4	33.1	0.8	617.2	87.0	58.5	145.5	CLDFZ02
2013-08	吐絮期	4	35.4	0.8	884.6	73.7	70.9	144.6	CLDFZ02
2013-09	收获期	4	59.4	2.9	4 585.0	918.4	219.5	1 137.9	CLDFZ02
2014-05	出苗期	1	12.3	0.2	107.6	6.7	18.7	25.4	CLDFZ02
2014-06	现蕾期	1	18.8	0.5	298.3	23.6	38.0	61.6	CLDFZ02
2014-07	开花期	1	30.9	0.9	452.4	45.1	51.5	96.6	CLDFZ02
2014-07	打顶期	1	36.5	0.9	821.7	122.4	78.4	200.8	CLDFZ02
2014-08	吐絮期	1	39.0	1.1	1 639.2	354.0	82.6	436.6	CLDFZ02
2014-10	收获期	1	30.0	0.3	636.3	322.1	40.7	362.8	CLDFZ02
2014-05	出苗期	2	11.8	0.2	77.0	5.2	14.1	19.3	CLDFZ02
2014-06	现蕾期	2	24.6	0.6	356.1	25.7	46.7	72.4	CLDFZ02
2014-07	开花期	2	29.6	0.7	353.0	36.9	44.3	81.2	CLDFZ02
2014-07	打顶期	2	34.9	0.9	973.4	139.8	77.3	217.1	CLDFZ02
2014-08	吐絮期	2	25.9	0.1	1 053.5	203.6	60.5	264.1	CLDFZ02
2014-10	收获期	2	55.0	1.5	514.7	255.7	36.0	291.7	CLDFZ02
2014-05	出苗期	3	11.8	0.2	89.4	6.0	15.1	21.1	CLDFZ02
2014-06	现蕾期	3	24.6	0.5	278.9	18.3	37.7	56.0	CLDFZ02
2014-07	开花期	3	35.6	1.4	734.2	81.9	79.7	161.6	CLDFZ02
2014-07	打顶期	3	38.3	1.3	1 392.5	196.1	114.5	310.6	CLDFZ02
2014-08	吐絮期	3	29.5	0.6	1 087.4	301.7	49.5	351.2	CLDFZ02
2014-10	收获期	3	24.9	0.2	480.4	227.0	42.4	269.4	CLDFZ02
2014-05	出苗期	4	12.2	0.2	86.6	5.7	14.5	20.2	CLDFZ02
2014-06	现蕾期	4	21.9	0.4	289.0	23.5	39.7	63.2	CLDFZ02

（续）

时间（年-月）	作物生育时期	样方号	群体高度/cm	叶面积指数	地上部总鲜重/(g/m²)	茎干重/(g/m²)	叶干重/(g/m²)	地上部总干重/(g/m²)	观测场代码
2014-07	开花期	4	31.7	1.1	687.3	70.6	66.5	137.1	CLDFZ02
2014-07	打顶期	4	34.9	0.9	1 082.2	145.7	74.9	220.6	CLDFZ02
2014-08	吐絮期	4	30.9	0.8	1 366.8	334.2	67.5	401.7	CLDFZ02
2014-10	收获期	4	32.2	0.2	538.4	338.7	38.5	377.2	CLDFZ02
2015-06	出苗期	1	10.3	0.3	107.6	6.7	18.7	25.4	CLDFZ02
2015-06	现蕾期	1	19.0	0.5	298.3	23.6	38.0	61.6	CLDFZ02
2015-07	开花期	1	19.4	0.6	452.4	45.1	51.5	96.6	CLDFZ02
2015-07	打顶期	1	31.9	1.0	821.7	122.4	78.4	200.8	CLDFZ02
2015-09	吐絮期	1	25.2	0.8	1 639.2	354.0	82.6	436.6	CLDFZ02
2015-10	收获期	1	27.4	0.7	636.3	322.1	40.7	362.8	CLDFZ02
2015-06	出苗期	2	12.1	0.3	77.0	5.2	14.1	19.3	CLDFZ02
2015-06	现蕾期	2	17.8	0.4	356.1	25.7	46.7	72.4	CLDFZ02
2015-07	开花期	2	21.7	0.5	353.0	36.9	44.3	81.2	CLDFZ02
2015-07	打顶期	2	27.0	0.9	973.4	139.8	77.3	217.1	CLDFZ02
2015-09	吐絮期	2	29.7	0.6	1 053.5	203.6	60.5	264.1	CLDFZ02
2015-10	收获期	2	30.7	0.8	514.7	255.7	36.0	291.7	CLDFZ02
2015-06	出苗期	3	12.5	0.4	89.4	6.0	15.1	21.1	CLDFZ02
2015-06	现蕾期	3	17.8	0.6	278.9	18.3	37.7	56.0	CLDFZ02
2015-07	开花期	3	21.6	0.8	734.2	81.9	79.7	161.6	CLDFZ02
2015-07	打顶期	3	30.1	1.1	1 392.5	196.1	114.5	310.6	CLDFZ02
2015-09	吐絮期	3	28.3	0.6	1 087.4	301.7	49.5	351.2	CLDFZ02
2015-10	收获期	3	18.1	0.2	480.4	227.0	42.4	269.4	CLDFZ02
2015-06	出苗期	4	13.7	0.6	86.6	5.7	14.5	20.2	CLDFZ02
2015-06	现蕾期	4	16.9	0.5	289.0	23.5	39.7	63.2	CLDFZ02
2015-07	开花期	4	21.5	0.7	687.3	70.6	66.5	137.1	CLDFZ02
2015-07	打顶期	4	34.5	1.1	1 082.2	145.7	74.9	220.6	CLDFZ02
2015-09	吐絮期	4	26.5	0.7	1 366.8	334.2	67.5	401.7	CLDFZ02
2015-10	收获期	4	26.1	0.2	538.4	338.7	38.5	377.2	CLDFZ02

3.1.8 耕作层作物根生物量

3.1.8.1 概述

本数据集包括策勒站2009—2015年策勒绿洲农田综合观测场（CLDZH01）、策勒绿洲农田辅助观测场（一）（CLDFZ01）、策勒绿洲农田辅助观测场（二）（CLDFZ02）棉花耕作层作物根生物量调查数据，调查数据包括作物品种、作物生育时期、根干重、约占总根干重比例。调查频率为每年每个棉花生育时期 1 次。

3.1.8.2 数据采集和处理方法

采样工具为 0.18～0.25 mm 的网袋、平铲、直板钢尺、铅锤、铁锹、标签等，在记录表上记录。内挖式采样，将采样范围内的根系按要求测定深度全部取出，测定生物量。

3.1.8.3 数据质量控制和评估

对历年数据进行整理和质量控制，对异常数据进行核实，对棉花各生育时期耕作层根生物量进行详细记录与质量控制，判断各调查数据的年际变化。

3.1.8.4 数据

详细数据见表 3-8。

表 3-8 耕作层作物根生物量

时间（年-月-日）	作物品种	作物生育时期	样方号	根干重/（g/m²）	约占总根干重比例/%	观测场代码
2009-08-17	策科 1 号	收获期	1	60.5	84.3	CLDZH01
2009-08-17	策科 1 号	收获期	2	49.3	87.2	CLDZH01
2009-08-18	策科 1 号	收获期	3	48.1	79.4	CLDZH01
2009-08-18	策科 1 号	收获期	4	44.1	85.1	CLDZH01
2009-08-19	策科 1 号	收获期	1	49.3	84.2	CLDFZ01
2009-08-19	策科 1 号	收获期	2	50.0	89.2	CLDFZ01
2009-08-20	策科 1 号	收获期	3	49.4	89.2	CLDFZ01
2009-08-20	策科 1 号	收获期	4	55.6	91.2	CLDFZ01
2009-08-21	策科 1 号	收获期	1	24.5	83.0	CLDFZ02
2009-08-21	策科 1 号	收获期	2	28.4	90.8	CLDFZ02
2009-08-22	策科 1 号	收获期	3	24.1	78.6	CLDFZ02
2009-08-22	策科 1 号	收获期	4	26.4	81.2	CLDFZ02
2010-09-03	K7 号	吐絮期	1	55.1	92.3	CLDZH01
2010-09-03	K7 号	吐絮期	2	72.0	96.5	CLDZH01
2010-09-03	K7 号	吐絮期	3	46.9	96.1	CLDZH01
2010-09-03	K7 号	吐絮期	4	67.3	96.1	CLDZH01
2010-09-06	K7 号	吐絮期	1	31.0	92.3	CLDFZ01
2010-09-06	K7 号	吐絮期	2	43.6	88.1	CLDFZ01
2010-09-06	K7 号	吐絮期	3	56.1	95.7	CLDFZ01
2010-09-06	K7 号	吐絮期	4	34.5	95.8	CLDFZ01
2010-09-04	K7 号	吐絮期	1	24.4	93.8	CLDFZ02
2010-09-04	K7 号	吐絮期	2	21.7	91.9	CLDFZ02
2010-09-04	K7 号	吐絮期	3	15.2	88.9	CLDFZ02
2010-09-04	K7 号	吐絮期	4	24.1	90.3	CLDFZ02

（续）

时间（年-月-日）	作物品种	作物生育时期	样方号	根干重/（g/m²）	约占总根干重比例/%	观测场代码
2011-09-06	中棉35	吐絮期	1	103.0	93.3	CLDZH01
2011-09-06	中棉35	吐絮期	2	97.3	87.9	CLDZH01
2011-09-06	中棉35	吐絮期	3	104.3	90.7	CLDZH01
2011-09-06	中棉35	吐絮期	4	126.7	93.3	CLDZH01
2011-09-07	中棉35	吐絮期	1	95.3	90.7	CLDFZ01
2011-09-07	中棉35	吐絮期	2	83.0	85.9	CLDFZ01
2011-09-07	中棉35	吐絮期	3	124.7	90.6	CLDFZ01
2011-09-07	中棉35	吐絮期	4	119.6	92.5	CLDFZ01
2011-09-08	中棉35	吐絮期	1	49.5	89.8	CLDFZ02
2011-09-08	中棉35	吐絮期	2	49.7	91.0	CLDFZ02
2011-09-08	中棉35	吐絮期	3	42.7	87.0	CLDFZ02
2011-09-08	中棉35	吐絮期	4	20.3	86.8	CLDFZ02
2012-09-01	新陆21	吐絮期	1	79.9	91.4	CLDZH01
2012-09-01	新陆21	吐絮期	2	74.9	94.2	CLDZH01
2012-09-01	新陆21	吐絮期	3	85.4	88.9	CLDZH01
2012-09-01	新陆21	吐絮期	4	76.0	95.1	CLDZH01
2012-08-31	新陆21	吐絮期	1	69.3	87.5	CLDFZ01
2012-08-31	新陆21	吐絮期	2	84.3	95.7	CLDFZ01
2012-08-31	新陆21	吐絮期	3	112.1	95.5	CLDFZ01
2012-08-31	新陆21	吐絮期	4	66.3	40.4	CLDFZ01
2012-09-03	新陆21	吐絮期	1	27.1	91.3	CLDFZ02
2012-09-03	新陆21	吐絮期	2	30.4	93.8	CLDFZ02
2012-09-03	新陆21	吐絮期	3	31.5	86.5	CLDFZ02
2012-09-03	新陆21	吐絮期	4	36.3	97.8	CLDFZ02
2013-08-26	新陆21	吐絮期	1	72.4	89.5	CLDZH01
2013-08-26	新陆21	吐絮期	2	74.1	94.5	CLDZH01
2013-08-27	新陆21	吐絮期	3	66.3	95.7	CLDZH01
2013-08-27	新陆21	吐絮期	4	73.1	83.4	CLDZH01
2013-08-28	新陆21	吐絮期	1	61.8	95.5	CLDFZ01
2013-08-28	新陆21	吐絮期	2	70.1	98.7	CLDFZ01
2013-08-29	新陆21	吐絮期	3	51.2	96.4	CLDFZ01
2013-08-29	新陆21	吐絮期	4	69.9	97.2	CLDFZ01
2013-08-30	新陆21	吐絮期	1	43.3	97.7	CLDFZ02

（续）

时间（年-月-日）	作物品种	作物生育时期	样方号	根干重/（g/m²）	约占总根干重比例/%	观测场代码
2013-08-30	新陆 21	吐絮期	2	43.1	95.6	CLDFZ02
2013-08-30	新陆 21	吐絮期	3	59.6	96.4	CLDFZ02
2013-08-30	新陆 21	吐絮期	4	45.4	96.6	CLDFZ02
2014-08-26	中棉 49	吐絮期	1	62.0	92.3	CLDZH01
2014-08-26	中棉 49	吐絮期	2	71.0	90.0	CLDZH01
2014-08-26	中棉 49	吐絮期	3	59.6	92.3	CLDZH01
2014-08-26	中棉 49	吐絮期	4	65.8	91.8	CLDZH01
2014-08-28	中棉 49	吐絮期	1	66.7	92.0	CLDFZ01
2014-08-28	中棉 49	吐絮期	2	62.4	92.7	CLDFZ01
2014-08-28	中棉 49	吐絮期	3	73.1	87.3	CLDFZ01
2014-08-28	中棉 49	吐絮期	4	63.6	88.7	CLDFZ01
2014-08-29	中棉 49	吐絮期	1	38.3	97.5	CLDFZ02
2014-08-29	中棉 49	吐絮期	2	27.8	96.2	CLDFZ02
2014-08-29	中棉 49	吐絮期	3	27.8	96.9	CLDFZ02
2014-08-29	中棉 49	吐絮期	4	49.1	99.8	CLDFZ02
2015-09-03	豫棉 15	吐絮期	1	81.9	93.9	CLDZH01
2015-09-03	豫棉 15	吐絮期	2	63.2	93.2	CLDZH01
2015-09-03	豫棉 15	吐絮期	3	73.9	95.4	CLDZH01
2015-09-03	豫棉 15	吐絮期	4	69.0	93.6	CLDZH01
2015-09-04	豫棉 15	吐絮期	1	52.9	94.6	CLDFZ01
2015-09-04	豫棉 15	吐絮期	2	79.9	96.0	CLDFZ01
2015-09-04	豫棉 15	吐絮期	3	60.2	94.6	CLDFZ01
2015-09-04	豫棉 15	吐絮期	4	63.4	95.9	CLDFZ01
2015-09-05	豫棉 15	吐絮期	1	23.4	93.0	CLDFZ02
2015-09-05	豫棉 15	吐絮期	2	31.0	89.6	CLDFZ02
2015-09-05	豫棉 15	吐絮期	3	41.2	95.5	CLDFZ02
2015-09-05	豫棉 15	吐絮期	4	17.8	87.1	CLDFZ02
2015-10-08	豫棉 15	收获期	1	57.9	98.7	CLDZH01
2015-10-08	豫棉 15	收获期	2	55.4	97.4	CLDZH01
2015-10-08	豫棉 15	收获期	3	52.7	89.0	CLDZH01
2015-10-08	豫棉 15	收获期	4	44.9	86.2	CLDZH01
2015-10-09	豫棉 15	收获期	1	42.4	96.7	CLDFZ01
2015-10-09	豫棉 15	收获期	2	58.2	94.8	CLDFZ01

（续）

时间（年-月-日）	作物品种	作物生育时期	样方号	根干重/（g/m²）	约占总根干重比例/%	观测场代码
2015-10-09	豫棉 15	收获期	3	70.8	94.1	CLDFZ01
2015-10-09	豫棉 15	收获期	4	54.0	87.0	CLDFZ01
2015-10-10	豫棉 15	收获期	1	48.5	97.7	CLDFZ02
2015-10-10	豫棉 15	收获期	2	38.1	95.8	CLDFZ02
2015-10-10	豫棉 15	收获期	3	29.5	92.6	CLDFZ02
2015-10-10	豫棉 15	收获期	4	32.6	91.8	CLDFZ02

3.1.9 作物根系分布

3.1.9.1 概述

本数据集包括策勒站2009—2015年策勒绿洲农田综合观测场（CLDZH01）、策勒绿洲农田辅助观测场（一）（CLDFZ01）、策勒绿洲农田辅助观测场（二）（CLDFZ02）棉花作物根系分布调查数据，调查数据包作物生育时期、不同深度根干重、观测场代码。调查频率为每年每个棉花生育时期1次。

3.1.9.2 数据采集和处理方法

将作物根系以整体或分体的形式直接从土壤中挖出，然后将其洗净，取样时要求尽量挖取大块土体，减少作物根系的截断次数，洗根前将样品袋放到水中充分浸泡，然后逐个将样品袋在水中轻漂，使附着在根系上的大部分土粒能被水带走，最后袋中只剩下根和土壤中包含的植物碎片等其他杂质。将带有杂质的根样放入盆中，慢慢去除杂质，完成根系的采集。将根系样品用滤筛全部取出，用滤纸吸去根系表面的水分，移至天平（精度为0.01 g）上称取重量。然后放入烘箱中烘干，在105 ℃条件下杀青30 min，再将温度降至65 ℃烘至恒重（需要24～48 h），放入干燥器中冷却。

3.1.9.3 数据质量控制和评估

对历年数据进行整理和质量控制，对异常数据进行核实，判断各调查数据的年际变化。

3.1.9.4 数据

详细数据见表3-9、表3-10。

表3-9 作物根系分布（一）

时间（年-月-日）	作物品种	作物生育时期	样方号	0～10 cm 埋深根干重/（g/m²）	>10～20 cm 埋深根干重/（g/m²）	>20～30 cm 埋深根干重/（g/m²）	观测场代码
2009-08-17	策科1号	收获期	1	45.4	12.1	4.0	CLDZH01
2009-08-17	策科1号	收获期	2	40.2	6.2	2.9	CLDZH01
2009-08-18	策科1号	收获期	3	33.9	9.0	5.2	CLDZH01
2009-08-18	策科1号	收获期	4	30.0	9.4	4.7	CLDZH01
2009-08-19	策科1号	收获期	1	38.1	7.1	4.1	CLDFZ01
2009-08-19	策科1号	收获期	2	39.2	7.2	3.6	CLDFZ01
2009-08-20	策科1号	收获期	3	41.7	5.2	2.5	CLDFZ01
2009-08-20	策科1号	收获期	4	42.5	10.5	2.6	CLDFZ01
2009-08-21	策科1号	收获期	1	15.7	6.1	2.7	CLDFZ02

（续）

时间（年-月-日）	作物品种	作物生育时期	样方号	0～10 cm 埋深根干重/（g/m²）	>10～20 cm 埋深根干重/（g/m²）	>20～30 cm 埋深根干重/（g/m²）	观测场代码
2009-08-21	策科1号	收获期	2	22.3	4.4	1.7	CLDFZ02
2009-08-22	策科1号	收获期	3	17.5	3.5	3.2	CLDFZ02
2009-08-22	策科1号	收获期	4	17.4	5.9	3.1	CLDFZ02
2010-09-03	K7号	收获期	1	50.6	3.6	0.9	CLDZH01
2010-09-03	K7号	收获期	2	62.3	8.9	0.8	CLDZH01
2010-09-03	K7号	收获期	43	35.8	9.6	1.5	CLDZH01
2010-09-03	K7号	收获期	4	57.1	7.3	2.9	CLDZH01
2010-09-06	K7号	收获期	1	25.5	3.5	2.0	CLDFZ01
2010-09-06	K7号	收获期	2	37.2	4.1	2.3	CLDFZ01
2010-09-06	K7号	收获期	3	46.1	7.2	32.8	CLDFZ01
2010-09-06	K7号	收获期	4	28.3	4.8	1.4	CLDFZ01
2010-09-04	K7号	收获期	1	21.8	1.3	1.3	CLDFZ02
2010-09-04	K7号	收获期	2	16.8	3.4	1.5	CLDFZ02
2010-09-04	K7号	收获期	3	12.3	1.7	1.2	CLDFZ02
2010-09-04	K7号	收获期	4	19.2	3.3	21.6	CLDFZ02
2011-09-06	中棉35	收获期	1	79.2	13.8	10.0	CLDZH01
2011-09-06	中棉35	收获期	2	66.1	23.7	7.5	CLDZH01
2011-09-06	中棉35	收获期	3	69.8	21.8	12.7	CLDZH01
2011-09-06	中棉35	收获期	4	84.1	32.7	9.9	CLDZH01
2011-09-07	中棉35	收获期	1	58.8	28.9	7.6	CLDFZ01
2011-09-07	中棉35	收获期	2	53.2	19.7	10.1	CLDFZ01
2011-09-07	中棉35	收获期	3	78.3	36.0	10.4	CLDFZ01
2011-09-07	中棉35	收获期	4	78.0	28.4	13.2	CLDFZ01
2011-09-08	中棉35	收获期	1	27.4	11.6	10.5	CLDFZ02
2011-09-08	中棉35	收获期	2	29.0	16.8	3.9	CLDFZ02
2011-09-08	中棉35	收获期	3	28.4	9.8	4.5	CLDFZ02
2011-09-08	中棉35	收获期	4	53.8	8.8	5.2	CLDFZ02
2012-09-01	新陆21	收获期	1	56.4	19.4	4.1	CLDZH01
2012-09-01	新陆21	收获期	2	51.3	20.8	2.8	CLDZH01
2012-09-01	新陆21	收获期	3	57.7	19.4	8.3	CLDZH01
2012-09-01	新陆21	收获期	4	45.3	12.5	11.5	CLDZH01
2012-08-31	新陆21	收获期	1	45.3	12.5	11.5	CLDFZ01

（续）

时间（年-月-日）	作物品种	作物生育时期	样方号	0～10 cm 埋深根干重/（g/m²）	>10～20 cm 埋深根干重/（g/m²）	>20～30 cm 埋深根干重/（g/m²）	观测场代码
2012-08-31	新陆 21	收获期	2	65.7	9.3	9.3	CLDFZ01
2012-08-31	新陆 21	收获期	3	66.3	9.7	2.7	CLDFZ01
2012-08-31	新陆 21	收获期	4	43.9	18.5	3.9	CLDFZ01
2012-09-03	新陆 21	收获期	1	13.8	5.1	8.2	CLDFZ02
2012-09-03	新陆 21	收获期	2	18.1	8.2	4.1	CLDFZ02
2012-09-03	新陆 21	收获期	3	31.5	9.8	4.5	CLDFZ02
2012-09-03	新陆 21	收获期	4	23.6	9.4	3.3	CLDFZ02
2013-08-26	中棉 35	收获期	1	51.6	10.8	10.0	CLDZH01
2013-08-26	中棉 35	收获期	2	59.9	9.3	4.9	CLDZH01
2013-08-27	中棉 35	收获期	3	52.2	11.4	2.7	CLDZH01
2013-08-27	中棉 35	收获期	4	60.5	17.8	4.8	CLDZH01
2013-08-28	中棉 35	收获期	1	49.3	9.3	3.2	CLDFZ01
2013-08-28	中棉 35	收获期	2	56.0	11.7	2.4	CLDFZ01
2013-08-29	中棉 35	收获期	3	38.5	11.9	0.8	CLDFZ01
2013-08-29	中棉 35	收获期	4	52.0	12.9	5.0	CLDFZ01
2013-08-30	中棉 35	收获期	1	27.6	12.9	2.8	CLDFZ02
2013-08-30	中棉 35	收获期	2	31.2	10.0	1.9	CLDFZ02
2013-08-30	中棉 35	收获期	3	41.4	15.5	2.7	CLDFZ02
2013-08-30	中棉 35	收获期	4	33.3	10.2	1.9	CLDFZ02
2014-08-26	中棉 49	收获期	1	46.7	12.1	3.2	CLDZH01
2014-08-26	中棉 49	收获期	2	52.3	15.1	3.6	CLDZH01
2014-08-26	中棉 49	收获期	3	45.0	12.6	2.0	CLDZH01
2014-08-26	中棉 49	收获期	4	42.8	15.8	7.2	CLDZH01
2014-08-28	中棉 49	收获期	1	56.6	8.6	1.5	CLDFZ01
2014-08-28	中棉 49	收获期	2	47.3	11.5	3.6	CLDFZ01
2014-08-28	中棉 49	收获期	3	51.9	14.7	6.5	CLDFZ01
2014-08-28	中棉 49	收获期	4	49.5	9.0	5.1	CLDFZ01
2014-08-29	中棉 49	收获期	1	34.4	3.4	0.5	CLDFZ02
2014-08-29	中棉 49	收获期	2	22.1	3.5	2.2	CLDFZ02
2014-08-29	中棉 49	收获期	3	20.8	5.5	1.5	CLDFZ02
2014-08-29	中棉 49	收获期	4	39.6	7.5	2.0	CLDFZ02
2015-09-03	豫棉 15	吐絮期	1	69.5	9.2	3.3	CLDZH01

（续）

时间（年-月-日）	作物品种	作物生育时期	样方号	0～10 cm 埋深根干重/（g/m²）	>10～20 cm 埋深根干重/（g/m²）	>20～30 cm 埋深根干重/（g/m²）	观测场代码
2015-09-03	豫棉 15	吐絮期	2	39.9	18.5	4.8	CLDZH01
2015-09-03	豫棉 15	吐絮期	3	61.0	8.2	4.7	CLDZH01
2015-09-03	豫棉 15	吐絮期	4	55.9	7.3	5.8	CLDZH01
2015-09-04	豫棉 15	吐絮期	1	39.3	10.4	3.2	CLDFZ01
2015-09-04	豫棉 15	吐絮期	2	69.0	7.3	3.6	CLDFZ01
2015-09-04	豫棉 15	吐絮期	3	45.8	10.3	4.1	CLDFZ01
2015-09-04	豫棉 15	吐絮期	4	55.9	5.8	1.7	CLDFZ01
2015-09-05	豫棉 15	吐絮期	1	16.6	4.4	2.5	CLDFZ02
2015-09-05	豫棉 15	吐絮期	2	24.5	3.0	3.5	CLDFZ02
2015-09-05	豫棉 15	吐絮期	3	30.0	6.9	4.3	CLDFZ02
2015-09-05	豫棉 15	吐絮期	4	13.4	2.5	2.0	CLDFZ02
2015-10-08	豫棉 15	收获期	1	44.8	11.9	1.2	CLDZH01
2015-10-08	豫棉 15	收获期	2	37.0	9.8	8.6	CLDZH01
2015-10-08	豫棉 15	收获期	3	35.2	8.5	8.9	CLDZH01
2015-10-08	豫棉 15	收获期	4	31.4	7.3	6.2	CLDZH01
2015-10-09	豫棉 15	收获期	1	29.8	11.3	1.3	CLDFZ01
2015-10-09	豫棉 15	收获期	2	37.4	16.0	4.7	CLDFZ01
2015-10-09	豫棉 15	收获期	3	59.4	7.9	3.4	CLDFZ01
2015-10-09	豫棉 15	收获期	4	42.9	6.5	4.6	CLDFZ01
2015-10-10	豫棉 15	收获期	1	39.6	5.0	4.0	CLDFZ02
2015-10-10	豫棉 15	收获期	2	31.7	3.5	2.9	CLDFZ02
2015-10-10	豫棉 15	收获期	3	13.6	10.9	5.0	CLDFZ02
2015-10-10	豫棉 15	收获期	4	21.6	7.6	3.4	CLDFZ02

表 3-10　作物根系分布（二）

时间（年-月-日）	作物品种	作物生育时期	样方号	>30～40 cm 埋深根干重/（g/m²）	>40～60 cm 埋深根干重/（g/m²）	>60～80 cm 埋深根干重/（g/m²）	观测场代码
2009-08-17	策科 1 号	收获期	1	3.9	1.6	0.4	CLDZH01
2009-08-17	策科 1 号	收获期	2	1.3	0.7	1.3	CLDZH01
2009-08-18	策科 1 号	收获期	3	3.5	1.4	0.5	CLDZH01
2009-08-18	策科 1 号	收获期	4	1.3	0.4	0.3	CLDZH01
2009-08-19	策科 1 号	收获期	1	1.8	1.3	0.9	CLDFZ01
2009-08-19	策科 1 号	收获期	2	1.0	0.8	0.1	CLDFZ01
2009-08-20	策科 1 号	收获期	3	1.5	0.8	0.7	CLDFZ01

（续）

时间（年-月-日）	作物品种	作物生育时期	样方号	>30～40 cm 埋深根干重/（g/m²）	>40～60 cm 埋深根干重/（g/m²）	>60～80 cm 埋深根干重/（g/m²）	观测场代码
2009-08-20	策科 1 号	收获期	4	0.9	0.5	0.7	CLDFZ01
2009-08-21	策科 1 号	收获期	1	0.7	0.8	0.3	CLDFZ02
2009-08-21	策科 1 号	收获期	2	0.8	0.2	0.0	CLDFZ02
2009-08-22	策科 1 号	收获期	3	0.9	0.8	0.7	CLDFZ02
2009-08-22	策科 1 号	收获期	4	1.9	0.2	0.2	CLDFZ02
2010-09-03	K7 号	收获期	1	3.3	0.3	0.5	CLDZH01
2010-09-03	K7 号	收获期	2	1.6	0.4	0.2	CLDZH01
2010-09-03	K7 号	收获期	3	0.7	0.2	0.3	CLDZH01
2010-09-03	K7 号	收获期	4	1.6	0.5	0.5	CLDZH01
2010-09-06	K7 号	收获期	1	0.9	0.9	0.5	CLDFZ01
2010-09-06	K7 号	收获期	2	2.0	2.3	1.0	CLDFZ01
2010-09-06	K7 号	收获期	3	0.7	0.8	0.5	CLDFZ01
2010-09-06	K7 号	收获期	4	0.5	0.4	0.3	CLDFZ01
2010-09-04	K7 号	收获期	1	0.6	0.4	0.3	CLDFZ02
2010-09-04	K7 号	收获期	2	1.0	0.5	0.4	CLDFZ02
2010-09-04	K7 号	收获期	3	0.7	0.8	0.2	CLDFZ02
2010-09-04	K7 号	收获期	4	0.9	1.1	0.5	CLDFZ02
2011-09-06	中棉 35	收获期	1	2.8	2.2	1.4	CLDZH01
2011-09-06	中棉 35	收获期	2	7.2	3.5	1.9	CLDZH01
2011-09-06	中棉 35	收获期	3	5.5	2.8	1.3	CLDZH01
2011-09-06	中棉 35	收获期	4	4.5	2.2	1.4	CLDZH01
2011-09-07	中棉 35	收获期	1	4.6	2.5	1.5	CLDFZ01
2011-09-07	中棉 35	收获期	2	7.9	2.7	1.9	CLDFZ01
2011-09-07	中棉 35	收获期	3	7.0	4.1	1.0	CLDFZ01
2011-09-07	中棉 35	收获期	4	5.6	1.7	1.4	CLDFZ01
2011-09-08	中棉 35	收获期	1	3.1	1.8	0.5	CLDFZ02
2011-09-08	中棉 35	收获期	2	3.0	1.0	0.6	CLDFZ02
2011-09-08	中棉 35	收获期	3	3.7	1.5	1.0	CLDFZ02
2011-09-08	中棉 35	收获期	4	3.9	1.1	0.6	CLDFZ02
2012-09-01	新陆 21	收获期	1	2.6	2.4	1.5	CLDZH01
2012-09-01	新陆 21	收获期	2	1.7	1.6	0.8	CLDZH01
2012-09-01	新陆 21	收获期	3	4.3	1.8	3.1	CLDZH01

（续）

时间（年-月-日）	作物品种	作物生育时期	样方号	>30～40 cm 埋深根干重/（g/m²）	>40～60 cm 埋深根干重/（g/m²）	>60～80 cm 埋深根干重/（g/m²）	观测场代码
2012-09-01	新陆 21	收获期	4	5.7	1.3	0.9	CLDZH01
2012-08-31	新陆 21	收获期	1	5.7	1.3	0.9	CLDFZ01
2012-08-31	新陆 21	收获期	2	2.2	0.6	0.5	CLDFZ01
2012-08-31	新陆 21	收获期	3	2.5	1.2	1.0	CLDFZ01
2012-08-31	新陆 21	收获期	4	0.4	2.8	0.7	CLDFZ01
2012-09-03	新陆 21	收获期	1	2.1	0.5	0.0	CLDFZ02
2012-09-03	新陆 21	收获期	2	1.0	0.6	0.4	CLDFZ02
2012-09-03	新陆 21	收获期	3	3.7	1.5	0.1	CLDFZ02
2012-09-03	新陆 21	收获期	4	0.6	0.2	0.0	CLDFZ02
2013-08-26	中棉 35	收获期	1	1.5	1.0	6.0	CLDZH01
2013-08-26	中棉 35	收获期	2	3.1	0.8	0.4	CLDZH01
2013-08-27	中棉 35	收获期	3	1.4	1.2	0.4	CLDZH01
2013-08-27	中棉 35	收获期	4	3.2	0.9	0.5	CLDZH01
2013-08-28	中棉 35	收获期	1	2.3	0.5	0.1	CLDFZ01
2013-08-28	中棉 35	收获期	2	0.9	0.0	0.0	CLDFZ01
2013-08-29	中棉 35	收获期	3	1.1	0.7	0.1	CLDFZ01
2013-08-29	中棉 35	收获期	4	1.5	0.5	0.0	CLDFZ01
2013-08-30	中棉 35	收获期	1	0.9	0.1	0.0	CLDFZ02
2013-08-30	中棉 35	收获期	2	1.3	0.7	0.0	CLDFZ02
2013-08-30	中棉 35	收获期	3	1.9	0.3	0.0	CLDFZ02
2013-08-30	中棉 35	收获期	4	0.7	0.9	0.0	CLDFZ02
2014-08-26	中棉 49	收获期	1	0.9	2.6	1.4	CLDZH01
2014-08-26	中棉 49	收获期	2	1.7	3.8	2.1	CLDZH01
2014-08-26	中棉 49	收获期	3	1.4	1.8	1.1	CLDZH01
2014-08-26	中棉 49	收获期	4	2.3	2.3	1.0	CLDZH01
2014-08-28	中棉 49	收获期	1	1.7	2.3	1.1	CLDFZ01
2014-08-28	中棉 49	收获期	2	1.3	2.4	0.8	CLDFZ01
2014-08-28	中棉 49	收获期	3	6.1	2.4	1.3	CLDFZ01
2014-08-28	中棉 49	收获期	4	1.8	3.7	1.3	CLDFZ01
2014-08-29	中棉 49	收获期	1	0.1	0.6	0.3	CLDFZ02
2014-08-29	中棉 49	收获期	2	1.1	0.0	0.0	CLDFZ02
2014-08-29	中棉 49	收获期	3	0.6	0.3	0.0	CLDFZ02

（续）

时间（年-月-日）	作物品种	作物生育时期	样方号	>30～40 cm 埋深根干重/（g/m²）	>40～60 cm 埋深根干重/（g/m²）	>60～80 cm 埋深根干重/（g/m²）	观测场代码
2014-08-29	中棉 49	收获期	4	0.1	0.0	0.0	CLDFZ02
2015-09-03	豫棉 15	吐絮期	1	2.1	1.6	1.1	CLDZH01
2015-09-03	豫棉 15	吐絮期	2	2.5	1.1	0.7	CLDZH01
2015-09-03	豫棉 15	吐絮期	3	1.5	1.1	0.6	CLDZH01
2015-09-03	豫棉 15	吐絮期	4	1.6	2.2	0.7	CLDZH01
2015-09-04	豫棉 15	吐絮期	1	1.6	0.4	0.5	CLDFZ01
2015-09-04	豫棉 15	吐絮期	2	0.8	1.6	0.5	CLDFZ01
2015-09-04	豫棉 15	吐絮期	3	1.5	1.0	0.5	CLDFZ01
2015-09-04	豫棉 15	吐絮期	4	1.5	0.6	0.2	CLDFZ01
2015-09-05	豫棉 15	吐絮期	1	0.3	0.6	0.6	CLDFZ02
2015-09-05	豫棉 15	吐絮期	2	1.7	1.6	0.2	CLDFZ02
2015-09-05	豫棉 15	吐絮期	3	0.9	0.8	0.2	CLDFZ02
2015-09-05	豫棉 15	吐絮期	4	1.6	0.5	0.5	CLDFZ02
2015-10-08	豫棉 15	收获期	1	0.3	0.1	0.1	CLDZH01
2015-10-08	豫棉 15	收获期	2	0.4	0.1	0.6	CLDZH01
2015-10-08	豫棉 15	收获期	3	3.2	2.1	1.0	CLDZH01
2015-10-08	豫棉 15	收获期	4	3.0	2.5	1.0	CLDZH01
2015-10-09	豫棉 15	收获期	1	0.6	0.3	0.3	CLDFZ01
2015-10-09	豫棉 15	收获期	2	1.1	1.4	0.4	CLDFZ01
2015-10-09	豫棉 15	收获期	3	2.8	0.8	0.7	CLDFZ01
2015-10-09	豫棉 15	收获期	4	2.2	3.5	1.6	CLDFZ01
2015-10-10	豫棉 15	收获期	1	0.7	0.4	0.1	CLDFZ02
2015-10-10	豫棉 15	收获期	2	1.0	0.5	0.2	CLDFZ02
2015-10-10	豫棉 15	收获期	3	1.4	0.1	0.5	CLDFZ02
2015-10-10	豫棉 15	收获期	4	2.0	0.7	0.2	CLDFZ02

3.1.10　棉花收获期植株性状

3.1.10.1　概述

本数据集包括策勒站 2009—2015 年策勒绿洲农田综合观测场（CLDZH01）、策勒绿洲农田辅助观测场（二）（CLDFZ02）棉花收获期植株性状，调查数据包括棉花品种、群体株高、第一果枝着生位、单株果枝数、单株铃数、脱落率、铃重、衣分、籽指、霜前花百分率等。调查频率为 1 年 1 次。

3.1.10.2 数据采集和处理方法

使用网袋（由 0.18～0.25 mm 的尼龙过滤布制成）、平铲、直板钢尺、铅锤、铁锹、标签、记录表格等。选定有代表性的采样区，准确测量作物的行距和株距，并采用内挖式采样方法。

3.1.10.3 数据质量控制和评估

对历年数据进行整理，对数据进行核实，对棉花收获期植株性状进行详细记录，对数据进行质量控制，判断各调查数据的年际变化。

3.1.10.4 数据

详细数据见表 3-11。

表 3-11 棉花收获期植株性状

时间（年-月）	棉花品种	群体株高/cm	第一果枝着生位/cm	单株果枝数/枝	单株铃数/个	脱落率/%	铃重/g	衣分/%	籽指/g	霜前花百分率/%	观测场代码
2009-09	策科1号	61.9	11.5	5.8	5.3	83.3	5.9	43.3	10.4	27.6	CLDZH01
2009-09	策科1号	57.6	10.2	5.7	4.5	90.0	5.6	41.7	10.2	27.6	CLDZH01
2009-09	策科1号	46.7	8.3	4.7	4.7	71.3	6.2	43.3	9.5	27.6	CLDZH01
2009-09	策科1号	47.6	11.0	4.1	4.1	57.3	6.2	42.8	10.9	27.6	CLDZH01
2010-10	策科1号	88.7	19.7	9.4	7.2	83.3	5.7	41.2	10.1	57.8	CLDZH01
2010-10	策科1号	86.5	18.0	9.0	8.0	90.0	5.7	38.2	10.3	57.8	CLDZH01
2010-10	策科1号	66.9	12.8	5.6	5.0	71.3	5.7	36.0	10.4	57.8	CLDZH01
2010-10	策科1号	73.9	14.1	4.0	4.0	57.3	5.7	39.7	10.3	57.8	CLDZH01
2011-09	策科1号	86.4	20.7	5.8	6.3	38.8	6.0	42.1	10.1	40.3	CLDZH01
2011-09	策科1号	73.1	16.7	4.8	4.7	43.8	6.0	40.2	10.3	40.3	CLDZH01
2011-09	策科1号	80.1	21.3	3.9	4.1	91.3	6.0	39.4	10.4	40.3	CLDZH01
2011-09	策科1号	77.0	17.9	5.0	6.6	86.4	6.0	39.8	10.3	40.3	CLDZH01
2012-09	新陆21	95.7	18.0	7.9	10.2	12.7	6.0	47.6	10.2	37.0	CLDZH01
2012-09	新陆21	74.7	23.0	5.6	6.0	20.4	6.0	46.6	10.8	37.0	CLDZH01
2012-09	新陆21	94.8	21.3	7.9	9.1	13.3	6.0	47.8	10.3	37.0	CLDZH01
2012-09	新陆21	82.7	23.9	4.8	5.0	24.0	6.0	46.0	10.7	37.0	CLDZH01
2013-09	新陆21	59.4	13.3	4.6	6.0	31.7	4.7	66.3	11.1	54.4	CLDZH01
2013-09	新陆21	59.1	15.5	3.6	5.8	32.3	5.1	64.6	12.0	54.4	CLDZH01
2013-09	新陆21	51.0	12.7	2.8	3.9	30.9	6.1	66.9	11.4	54.4	CLDZH01
2013-09	新陆21	60.6	13.3	3.1	5.9	28.8	5.9	66.3	11.5	54.4	CLDZH01
2014-10	中棉49	63.0	22.6	4.2	4.6	26.8	5.3	78.5	10.4	20.6	CLDZH01
2014-10	中棉49	69.6	20.1	5.6	6.8	30.2	5.0	78.8	10.2	20.6	CLDZH01
2014-10	中棉49	64.7	22.8	4.6	4.8	21.7	5.6	79.4	10.7	20.6	CLDZH01
2014-10	中棉49	66.6	20.8	5.7	6.5	20.0	5.2	88.3	10.5	20.6	CLDZH01
2015-10	豫棉15	50.8	17.2	5.1	5.3	30.4	5.4	66.2	10.2	51.1	CLDZH01
2015-10	豫棉15	49.1	10.6	4.7	5.7	42.5	4.7	60.9	11.2	51.1	CLDZH01

（续）

时间（年-月）	棉花品种	群体株高/cm	第一果枝着生位/cm	单株果枝数/枝	单株铃数/个	脱落率/%	铃重/g	衣分/%	籽指/g	霜前花百分率/%	观测场代码
2015-10	豫棉15	48.8	10.9	4.4	5.0	37.8	5.0	67.0	11.0	51.1	CLDZH01
2015-10	豫棉15	48.2	11.4	3.9	4.1	54.8	4.1	62.6	12.3	51.1	CLDZH01
2009-09	策科1号	60.0	11.3	5.4	5.5	91.0	6.1	42.9	10.7	19.4	CLDZH01
2009-09	策科1号	67.0	14.8	5.4	4.9	94.9	6.2	42.3	10.7	—	CLDZH01
2009-09	策科1号	71.0	13.9	5.5	5.1	89.6	6.4	42.9	11.0	—	CLDZH01
2009-09	策科1号	62.8	11.4	4.6	3.3	93.8	5.6	43.3	10.2	—	CLDZH01
2010-10	策科1号	73.9	27.2	3.8	4.0	91.0	5.9	36.5	11.3	45.5	CLDZH01
2010-10	策科1号	84.6	19.8	5.9	6.3	94.9	5.9	39.9	11.5	—	CLDZH01
2010-10	策科1号	64.9	14.2	5.0	5.2	89.6	5.9	35.0	11.7	—	CLDZH01
2010-10	策科1号	72.7	15.3	5.8	6.5	93.8	5.9	38.8	10.8	—	CLDZH01
2011-09	策科1号	86.4	22.5	5.6	6.4	55.9	6.1	42.0	11.4	30.7	CLDZH01
2011-09	策科1号	70.6	21.3	4.5	5.1	32.9	6.1	41.5	11.3	30.7	CLDZH01
2011-09	策科1号	82.0	21.7	4.7	6.1	85.7	6.1	41.0	11.6	30.7	CLDZH01
2011-09	策科1号	72.7	26.2	4.2	4.2	45.4	6.1	40.9	11.5	30.7	CLDZH01
2012-09	新陆21	84.1	21.3	7.9	11.1	21.2	6.1	45.4	10.9	17.5	CLDZH01
2012-09	新陆21	77.5	13.6	6.9	9.4	15.5	6.1	49.1	9.8	17.5	CLDZH01
2012-09	新陆21	76.5	17.3	7.2	8.4	7.5	6.1	47.6	9.4	17.5	CLDZH01
2012-09	新陆21	69.0	22.4	5.1	5.7	4.7	6.1	47.3	10.2	17.5	CLDZH01
2013-09	新陆21	84.1	21.3	5.9	7.9	21.2	5.6	63.5	12.9	45.0	CLDZH01
2013-09	新陆21	77.5	13.6	6.1	7.6	15.5	5.9	71.0	10.9	45.0	CLDZH01
2013-09	新陆21	76.5	17.3	6.5	8.4	7.5	5.3	66.9	12.3	45.0	CLDZH01
2013-09	新陆21	69.0	22.4	5.1	5.7	4.7	4.9	66.3	12.8	45.0	CLDZH01
2014-10	中棉49	67.5	22.3	4.7	5.7	21.3	5.5	85.6	10.0	8.5	CLDZH01
2014-10	中棉49	68.4	20.8	4.5	4.8	24.2	5.4	88.0	9.8	8.5	CLDZH01
2014-10	中棉49	71.8	23.4	5.7	6.3	19.6	5.6	85.9	10.2	8.5	CLDZH01
2014-10	中棉49	70.6	24.8	4.3	4.8	29.3	5.2	79.1	10.1	8.5	CLDZH01
2015-10	豫棉15	55.6	14.0	5.1	5.5	39.2	5.5	56.8	10.9	44.8	CLDZH01
2015-10	豫棉15	55.9	12.8	4.8	5.0	48.1	4.6	61.8	10.8	44.8	CLDZH01
2015-10	豫棉15	58.2	12.9	5.4	6.1	50.9	6.0	54.0	11.2	44.8	CLDZH01
2015-10	豫棉15	50.5	10.3	5.3	6.1	47.4	5.8	44.3	10.5	44.8	CLDZH01
2009-09	策科1号	20.3	9.5	1.8	2.1	53.5	5.2	43.7	7.9	—	CLDFZ02
2009-09	策科1号	22.7	12.7	1.5	1.5	59.3	4.5	45.4	8.4	—	CLDFZ02

（续）

时间（年-月）	棉花品种	群体株高/cm	第一果枝着生位/cm	单株果枝数/枝	单株铃数/个	脱落率/%	铃重/g	衣分/%	籽指/g	霜前花百分率/%	观测场代码
2009-09	策科1号	21.4	11.9	1.5	1.6	62.7	5.3	45.7	7.4	/	CLDFZ02
2010-10	策科1号	35.6	15.0	2.3	2.3	49.6	4.6	36.5	10.4	12.6	CLDFZ02
2010-10	策科1号	32.1	14.7	2.2	2.2	53.5	4.6	40.2	10.4	/	CLDFZ02
2010-10	策科1号	34.6	19.4	1.4	1.4	39.8	4.6	38.6	10.2	/	CLDFZ02
2010-10	策科1号	28.5	12.0	1.7	1.7	62.7	4.6	37.4	10.1	/	CLDFZ02
2011-09	策科1号	50.9	24.9	2.7	0.9	49.1	3.4	39.7	10.3	27.6	CLDFZ02
2011-09	策科1号	31.5	15.0	2.5	1.3	80.0	3.4	40.2	10.3	27.6	CLDFZ02
2011-09	策科1号	34.7	17.0	2.7	1.2	86.8	3.4	39.0	10.3	27.6	CLDFZ02
2011-09	策科1号	28.5	16.0	2.1	1.6	63.3	3.4	38.4	10.3	27.6	CLDFZ02
2012-09	新陆21	37.7	21.2	1.5	1.5	55.2	3.4	47.4	8.1	40.9	CLDFZ02
2012-09	新陆21	17.9	17.9	2.1	1.3	41.5	3.4	48.1	8.1	40.9	CLDFZ02
2012-09	新陆21	29.4	18.9	1.6	1.6	29.0	3.4	48.8	7.7	40.9	CLDFZ02
2012-09	新陆21	29.1	15.8	2.1	2.1	48.8	3.4	46.9	8.3	40.9	CLDFZ02
2013-09	新陆21	37.7	21.2	1.5	1.5	55.2	4.0	73.8	8.9	51.1	CLDFZ02
2013-09	新陆21	17.9	17.9	2.1	1.3	41.5	2.9	75.7	9.7	51.1	CLDFZ02
2013-09	新陆21	29.4	18.9	1.6	1.6	29.0	3.1	67.2	11.9	51.1	CLDFZ02
2013-09	新陆21	29.1	15.8	2.1	2.1	48.8	4.1	72.5	9.5	51.1	CLDFZ02
2014-10	中棉49	30.0	15.5	1.5	1.5	66.7	4.1	92.8	8.9	24.7	CLDFZ02
2014-10	中棉49	25.9	15.1	1.7	1.7	62.9	3.9	93.7	8.1	24.7	CLDFZ02
2014-10	中棉49	24.9	16.8	1.3	1.3	96.2	4.2	90.6	8.3	24.7	CLDFZ02
2014-10	中棉49	32.2	15.3	1.9	1.9	65.8	3.7	98.4	7.7	24.7	CLDFZ02
2015-10	豫棉15	27.4	6.3	1.8	1.8	46.8	3.5	72.2	9.2	11.9	CLDFZ02
2015-10	豫棉15	30.7	6.5	2.6	1.9	46.4	3.9	63.2	9.6	11.9	CLDFZ02
2015-10	豫棉15	18.1	6.5	1.2	1.2	38.0	3.2	75.1	10.2	11.9	CLDFZ02
2015-10	豫棉15	26.1	6.6	1.3	1.3	35.6	3.3	66.0	9.0	11.9	CLDFZ02

3.1.11 作物收获期测产

3.1.11.1 概述

本数据集包括策勒站 2009—2015 年策勒绿洲农田综合观测场（CLDZH01）、策勒绿洲农田辅助观测场（一）（CLDFZ01）、策勒绿洲农田辅助观测场（二）（CLDFZ02）棉花收获期测产数据，包括棉花品种、群体株高、密度、地上部总干重、籽棉干重等。数据采集频率为 1 年 1 次。

3.1.11.2 数据采集和处理方法

以观测场样地为单位调查籽棉产量。每个样地按照实际收获的产量统计估算产值。

3.1.11.3 数据质量控制和评估

对历年数据进行整理，对异常数据进行核实，对样地棉花进行质量控制分析，准确判断调查数据的年际变化。

3.1.11.4 数据

详细数据见表 3-12。

表 3-12　棉花收获期测产

年份	棉花品种	群体株高/cm	密度/(株/m²)	地上部总干重/(g/m²)	籽棉干重/(g/m²)	观测场代码	备注
2009	策科 1 号	61.9	34	2 273.6	463.6	CLDZH01	籽棉产量
2009	策科 1 号	57.6	33	2 219.7	455.0	CLDZH01	籽棉产量
2009	策科 1 号	46.7	31	2 025.5	597.3	CLDZH01	籽棉产量
2009	策科 1 号	47.6	35	2 353.4	635.0	CLDZH01	籽棉产量
2010	策科 1 号	61.9	34	2 768.3	723.2	CLDZH01	籽棉产量
2010	策科 1 号	57.6	33	2 637.1	719.7	CLDZH01	籽棉产量
2010	策科 1 号	46.7	31	1 517.7	839.0	CLDZH01	籽棉产量
2010	策科 1 号	47.6	35	1 456.3	614.4	CLDZH01	籽棉产量
2011	中棉 35	86.4	29	2 309.2	771.1	CLDZH01	籽棉产量
2011	中棉 35	73.1	26	1 616.1	353.6	CLDZH01	籽棉产量
2011	中棉 35	80.1	28	1 704.2	354.8	CLDZH01	籽棉产量
2011	中棉 35	77.0	28	2 051.7	565.3	CLDZH01	籽棉产量
2012	新陆 21	95.7	29	2 459.1	562.9	CLDZH01	籽棉产量
2012	新陆 21	74.7	30	978.4	755.2	CLDZH01	籽棉产量
2012	新陆 21	94.8	27	1 887.2	645.0	CLDZH01	籽棉产量
2012	新陆 21	82.7	31	2 168.6	623.6	CLDZH01	籽棉产量
2013	新陆 21	59.4	26	1 932.9	744.2	CLDZH01	籽棉产量
2013	新陆 21	59.1	24	1 486.7	702.0	CLDZH01	籽棉产量
2013	新陆 21	51.0	28	402.4	668.2	CLDZH01	籽棉产量
2013	新陆 21	60.6	30	2 195.8	932.2	CLDZH01	籽棉产量
2014	中棉 49	63.0	31	1 017.3	834.2	CLDZH01	籽棉产量

（续）

年份	棉花品种	群体株高/cm	密度/（株/m²）	地上部总干重/（g/m²）	籽棉干重/（g/m²）	观测场代码	备注
2014	中棉 49	69.6	32	1 758.9	1 015.0	CLDZH01	籽棉产量
2014	中棉 49	64.7	30	1 197.3	845.6	CLDZH01	籽棉产量
2014	中棉 49	66.6	31	1 130.4	1 180.4	CLDZH01	籽棉产量
2015	豫棉 15	50.8	29	1 062.0	750.3	CLDZH01	籽棉产量
2015	豫棉 15	49.1	28	1 079.7	686.0	CLDZH01	籽棉产量
2015	豫棉 15	48.8	28	655.4	768.3	CLDZH01	籽棉产量
2015	豫棉 15	48.2	30	711.5	764.4	CLDZH01	籽棉产量
2009	策科 1 号	60.0	34	2 597.3	600.4	CLDZH01	籽棉产量
2009	策科 1 号	67.0	33	2 374.0	578.4	CLDZH01	籽棉产量
2009	策科 1 号	71.0	30	2 309.1	561.5	CLDZH01	籽棉产量
2009	策科 1 号	62.8	34	1 706.8	376.6	CLDZH01	籽棉产量
2010	策科 1 号	60.0	34	1 644.9	836.6	CLDZH01	籽棉产量
2010	策科 1 号	67.0	33	2 099.9	1 152.0	CLDZH01	籽棉产量
2010	策科 1 号	71.0	30	1 838.3	971.2	CLDZH01	籽棉产量
2010	策科 1 号	62.8	31	2 548.7	900.7	CLDZH01	籽棉产量
2011	中棉 35	86.4	29	2 219.1	677.5	CLDZH01	籽棉产量
2011	中棉 35	70.6	30	2 144.3	569.8	CLDZH01	籽棉产量
2011	中棉 35	82.0	30	2 341.2	691.9	CLDZH01	籽棉产量
2011	中棉 35	72.7	31	1 793.5	430.7	CLDZH01	籽棉产量
2012	新陆 21	84.1	28	2 755.7	1 139.6	CLDZH01	籽棉产量
2012	新陆 21	77.5	30	2 578.2	1 059.3	CLDZH01	籽棉产量
2012	新陆 21	76.5	28	2 733.6	834.0	CLDZH01	籽棉产量
2012	新陆 21	69.0	30	2 990.6	897.8	CLDZH01	籽棉产量
2013	新陆 21	59.4	28	1 454.1	1 097.6	CLDZH01	籽棉产量
2013	新陆 21	59.1	30	2 229.1	1 191.8	CLDZH01	籽棉产量
2013	新陆 21	51.0	29	1 510.7	1 286.5	CLDZH01	籽棉产量
2013	新陆 21	60.6	30	1 884.7	837.9	CLDZH01	籽棉产量
2014	中棉 49	67.5	31	1 526.3	979.0	CLDZH01	籽棉产量
2014	中棉 49	68.4	31	1 147.4	826.2	CLDZH01	籽棉产量
2014	中棉 49	71.8	30	1 549.3	1 064.0	CLDZH01	籽棉产量

（续）

年份	棉花品种	群体株高/cm	密度/(株/m²)	地上部总干重/(g/m²)	籽棉干重/(g/m²)	观测场代码	备注
2014	中棉 49	70.6	31	1 491.6	780.0	CLDZH01	籽棉产量
2015	豫棉 15	55.6	28	941.7	856.2	CLDZH01	籽棉产量
2015	豫棉 15	55.9	28	766.0	840.7	CLDZH01	籽棉产量
2015	豫棉 15	58.2	29	912.2	909.4	CLDZH01	籽棉产量
2015	豫棉 15	50.5	28	991.5	815.4	CLDZH01	籽棉产量
2009	策科 1 号	23.7	34	734.1	111.9	CLDFZ02	籽棉产量
2009	策科 1 号	20.3	35	690.0	132.5	CLDFZ02	籽棉产量
2009	策科 1 号	22.7	35	529.0	119.3	CLDFZ02	籽棉产量
2009	策科 1 号	21.4	32	437.1	93.5	CLDFZ02	籽棉产量
2010	策科 1 号	23.7	34	372.2	140.9	CLDFZ02	籽棉产量
2010	策科 1 号	20.3	35	422.3	148.4	CLDFZ02	籽棉产量
2010	策科 1 号	22.7	35	234.9	109.6	CLDFZ02	籽棉产量
2010	策科 1 号	21.4	32	356.3	126.3	CLDFZ02	籽棉产量
2011	中棉 35	50.9	33	320.7	30.5	CLDFZ02	籽棉产量
2011	中棉 35	31.5	36	300.0	114.7	CLDFZ02	籽棉产量
2011	中棉 35	34.7	30	239.4	71.6	CLDFZ02	籽棉产量
2011	中棉 35	28.5	30	201.8	42.7	CLDFZ02	籽棉产量
2012	新陆 21	37.7	31	206.1	118.8	CLDFZ02	籽棉产量
2012	新陆 21	35.7	32	225.4	169.9	CLDFZ02	籽棉产量
2012	新陆 21	29.4	27	164.0	103.8	CLDFZ02	籽棉产量
2012	新陆 21	29.1	30	248.6	143.0	CLDFZ02	籽棉产量
2013	新陆 21	50.8	28	544.8	162.4	CLDFZ02	籽棉产量
2013	新陆 21	55.0	29	492.5	109.3	CLDFZ02	籽棉产量
2013	新陆 21	48.5	30	379.5	144.2	CLDFZ02	籽棉产量
2013	新陆 21	59.4	29	1 137.9	243.8	CLDFZ02	籽棉产量
2014	中棉 49	30.0	34	362.8	203.0	CLDFZ02	籽棉产量
2014	中棉 49	25.9	34	291.7	222.3	CLDFZ02	籽棉产量
2014	中棉 49	24.9	34	269.4	184.8	CLDFZ02	籽棉产量
2014	中棉 49	32.2	33	377.2	233.6	CLDFZ02	籽棉产量
2015	豫棉 15	27.4	29	223.2	259.0	CLDFZ02	籽棉产量

（续）

年份	棉花品种	群体株高/cm	密度/（株/m²）	地上部总干重/（g/m²）	籽棉干重/（g/m²）	观测场代码	备注
2015	豫棉 15	30.7	30	330.6	257.4	CLDFZ02	籽棉产量
2015	豫棉 15	18.1	34	181.6	314.2	CLDFZ02	籽棉产量
2015	豫棉 15	26.1	30	163.5	240.9	CLDFZ02	籽棉产量
2009	策科 1 号	60.0	34	2 273.6	463.6	CLDFZ01	籽棉产量
2009	策科 1 号	67.0	33	2 219.7	455.0	CLDFZ01	籽棉产量
2009	策科 1 号	71.0	30	2 025.5	597.3	CLDFZ01	籽棉产量
2009	策科 1 号	62.8	34	2 353.4	635.0	CLDFZ01	籽棉产量
2009	策科 1 号	88.2	31	2 597.3	600.4	CLDFZ01	籽棉产量
2009	策科 1 号	91.7	29	2 374.0	578.4	CLDFZ01	籽棉产量
2009	策科 1 号	89.1	30	2 309.1	561.5	CLDFZ01	籽棉产量
2009	策科 1 号	80.1	29	1 706.8	376.6	CLDFZ01	籽棉产量
2010	策科 1 号	60.0	34	734.1	111.9	CLDFZ01	籽棉产量
2010	策科 1 号	67.0	33	690.0	132.5	CLDFZ01	籽棉产量
2010	策科 1 号	71.0	30	529.0	119.3	CLDFZ01	籽棉产量
2010	策科 1 号	62.8	31	437.1	93.5	CLDFZ01	籽棉产量
2011	中棉 35	86.4	29	1 870.2	337.8	CLDFZ01	籽棉产量
2011	中棉 35	70.6	30	1 908.6	334.7	CLDFZ01	籽棉产量
2011	中棉 35	82.0	30	1 915.3	343.3	CLDFZ01	籽棉产量
2011	中棉 35	72.7	31	1 568.2	272.0	CLDFZ01	籽棉产量
2012	新陆 21	84.1	28	1 830.4	329.2	CLDFZ01	籽棉产量
2012	新陆 21	77.5	30	2 028.8	346.6	CLDFZ01	籽棉产量
2012	新陆 21	76.5	28	2 286.6	470.8	CLDFZ01	籽棉产量
2012	新陆 21	69.0	30	2 103.0	480.5	CLDFZ01	籽棉产量
2013	新陆 21	59.4	28	686.3	170.2	CLDFZ01	籽棉产量
2013	新陆 21	59.1	30	718.6	179.8	CLDFZ01	籽棉产量
2013	新陆 21	51.0	29	639.3	139.2	CLDFZ01	籽棉产量
2013	新陆 21	60.6	30	659.9	170.2	CLDFZ01	籽棉产量
2014	中棉 49	67.5	31	2 768.3	723.2	CLDFZ01	籽棉产量
2014	中棉 49	68.4	31	2 637.1	719.7	CLDFZ01	籽棉产量
2014	中棉 49	71.8	30	1 517.7	839.0	CLDFZ01	籽棉产量

（续）

年份	棉花品种	群体株高/cm	密度/(株/m²)	地上部总干重/(g/m²)	籽棉干重/(g/m²)	观测场代码	备注
2014	中棉 49	70.6	31	1 456.3	614.4	CLDFZ01	籽棉产量
2015	豫棉 15	55.6	28	1 644.9	836.6	CLDFZ01	籽棉产量
2015	豫棉 15	55.9	28	2 099.9	1 152.0	CLDFZ01	籽棉产量
2015	豫棉 15	58.2	29	1 838.3	971.2	CLDFZ01	籽棉产量
2015	豫棉 15	50.5	28	2 548.7	900.7	CLDFZ01	籽棉产量

3.1.12　农田作物矿质元素含量与能值

3.1.12.1　概述

本数据集包括策勒站 2010 年、2012 年、2015 年策勒绿洲农田综合观测场（CLDZH01）、策勒绿洲农田辅助观测场（一）（CLDFZ01）、策勒绿洲农田辅助观测场（二）（CLDFZ02）棉花收获期植株性状，调查数据包括作物品种、采样部位、全碳、全氮、全磷、全钾、全硫、全钙、全镁、全铁、全锰、全铜、全锌、全钼、全硼、全硅、干重热值等。数据采集频率为 5 年 1 次。

3.1.12.2　数据采集和处理方法

每个样地选择 3 个样方，每个样方规格为 2 m×2 m，每个样方取棉花植株 5 棵，分别将根、茎、籽粒分开烘干后装袋。将这些样品送回实验室，对其矿质元素含量、能值和灰分含量进行测定。

3.1.12.3　数据质量控制和评估

植株样品取回后 105 ℃杀青 1 h，65 ℃烘 48 h，然后对元素含量和能值进行测定。对历年数据进行整理和质量控制，对数据进行核实，判断调查数据在 5 年间的变化。

3.1.12.4　数据

详细数据见表 3－13 至表 3－18。

表 3－13　农田作物（棉花）矿质元素含量

年份	棉花品种	采样部位	全碳/(g/kg)	全氮/(g/kg)	全磷/(g/kg)	全钾/(g/kg)	全硫/(g/kg)	全钙/(g/kg)	全镁/(g/kg)	全铁/(g/kg)
2010	中棉 35	籽粒	456.9	24.6	3.9	12.0	2.5	2.5	2.6	2.6
2010	中棉 35	根	441.9	5.6	2.2	11.1	1.2	1.2	1.9	2.4
2010	中棉 35	叶、茎	422.3	12.5	2.1	21.5	8.1	8.1	3.3	4.0
2010	中棉 35	籽粒	475.9	30.2	4.5	9.7	2.5	2.5	2.8	1.5
2010	中棉 35	根	437.1	6.0	2.1	12.8	1.5	1.5	2.4	3.5
2010	中棉 35	叶、茎	501.8	35.0	3.5	25.0	9.1	9.1	4.2	3.1
2010	中棉 35	籽粒	474.1	28.9	6.5	9.7	2.6	2.6	3.4	1.5
2010	中棉 35	根	444.3	6.6	2.7	15.0	1.3	1.3	2.4	2.4
2010	中棉 35	叶、茎	422.3	17.9	1.9	22.6	7.2	7.2	3.5	2.8

（续）

年份	棉花品种	采样部位	全碳/(g/kg)	全氮/(g/kg)	全磷/(g/kg)	全钾/(g/kg)	全硫/(g/kg)	全钙/(g/kg)	全镁/(g/kg)	全铁/(g/kg)
2010	中棉 35	籽粒	486.5	36.4	6.8	10.1	2.6	2.6	3.6	2.1
2010	中棉 35	根	448.9	5.9	2.0	13.1	1.2	1.2	2.2	4.0
2010	中棉 35	叶、茎	418.4	19.4	4.3	23.6	9.1	9.1	4.2	4.6
2012	新陆 21	棉籽	520.2	57.9	3.8	12.9	—	—	—	—
2012	新陆 21	棉籽	558.4	52.6	4.2	14.0	—	—	—	—
2012	新陆 21	棉籽	504.6	58.3	3.2	13.2	—	—	—	—
2012	新陆 21	棉籽	528.0	65.5	4.0	12.3	—	—	—	—
2012	新陆 21	茎	437.4	8.0	0.8	20.7	—	—	—	—
2015	豫棉 15	棉籽	396.0	25.7	6.5	9.5	3.0	14.5	2.5	—
2015	豫棉 15	根	418.9	5.4	1.6	10.3	7.9	19.4	3.1	—
2015	豫棉 15	叶	364.1	8.8	2.4	19.6	2.5	4.4	2.6	261.2
2015	豫棉 15	茎	409.1	16.1	3.1	27.9	1.2	4.5	1.9	239.5
2015	豫棉 15	棉籽	422.3	25.7	6.5	9.5	8.1	20.4	3.3	399.9
2015	豫棉 15	根	424.8	3.6	1.7	13.6	2.5	2.3	2.8	148.7
2015	豫棉 15	叶	328.7	8.0	2.7	20.8	1.5	5.4	2.4	351.0
2015	豫棉 15	茎	397.2	12.0	3.5	27.5	9.1	21.5	4.2	311.8
2015	豫棉 15	棉籽	474.1	25.7	6.5	9.5	2.6	2.4	3.4	146.4
2015	豫棉 15	根	428.1	3.6	2.0	13.8	1.3	4.8	2.4	243.7
2015	豫棉 15	叶	347.3	5.3	2.3	17.4	7.2	20.6	3.5	282.8
2015	豫棉 15	茎	404.6	12.5	2.8	24.4	2.6	2.7	3.6	205.1
2015	豫棉 15	棉籽	448.9	21.2	5.9	9.5	1.2	5.1	2.2	401.4
2015	豫棉 15	根	427.6	8.4	2.7	20.9	9.1	25.9	4.2	459.6
2015	豫棉 15	叶	345.3	9.1	2.9	20.0	2.9	4.6	3.5	213.0
2015	豫棉 15	茎	400.6	4.8	1.6	11.7	1.5	5.5	2.8	487.4

注：观测场代码为 CLDZH01。

表3-14 农田作物（棉花）矿质元素含量、能值与灰分含量

年份	棉花品种	采样部位	全锰/(g/kg)	全铜/(g/kg)	全锌/(g/kg)	全钼/(g/kg)	全硼/(g/kg)	全硅/(g/kg)	能值/(MJ/kg)	灰分/%
2010	中棉35	籽粒	14.6	10.3	31.3	1.0	11.3	0.5	15.7	17.4
2010	中棉35	根	8.0	8.9	15.8	0.7	8.8	2.2	14.7	19.4
2010	中棉35	叶、茎	24.6	12.7	19.6	0.6	35.2	1.8	14.9	19.1
2010	中棉35	籽粒	12.1	9.5	30.9	1.1	7.3	0.7	12.3	18.2
2010	中棉35	根	11.0	12.7	14.6	1.1	7.8	2.8	17.4	18.9
2010	中棉35	叶、茎	26.3	13.3	25.8	0.6	27.2	2.0	13.7	17.9
2010	中棉35	籽粒	12.1	13.1	39.8	0.7	6.6	0.1	17.5	19.0
2010	中棉35	根	8.7	7.7	16.9	0.4	11.2	1.2	16.3	18.3
2010	中棉35	叶、茎	24.4	10.4	17.4	0.5	31.0	12.3	13.6	17.3
2010	中棉35	籽粒	13.7	14.3	37.1	0.7	5.4	0.3	15.7	18.0
2010	中棉35	根	12.0	8.5	15.5	0.6	10.6	0.2	16.6	19.4
2010	中棉35	叶、茎	29.0	16.2	24.3	0.7	33.6	2.9	20.0	21.2
2015	豫棉15	棉籽	—	—	—	—	—	—	21.8	18.0
2015	豫棉15	根	—	—	—	—	—	—	16.6	19.4
2015	豫棉15	叶	14.6	10.3	31.3	1.0	11.3	0.5	20.0	21.2
2015	豫棉15	茎	8.0	8.9	15.8	0.7	8.8	2.2	18.0	19.0
2015	豫棉15	棉籽	24.6	12.7	19.6	0.6	35.2	1.8	16.8	18.8
2015	豫棉15	根	12.1	9.5	30.9	1.1	7.3	0.7	20.5	21.5
2015	豫棉15	叶	11.0	12.7	14.6	1.1	7.8	2.8	17.6	18.4
2015	豫棉15	茎	26.3	13.3	25.8	0.6	27.2	2.0	16.7	19.2
2015	豫棉15	棉籽	12.1	13.1	39.8	0.7	6.6	0.1	20.7	21.7
2015	豫棉15	根	8.7	7.7	16.9	0.4	11.2	1.2	17.5	18.6
2015	豫棉15	叶	24.4	10.4	17.4	0.5	31.0	12.3	16.7	18.8
2015	豫棉15	茎	13.7	14.3	37.1	0.7	5.4	0.3	20.3	21.2
2015	豫棉15	棉籽	12.0	8.5	15.5	0.6	10.6	0.2	17.6	18.7
2015	豫棉15	根	29.0	16.2	24.3	0.7	33.6	2.9	16.4	18.9
2015	豫棉15	叶	16.0	17.3	40.2	0.7	13.1	1.1	20.0	21.3
2015	豫棉15	茎	14.1	17.1	18.5	0.5	15.3	1.6	15.6	16.4

注：观测场代码为CLDZH01。

表 3-15 农田作物（棉花）矿质元素含量

年份	棉花品种	采样部位	全碳/(g/kg)	全氮/(g/kg)	全磷/(g/kg)	全钾/(g/kg)	全硫/(g/kg)	全钙/(g/kg)	全镁/(g/kg)	全铁/(g/kg)
2010	中棉 35	籽粒	492.1	35.2	6.3	10.3	2.8	2.8	3.5	1.6
2010	中棉 35	根	444.1	8.9	3.1	14.5	1.4	1.4	2.8	5.5
2010	中棉 35	叶、茎	429.6	13.3	3.1	23.8	4.8	4.8	3.2	2.3
2010	中棉 35	籽粒	486.3	30.4	5.9	11.9	2.7	2.7	3.4	2.9
2010	中棉 35	根	446.7	8.3	3.1	14.5	1.4	1.4	2.5	5.3
2010	中棉 35	叶、茎	423.3	11.7	2.7	20.3	4.8	4.8	3.0	1.9
2010	中棉 35	籽粒	473.9	25.4	4.1	9.2	2.3	2.3	2.7	1.9
2010	中棉 35	根	449.1	6.5	3.1	14.0	1.4	1.4	2.3	2.7
2010	中棉 35	叶、茎	422.3	11.3	1.6	17.6	8.3	8.3	3.3	2.2
2012	新陆 21	棉籽	547.6	51.7	4.8	14.3	—	—	—	—
2012	新陆 21	棉籽	532.0	69.2	4.6	13.2	—	—	—	—
2012	新陆 21	棉籽	540.9	58.6	4.6	13.8	—	—	—	—
2012	新陆 21	棉籽	578.4	65.5	4.3	13.5	—	—	—	—
2012	新陆 21	茎	539.9	9.3	1.0	21.2	—	—	—	—
2015	豫棉 15	棉籽	417.3	21.2	5.9	9.5	8.6	24.3	4.0	358.9
2015	豫棉 15	根	492.1	7.0	2.1	30.4	2.8	3.3	3.5	162.7
2015	豫棉 15	叶	343.8	7.9	3.2	23.8	1.4	5.3	2.8	548.3
2015	豫棉 15	茎	399.8	7.1	2.1	14.1	4.8	14.6	3.2	228.6
2015	豫棉 15	棉籽	486.3	21.2	5.9	9.5	2.7	4.5	3.4	286.6
2015	豫棉 15	根	412.1	5.0	2.0	27.9	1.4	4.9	2.5	525.3
2015	豫棉 15	叶	348.0	11.5	3.6	25.0	4.8	14.6	3.0	185.7
2015	豫棉 15	茎	416.0	9.8	3.1	14.5	2.3	4.3	2.7	185.8
2015	豫棉 15	棉籽	449.1	21.2	5.9	9.5	1.4	4.5	2.3	266.5
2015	豫棉 15	根	425.8	11.3	1.6	17.6	8.3	16.8	3.3	220.6
2015	豫棉 15	叶	325.2	15.0	2.7	30.6	2.9	4.2	3.3	263.3
2015	豫棉 15	茎	399.0	9.1	3.2	13.6	1.5	5.2	2.3	485.5
2015	豫棉 15	棉籽	420.5	21.4	5.9	9.2	10.0	22.7	4.5	234.6
2015	豫棉 15	根	424.6	3.4	1.0	16.0	3.5	5.1	3.4	142.9
2015	豫棉 15	叶	327.2	6.9	2.6	19.9	1.8	5.1	2.3	283.1
2015	豫棉 15	茎	401.7	12.1	1.6	23.9	9.6	20.2	3.9	214.7

注：观测场代码为 CLDFZ01。

表3-16 农田作物（棉花）矿质元素含量、能值与灰分含量

年份	棉花品种	采样部位	全锰/(g/kg)	全铜/(g/kg)	全锌/(g/kg)	全钼/(g/kg)	全硼/(g/kg)	全硅/(g/kg)	能值/(MJ/kg)	灰分/%
2010	中棉35	籽粒	15.6	12.7	32.3	0.7	9.7	0.0	17.6	18.4
2010	中棉35	根	13.8	12.5	17.9	0.5	14.8	2.4	16.7	19.2
2010	中棉35	叶、茎	17.4	15.4	31.5	0.5	18.9	2.7	20.7	21.7
2010	中棉35	籽粒	15.6	16.7	37.0	0.8	12.8	3.8	17.5	18.6
2010	中棉35	根	14.3	14.8	20.6	0.6	13.7	3.6	16.7	18.8
2010	中棉35	叶、茎	14.2	12.6	17.8	0.4	18.4	1.4	20.3	21.2
2010	中棉35	籽粒	14.9	9.6	27.1	0.5	10.5	1.6	17.6	18.7
2010	中棉35	根	9.1	13.1	18.4	0.5	9.3	1.3	16.4	18.9
2010	中棉35	叶、茎	21.9	20.4	25.4	0.5	44.4	2.0	20.0	21.3
2012	新陆21	棉籽	—	—	—	—	—	—	13.7	17.9
2012	新陆21	棉籽	—	—	—	—	—	—	17.5	19.0
2012	新陆21	棉籽	—	—	—	—	—	—	16.3	18.3
2012	新陆21	棉籽	—	—	—	—	—	—	13.6	17.3
2012	新陆21	茎	—	—	—	—	—	—	15.7	18.0
2015	豫棉15	棉籽	24.8	13.5	19.0	0.6	30.0	1.4	16.5	18.7
2015	豫棉15	根	15.6	12.7	32.3	0.7	9.7	0.0	20.5	21.6
2015	豫棉15	叶	13.8	12.5	17.9	0.5	14.8	2.4	17.7	19.0
2015	豫棉15	茎	17.4	15.4	31.5	0.5	18.9	2.7	17.0	18.9
2015	豫棉15	棉籽	15.6	16.7	37.0	0.8	12.8	3.8	20.1	21.2
2015	豫棉15	根	14.3	14.8	20.6	0.6	13.7	3.6	17.8	19.0
2015	豫棉15	叶	14.2	12.6	17.8	0.4	18.4	1.4	16.5	17.8
2015	豫棉15	茎	14.9	9.6	27.1	0.5	10.5	1.6	20.3	21.4
2015	豫棉15	棉籽	9.1	13.1	18.4	0.5	9.3	1.3	17.7	18.4
2015	豫棉15	根	21.9	20.4	25.4	0.5	44.4	2.0	16.7	18.4
2015	豫棉15	叶	14.8	16.0	41.1	0.9	13.8	1.4	20.2	21.4
2015	豫棉15	茎	14.6	17.2	25.9	0.5	12.4	5.1	15.1	16.1
2015	豫棉15	棉籽	28.9	14.2	18.7	0.9	50.9	2.3	16.2	18.4
2015	豫棉15	根	14.0	14.7	39.5	0.9	12.6	0.1	20.4	21.4
2015	豫棉15	叶	11.6	10.2	16.9	0.7	12.1	0.0	18.3	19.1
2015	豫棉15	茎	23.9	19.3	18.0	0.6	46.8	0.4	16.4	18.5

注：观测场代码为CLDFZ01。

表 3-17 农田作物（棉花）矿质元素含量

年份	棉花品种	采样部位	全碳/(g/kg)	全氮/(g/kg)	全磷/(g/kg)	全钾/(g/kg)	全硫/(g/kg)	全钙/(g/kg)	全镁/(g/kg)	全铁/(g/kg)
2010	中棉 35	籽粒	473.0	22.8	6.1	8.9	2.9	2.9	3.3	2.6
2010	中棉 35	根	442.7	6.2	2.1	12.7	1.5	1.5	2.3	4.9
2010	中棉 35	叶、茎	420.5	12.0	2.1	18.8	10.0	10.0	4.5	2.4
2010	中棉 35	籽粒	469.5	21.8	5.8	9.6	3.5	3.5	3.4	1.4
2010	中棉 35	根	452.8	9.0	2.6	13.3	1.8	1.8	2.3	2.8
2010	中棉 35	叶、茎	427.1	10.0	1.5	19.3	9.6	9.6	3.9	2.2
2010	中棉 35	籽粒	485.2	30.0	6.9	9.7	3.2	3.2	3.6	1.2
2010	中棉 35	根	451.5	7.7	2.7	13.4	1.8	1.8	2.7	5.3
2010	中棉 35	叶、茎	419.8	11.0	1.6	17.6	10.8	10.8	4.6	2.2
2010	中棉 35	籽粒	470.3	27.5	6.1	9.4	3.6	3.6	3.6	1.5
2010	中棉 35	根	444.0	5.7	18.3	1.9	1.4	1.4	1.7	1.5
2010	中棉 35	叶、茎	423.5	15.2	9.1	8.5	7.6	5.5	2.2	1.9
2012	新陆 21	棉籽	572.1	36.7	4.3	14.7	—	—	—	—
2012	新陆 21	棉籽	572.5	33.4	3.3	13.9	—	—	—	—
2012	新陆 21	棉籽	575.2	32.5	3.4	14.1	—	—	—	—
2012	新陆 21	棉籽	593.3	38.5	3.2	12.9	—	—	—	—
2012	新陆 21	茎	385.3	4.0	0.7	20.4	—	—	—	—
2015	豫棉 15	棉籽	485.2	21.4	5.9	9.2	3.2	4.7	3.6	119.9
2015	豫棉 15	根	426.7	6.0	1.0	16.5	1.8	5.7	2.7	524.7
2015	豫棉 15	叶	365.6	9.8	3.4	24.3	10.8	23.2	4.6	214.9
2015	豫棉 15	茎	414.9	11.5	1.6	20.6	3.6	6.2	3.6	150.3

注：观测场代码为 CLDFZ02。

表 3-18 农田作物（棉花）矿质元素含量、能值与灰分含量

年份	棉花品种	全锰/(mg/kg)	全铜/(mg/kg)	全锌/(mg/kg)	全钼/(mg/kg)	全硼/(mg/kg)	全硅/(g/kg)	能值/(MJ/kg)	灰分/%
2010	中棉 35	14.8	16.0	41.1	0.9	13.8	1.4	15.6	16.4
2010	中棉 35	14.6	17.2	25.9	0.5	12.4	5.1	16.5	18.7
2010	中棉 35	28.9	14.2	18.7	0.9	50.9	2.3	20.5	21.6
2010	中棉 35	14.0	14.7	39.5	0.9	12.6	0.1	17.7	19.0
2010	中棉 35	11.6	10.2	16.9	0.7	12.1	0.0	17.0	18.9
2010	中棉 35	23.9	19.3	18.0	0.6	46.8	0.4	20.1	21.2
2010	中棉 35	13.6	14.6	42.8	0.8	12.2	0.1	17.8	19.0

（续）

年份	棉花品种	全锰/(mg/kg)	全铜/(mg/kg)	全锌/(mg/kg)	全钼/(mg/kg)	全硼/(mg/kg)	全硅/(g/kg)	能值/(MJ/kg)	灰分/%
2010	中棉35	16.4	13.9	22.3	0.8	12.2	4.7	16.5	17.8
2010	中棉35	22.4	16.0	20.7	0.8	54.1	0.6	20.3	21.4
2010	中棉35	16.6	15.7	39.9	0.8	15.0	0.3	17.7	18.4
2010	中棉35	19.0	13.6	20.1	0.7	13.6	6.4	16.7	18.4
2010	中棉35	21.1	14.5	18.6	0.8	26.8	0.7	20.2	21.4
2012	新陆21	—	—	—	—	—	—	16.6	19.4
2012	新陆21	—	—	—	—	—	—	20.0	21.2
2012	新陆21	—	—	—	—	—	—	18.0	19.0
2012	新陆21	—	—	—	—	—	—	16.8	18.8
2012	新陆21	—	—	—	—	—	—	20.5	21.5
2015	豫棉15	13.6	14.6	42.8	0.8	12.2	0.1	20.6	21.6
2015	豫棉15	16.4	13.9	22.3	0.8	12.2	4.7	18.1	19.5
2015	豫棉15	22.4	16.0	20.7	0.8	54.1	0.6	16.2	18.2
2015	豫棉15	16.6	15.7	39.9	0.8	15.0	0.3	19.4	20.4

注：观测场代码为CLDFZ02。

3.1.13　农田土壤微生物生物量碳季节动态

3.1.13.1　概述

本数据集包括策勒站2010年、2015年策勒绿洲农田综合观测场（CLDZH01）、策勒绿洲农田辅助观测场（一）（CLDFZ01）、策勒绿洲农田辅助观测场（二）（CLDFZ02）、策勒绿洲农田辅助观测场（三）（CLDFZ03）土壤微生物生物量碳季节动态数据，包括土壤含水量、土壤微生物生物量碳含量。数据测定频率为5年1次。

3.1.13.2　数据采集和处理方法

①保证取样代表性；②选择适当的取样时间；③选择统一的采样时间和采样深度，保证可比性；④采集样品不少于100 g，长期低温保存样品量不少于50 g；⑤保证样品纯度和活性，不仅要注意防止外源污染，同时还要注意新鲜土样在运输、制备和保存过程中的环境条件，立即分析的冷藏保存，不能立即分析的需－80℃冷冻保存。

3.1.13.3　数据质量控制和评估

采样的重复数为5～10个，与植物地上部取样保持空间一致性，根据立地条件，每个观测样方采用锯齿形或S形布点方式取3～10个点混合。用GPS（全球定位系统）进行定点并记录，减少取样前后的空间干扰。对历年数据进行整理，对异常数据进行核实，准确判断调查数据在5年间的变化。

3.1.13.4　数据

详细数据见表3-19。

表 3-19 农田土壤微生物生物量碳季节动态

时间（年-月-日）	土壤含水量/%	土壤微生物生物量碳/（mg/kg）	观测场代码
2010-01-04	1.08	37.73	CLDZH01
2010-01-04	2.44	36.23	CLDZH01
2010-01-04	0.89	31.27	CLDZH01
2010-01-04	1.69	33.02	CLDZH01
2010-01-04	2.41	34.88	CLDZH01
2010-01-04	7.01	38.33	CLDZH01
2010-01-04	1.72	29.86	CLDZH01
2010-01-04	2.02	27.54	CLDZH01
2010-01-04	1.59	22.07	CLDZH01
2010-01-04	1.94	36.92	CLDZH01
2010-01-04	1.95	34.65	CLDZH01
2010-01-04	3.02	26.26	CLDZH01
2010-01-04	0.44	43.94	CLDZH01
2010-01-04	0.85	51.82	CLDZH01
2010-01-04	0.41	44.01	CLDZH01
2010-01-04	0.46	50.29	CLDZH01
2010-01-04	0.54	38.73	CLDZH01
2010-01-04	0.61	32.01	CLDZH01
2010-04-27	3.04	21.11	CLDZH01
2010-04-27	3.47	38.10	CLDZH01
2010-04-27	4.09	38.64	CLDZH01
2010-04-27	6.10	32.96	CLDZH01
2010-04-27	3.79	40.63	CLDZH01
2010-04-27	2.86	39.67	CLDZH01
2010-04-27	1.54	38.38	CLDZH01
2010-04-27	1.58	31.86	CLDZH01
2010-04-27	2.67	41.64	CLDZH01
2010-04-27	2.83	36.87	CLDZH01
2010-04-27	3.33	37.98	CLDZH01
2010-04-27	4.33	33.78	CLDZH01
2010-04-27	7.11	33.64	CLDZH01
2010-04-27	2.61	36.12	CLDZH01
2010-04-27	2.80	38.28	CLDZH01

（续）

时间（年-月-日）	土壤含水量/%	土壤微生物生物量碳/（mg/kg）	观测场代码
2010 - 04 - 27	4.37	34.68	CLDZH01
2010 - 04 - 27	1.48	30.70	CLDZH01
2010 - 04 - 27	2.44	27.81	CLDZH01
2010 - 07 - 10	3.78	16.64	CLDZH01
2010 - 07 - 10	4.74	34.03	CLDZH01
2010 - 07 - 10	5.35	31.03	CLDZH01
2010 - 07 - 10	3.53	38.30	CLDZH01
2010 - 07 - 10	7.13	38.86	CLDZH01
2010 - 07 - 10	2.20	32.13	CLDZH01
2010 - 07 - 10	0.91	39.70	CLDZH01
2010 - 07 - 10	14.39	36.86	CLDZH01
2010 - 07 - 10	1.48	44.98	CLDZH01
2010 - 07 - 10	3.25	52.01	CLDZH01
2010 - 07 - 10	1.46	49.51	CLDZH01
2010 - 07 - 10	1.88	54.83	CLDZH01
2010 - 07 - 10	0.23	46.38	CLDZH01
2010 - 07 - 10	1.38	35.23	CLDZH01
2010 - 07 - 10	0.15	42.29	CLDZH01
2010 - 07 - 10	0.96	42.51	CLDZH01
2010 - 07 - 10	1.08	37.73	CLDZH01
2010 - 07 - 10	2.44	36.23	CLDZH01
2010 - 11 - 10	0.89	31.27	CLDZH01
2010 - 11 - 10	1.69	33.02	CLDZH01
2010 - 11 - 10	2.41	34.88	CLDZH01
2010 - 11 - 10	7.01	38.33	CLDZH01
2010 - 11 - 10	1.72	29.86	CLDZH01
2010 - 11 - 10	2.02	27.54	CLDZH01
2010 - 11 - 07	1.59	22.07	CLDZH01
2010 - 11 - 07	1.94	36.92	CLDZH01
2010 - 11 - 07	1.95	34.65	CLDZH01
2010 - 11 - 07	3.02	26.26	CLDZH01
2010 - 11 - 07	0.44	43.94	CLDZH01

（续）

时间（年-月-日）	土壤含水量/%	土壤微生物生物量碳/（mg/kg）	观测场代码
2010-11-07	0.85	51.82	CLDZH01
2010-11-07	0.41	44.01	CLDZH01
2010-11-07	0.46	50.29	CLDZH01
2010-11-07	0.54	38.73	CLDZH01
2010-11-07	0.61	32.01	CLDZH01
2010-11-07	3.04	21.11	CLDZH01
2010-11-07	3.47	38.10	CLDZH01
2015-03-27	4.09	38.64	CLDZH01
2015-03-27	6.10	32.96	CLDZH01
2015-03-27	3.79	40.63	CLDZH01
2015-03-27	2.86	39.67	CLDZH01
2015-03-27	1.54	38.38	CLDZH01
2015-03-27	1.58	31.86	CLDZH01
2015-06-25	2.67	41.64	CLDZH01
2015-06-25	2.83	36.87	CLDZH01
2015-06-25	3.33	37.98	CLDZH01
2015-06-25	4.33	33.78	CLDZH01
2015-06-25	7.11	33.64	CLDZH01
2015-06-25	2.61	36.12	CLDZH01
2015-09-11	27.98	38.28	CLDZH01
2015-09-11	4.37	34.68	CLDZH01
2015-09-11	1.48	30.70	CLDZH01
2015-09-11	2.44	27.81	CLDZH01
2015-09-11	3.78	16.64	CLDZH01
2015-09-11	4.74	34.03	CLDZH01
2015-12-08	5.35	31.03	CLDZH01
2015-12-08	3.53	38.30	CLDZH01
2015-12-08	7.13	38.86	CLDZH01
2015-12-08	2.20	32.13	CLDZH01
2015-12-08	0.91	39.70	CLDZH01
2010-01-04	14.39	36.86	CLDFZ01
2010-01-04	1.48	44.98	CLDFZ01

（续）

时间（年-月-日）	土壤含水量/%	土壤微生物生物量碳/（mg/kg）	观测场代码
2010-01-04	3.25	52.01	CLDFZ01
2010-01-04	1.46	49.51	CLDFZ01
2010-01-04	1.88	54.83	CLDFZ01
2010-01-04	0.23	46.38	CLDFZ01
2010-04-27	1.38	35.23	CLDFZ01
2010-04-27	0.15	42.29	CLDFZ01
2010-04-27	0.96	42.51	CLDFZ01
2010-04-27	1.08	37.73	CLDFZ01
2010-04-27	2.44	36.23	CLDFZ01
2010-04-27	0.89	31.27	CLDFZ01
2010-07-10	1.69	33.02	CLDFZ01
2010-07-10	2.41	34.88	CLDFZ01
2010-07-10	7.01	38.33	CLDFZ01
2010-07-10	1.72	29.86	CLDFZ01
2010-07-10	2.02	27.54	CLDFZ01
2010-07-10	1.59	22.07	CLDFZ01
2010-11-07	1.94	36.92	CLDFZ01
2010-11-07	1.95	34.65	CLDFZ01
2010-11-07	3.02	26.26	CLDFZ01
2010-11-07	0.44	43.94	CLDFZ01
2010-11-07	0.85	51.82	CLDFZ01
2010-11-07	0.41	44.01	CLDFZ01
2015-03-27	0.46	50.29	CLDFZ01
2015-03-27	0.54	38.73	CLDFZ01
2015-03-27	0.61	32.01	CLDFZ01
2015-03-27	3.04	21.11	CLDFZ01
2015-03-27	3.47	38.10	CLDFZ01
2015-03-27	4.09	38.64	CLDFZ01
2015-06-25	6.10	32.96	CLDFZ01
2015-06-25	3.79	40.63	CLDFZ01
2015-06-25	2.86	39.67	CLDFZ01
2015-06-25	1.54	38.38	CLDFZ01

（续）

时间（年-月-日）	土壤含水量/%	土壤微生物生物量碳/（mg/kg）	观测场代码
2015-06-25	1.58	31.86	CLDFZ01
2015-06-25	2.67	41.64	CLDFZ01
2015-09-11	2.83	36.87	CLDFZ01
2015-09-11	3.33	37.98	CLDFZ01
2015-09-11	4.33	33.78	CLDFZ01
2015-09-11	7.11	33.64	CLDFZ01
2015-09-11	2.61	36.12	CLDFZ01
2015-09-11	27.98	38.28	CLDFZ01
2015-12-08	4.37	34.68	CLDFZ01
2015-12-08	1.48	30.70	CLDFZ01
2015-12-08	2.44	27.81	CLDFZ01
2015-12-08	3.78	16.64	CLDFZ01
2015-12-08	4.74	34.03	CLDFZ01
2015-03-27	5.35	31.03	CLDFZ02
2015-03-27	3.53	38.30	CLDFZ02
2015-03-27	7.13	38.86	CLDFZ02
2015-03-27	2.20	32.13	CLDFZ02
2015-03-27	0.91	39.70	CLDFZ02
2015-03-27	14.39	36.86	CLDFZ02
2015-06-25	1.48	44.98	CLDFZ02
2015-06-25	3.25	152.01	CLDFZ02
2015-06-25	1.46	49.51	CLDFZ02
2015-06-25	1.88	54.83	CLDFZ02
2015-06-25	0.23	46.38	CLDFZ02
2015-06-25	1.38	35.23	CLDFZ02
2015-09-11	0.15	42.29	CLDFZ02
2015-09-11	0.96	42.51	CLDFZ02
2015-09-11	1.08	37.73	CLDFZ02
2015-09-11	2.44	36.23	CLDFZ02
2015-09-11	0.89	31.27	CLDFZ02
2015-09-11	1.69	33.02	CLDFZ02

（续）

时间（年-月-日）	土壤含水量/%	土壤微生物生物量碳/（mg/kg）	观测场代码
2015-12-08	2.41	34.88	CLDFZ02
2015-12-08	7.01	38.33	CLDFZ02
2015-12-08	1.72	29.86	CLDFZ02
2015-12-08	2.02	27.54	CLDFZ02
2015-12-08	1.59	22.07	CLDFZ02
2015-12-08	1.94	36.92	CLDFZ02
2015-03-27	1.95	34.65	CLDFZ03
2015-03-27	3.02	26.26	CLDFZ03
2015-03-27	0.44	43.94	CLDFZ03
2015-03-27	0.85	51.82	CLDFZ03
2015-03-27	0.41	44.01	CLDFZ03
2015-03-27	0.46	50.29	CLDFZ03
2015-06-25	0.54	38.73	CLDFZ03
2015-06-25	0.61	32.01	CLDFZ03
2015-06-25	3.04	21.11	CLDFZ03
2015-06-25	3.47	38.10	CLDFZ03
2015-06-25	4.09	38.64	CLDFZ03
2015-06-25	6.10	32.96	CLDFZ03
2015-09-11	3.79	40.63	CLDFZ03
2015-09-11	2.86	39.67	CLDFZ03
2015-09-11	1.54	38.38	CLDFZ03
2015-09-11	1.58	31.86	CLDFZ03
2015-09-11	2.67	41.64	CLDFZ03
2015-09-11	2.83	36.87	CLDFZ03
2015-12-08	3.33	37.98	CLDFZ03
2015-12-08	4.33	33.78	CLDFZ03
2015-12-08	7.11	33.64	CLDFZ03
2015-12-08	2.61	36.12	CLDFZ03
2015-12-08	27.98	38.28	CLDFZ03

注：5 年测定一次，间隔时间未测定。

3.2 荒漠生物长期观测数据集

3.2.1 植物群落草本层种类组成

3.2.1.1 概述

本数据集包括策勒荒漠综合观测场（CLDZH02）2010 年、2015 年植物群落草本层种类组成数据。草本层种类组成指群落中的草本物种及其相对数量。数据包括植物种名、拉丁名、株、叶层平均高度、植物生活型、绿色地上部总干重。调查频率为 5 年 1 次。

3.2.1.2 数据采集和处理方法

采用稀疏的铁丝网围栏，主要是限制当地农民放牧和砍伐等人为干扰，采用样方法测定。

3.2.1.3 数据质量控制和评估

对历年数据进行整理和质量控制，对数据进行核实，对调查质量进行控制分析，准确获得各调查数据的年际变化。

3.2.1.4 数据

植物群落草本层种类组成见表 3－20。

表 3－20 植物群落草本层种类组成

时间（年-月）	中文名	学名	每样方株（丛）数/株（丛）	叶层平均高度/cm	盖度/%	植物生活型	每样方绿色地上部总干重/g
2010－09	盐生草	*Halogeton glomeratus*	4	0.44	37.80	一年生	158.30
2010－09	盐生草	*Halogeton glomeratus*	1	0.28	0.80	一年生	48.50
2010－09	盐生草	*Halogeton glomeratus*	1	0.51	0.00	一年生	330.90
2010－09	盐生草	*Halogeton glomeratus*	1	0.18	0.10	一年生	21.20
2010－09	猪毛菜	*Kali collinum*	1	0.56	0.10	一年生	504.99
2010－09	猪毛菜	*Kali collinum*	1	0.35	0.10	一年生	91.50
2010－09	拐轴鸦葱	*Lipschitzia divaricata*	4	0.68	0.80	一年生	373.11
2010－09	拐轴鸦葱	*Lipschitzia divaricata*	2	0.62	0.90	一年生	286.39
2015－09	拐轴鸦葱	*Lipschitzia divaricata*	3	0.60	23.55	一年生	278.34
2015－09	拐轴鸦葱	*Lipschitzia divaricata*	2	0.50	21.98	一年生	243.25
2015－09	拐轴鸦葱	*Lipschitzia divaricata*	3	0.43	52.65	一年生	84.93
2015－09	拐轴鸦葱	*Lipschitzia divaricata*	1	0.34	31.20	一年生	191.42
2015－09	拐轴鸦葱	*Lipschitzia divaricata*	1	0.41	45.00	一年生	109.62
2015－09	拐轴鸦葱	*Lipschitzia divaricata*	1	0.43	25.62	一年生	100.70

注：5 年调查一次，间隔期不做调查。

3.2.2 荒漠植物群落草本层群落特征

3.2.2.1 概述

本数据集包括策勒荒漠综合观测场（CLDZH02）2010 年、2015 年荒漠植物群落草本层群落特征数据。植物群落特征是决定生态系统结构、功能和动态变化的基本条件。数据包括优势种、植物种数、密度、优势种平均高度、总盖度、地上绿色部分总干重、地上部总干重、地下部取样样方、地下部总干重。调查频率为 5 年 1 次。

3.2.2.2 数据采集和处理方法

采用稀疏的铁丝网围栏，主要是限制放牧和砍伐等人为干扰。

3.2.2.3　数据质量控制和评估

对历年数据进行整理，对数据进行核实，准确判断各调查数据的年际变化。

3.2.2.4　数据

荒漠植物群落草本层群落特征见表 3-21。

表 3-21　荒漠植物群落草本层群落特征

年份	优势种	植物种数/种	密度/（株/m² 或丛/m²）	优势种平均高度/cm	总盖度/%	地上绿色部分总干重/（g/m²）	地上部总干重/（g/m²）	地下部取样样方（m×m×m）	地下部总干重/（g/m²）
2010	盐生草	4	0.16	0.44	37.80	158.30	158.30	1×1×1	44.10
2010	盐生草	1	0.04	0.28	0.80	48.50	48.50	1×1×1	2.40
2010	盐生草	1	0.04	0.51	0.00	330.90	330.90	1×1×1	14.40
2010	盐生草	1	0.04	0.18	0.10	21.20	21.20	1×1×1	3.40
2010	猪毛草	1	0.04	0.56	0.10	504.99	504.99	1×1×1	9.40
2010	猪毛草	1	0.04	0.35	0.10	91.50	91.50	1×1×1	9.50
2010	拐轴鸦葱	4	0.16	0.68	0.80	373.11	373.11	2×2×2	949.80
2010	拐轴鸦葱	1	0.04	0.62	0.90	286.39	286.39	2×2×2	105.70
2015	拐轴鸦葱	1	3.00	0.60	23.55	278.34	278.34	1×1×1	342.11
2015	拐轴鸦葱	1	2.00	0.50	21.98	243.25	243.25	1×1×1	395.71
2015	拐轴鸦葱	1	3.00	0.43	52.65	84.93	84.93	1×1×1	222.96
2015	拐轴鸦葱	1	1.00	0.34	31.20	191.42	191.42	1×1×1	213.03
2015	拐轴鸦葱	1	1.00	0.41	45.00	109.62	109.62	1×1×1	386.52
2015	拐轴鸦葱	1	1.00	0.43	25.62	100.70	100.70	1×1×1	388.47

注：5 年调查一次，间隔期不做调查。

3.2.3　植物群落土壤有效种子库

3.2.3.1　概述

本数据集包括策勒荒漠综合观测场（CLDZH02）植物群落土壤有效种子库，数据包括样方面积、植物种名、拉丁名、有效种子数量等。调查频率为 5 年 1 次。

3.2.3.2　数据采集和处理方法

样线法取样，样方设置在人类干扰轻的地点。从微生境、灌丛下和灌丛间分别取样，其数量比例根据各自的面积再确定。设置 15～20 个 20 cm×20 cm 的样方。种子库在种子成熟散布（9 月 20 日）至萌发（4 月）之间取样。

3.2.3.3　数据质量控制和评估

采用稀疏的铁丝网围栏，主要是限制放牧和砍伐等人为干扰。对历年数据进行整理和核实，对调查质量进行控制分析，准确判断调查数据的年际变化。

3.2.3.4　数据

植物群落土壤有效种子库见表 3-22。

表 3-22　植物群落土壤有效种子库

年份	样方规格（m×m）	植物种名	拉丁名	有效种子数量/（颗/m²）
2010	10×10	骆驼刺	*Alhagi camelorum*	32
2010	10×10	骆驼刺	*Alhagi camelorum*	28
2010	10×10	骆驼刺	*Alhagi camelorum*	40

（续）

年份	样方规格（m×m）	植物种名	拉丁名	有效种子数量/（颗/m²）
2010	10×10	骆驼刺	*Alhagi camelorum*	24
2010	10×10	骆驼刺	*Alhagi camelorum*	36
2010	10×10	多枝柽柳	*Tamarix ramosissima*	52
2010	10×10	多枝柽柳	*Tamarix ramosissima*	116
2010	10×10	多枝柽柳	*Tamarix ramosissima*	132
2010	10×10	多枝柽柳	*Tamarix ramosissima*	128
2010	10×10	多枝柽柳	*Tamarix ramosissima*	136
2010	10×10	拐轴鸦葱	*Lipschitzia divaricata*	75
2010	10×10	拐轴鸦葱	*Lipschitzia divaricata*	75
2010	10×10	拐轴鸦葱	*Lipschitzia divaricata*	75
2010	10×10	拐轴鸦葱	*Lipschitzia divaricata*	75
2010	10×10	拐轴鸦葱	*Lipschitzia divaricata*	75
2010	10×10	盐生草	*Halogeton glomeratus*	28
2010	10×10	盐生草	*Halogeton glomeratus*	28
2010	10×10	盐生草	*Halogeton glomeratus*	20
2010	10×10	盐生草	*Halogeton glomeratus*	24
2010	10×10	盐生草	*Halogeton glomeratus*	32
2010	10×10	猪毛菜	*Kali collinum*	40
2010	10×10	猪毛菜	*Kali collinum*	28
2010	10×10	猪毛菜	*Kali collinum*	36
2010	10×10	猪毛菜	*Kali collinum*	48
2010	10×10	猪毛菜	*Kali collinum*	36
2015	10×10	骆驼刺	*Alhagi camelorum*	21
2015	10×10	骆驼刺	*Alhagi camelorum*	17
2015	10×10	骆驼刺	*Alhagi camelorum*	9
2015	10×10	骆驼刺	*Alhagi camelorum*	11
2015	10×10	骆驼刺	*Alhagi camelorum*	5
2015	10×10	多枝柽柳	*Tamarix ramosissima*	157
2015	10×10	多枝柽柳	*Tamarix ramosissima*	148
2015	10×10	多枝柽柳	*Tamarix ramosissima*	103
2015	10×10	多枝柽柳	*Tamarix ramosissima*	76
2015	10×10	多枝柽柳	*Tamarix ramosissima*	28
2015	10×10	拐轴鸦葱	*Lipschitzia divaricata*	14

（续）

年份	样方规格（m×m）	植物种名	拉丁名	有效种子数量/（颗/m²）
2015	10×10	拐轴鸦葱	*Lipschitzia divaricata*	9
2015	10×10	拐轴鸦葱	*Lipschitzia divaricata*	13
2015	10×10	拐轴鸦葱	*Lipschitzia divaricata*	8
2015	10×10	拐轴鸦葱	*Lipschitzia divaricata*	5

3.2.4 植物群落凋落物回收量季节动态

3.2.4.1 概述

本数据集包括策勒荒漠综合观测场（CLDZH02）2009—2015 年植物群落凋落物回收量数据。凋落物现存量通常是指在特定生态系统地表保存的凋落物干重，是凋落物输入与分解后的净累积量。数据包括年收集框规格、枯枝干重、枯叶干重、落果（花）干重、杂物干重等。调查频率为每年 1 次。

3.2.4.2 数据采集和处理方法

以一定面积的网状物来收集凋落物，然后换算成单位面积的平均量。

3.2.4.3 数据质量控制和评估

各凋落物分区标准应前后统一，样方固定，沿样方边缘切割，割刀锋利，禁止带入样方外凋落物，样方内凋落物全部捡起称重，取样完成后及时对凋落物进行现场均匀回填。避免凋落物与周围凋落物混合，取样时用一块较大的纱网把凋落物全部转移到纱网上后再进行分类，避免带入泥土杂物。观测场采用稀疏的铁丝网围栏，主要是限制放牧和砍伐等人为干扰。对历年数据进行整理和核实，对调查质量进行控制，准确判断调查数据的年际变化。

3.2.4.4 数据

植物群落凋落物回收量季节动态见表 3－23。

表 3－23　植物群落凋落物回收量季节动态

时间（年-月）	收集框面积/m²	枯枝干重/（g/框）	枯叶干重/（g/框）	落果（花）干重/（g/框）	杂物干重/（g/框）
2009－05	0.35	4.21	7.34	0.31	2.12
2009－05	0.35	1.43	4.25	0.10	2.57
2009－05	0.35	1.19	2.57	0.18	
2009－05	0.35	1.50			5.84
2009－05	0.35	6.58			
2009－05	0.35	3.18	8.93	0.31	2.63
2009－05	0.35	6.03	9.59	0.73	6.54
2009－06	0.35	3.29	7.61	0.08	2.72
2009－06	0.35	1.51	8.40	0.40	2.74
2009－06	0.35	0.80	7.57	7.34	1.24
2009－06	0.35	3.88			
2009－06	0.35	1.29		0.03	

（续）

时间（年-月）	收集框面积/m^2	枯枝干重/（g/框）	枯叶干重/（g/框）	落果（花）干重/（g/框）	杂物干重/（g/框）
2009-06	0.35	2.40	28.17	0.45	2.06
2009-06	0.35	9.16	6.41	1.65	8.37
2009-07	0.35	1.47	1.54		0.10
2009-07	0.35	0.83	4.43		0.13
2009-07	0.35	1.10	0.92		0.20
2009-07	0.35	3.63			
2009-07	0.35	3.32			0.12
2009-07	0.35	1.18	8.89		0.16
2009-07	0.35	5.21	4.77		1.00
2009-08	0.35	1.31	3.22		
2009-08	0.35	1.26	4.59	0.55	
2009-08	0.35	2.57	0.50		
2009-08	0.35	5.23	5.23		
2009-08	0.35	0.37			
2009-08	0.35	2.09	8.31	0.58	
2009-08	0.35	1.44	6.29	0.88	
2009-09	0.35	0.83	2.63		15.26
2009-09	0.35	0.67	1.70	0.79	16.50
2009-09	0.35	0.74	0.25		7.40
2009-09	0.35	0.16			
2009-09	0.35	0.22		0.05	
2009-09	0.35	0.41	5.21	0.23	6.40
2009-09	0.35	0.54	1.99	0.08	7.47
2009-10	0.35	0.97	4.15	0.31	1.70
2009-10	0.35	1.03	4.16	0.23	1.72
2009-10	0.35	0.70	2.52		3.50
2009-10	0.35	3.54			
2009-10	0.35	0.58		0.06	
2009-10	0.35	0.41	2.91	0.18	1.80
2009-10	0.35	2.26	5.06	1.21	1.71
2010-05	0.24	0.60	0.80	1.00	7.85
2010-05	0.24	0.70	5.10	2.00	5.23

（续）

时间（年-月）	收集框面积/m^2	枯枝干重/(g/框)	枯叶干重/(g/框)	落果（花）干重/(g/框)	杂物干重/(g/框)
2010-05	0.24	0.30	5.10	0.00	4.55
2010-05	0.24	0.80	3.90	1.00	12.70
2010-06	0.24	2.69	17.07	1.57	3.51
2010-06	0.24	2.99	7.02	6.87	4.37
2010-06	0.24	1.75	2.64		16.04
2010-06	0.24	2.00	10.48	10.83	3.41
2010-06	0.24	4.26	6.95	4.61	5.87
2010-07	0.24	10.44	63.71	0.00	1.40
2010-07	0.24	3.25	125.53	0.00	11.36
2010-07	0.24	1.96	9.44	0.00	13.78
2010-07	0.24	4.91	39.79	0.00	7.21
2010-07	0.24	5.63	46.38	0.00	9.20
2010-08	0.24	0.80	4.10	0.00	10.40
2010-08	0.24	1.00	29.80	1.00	16.60
2010-08	0.24	3.10	47.80	0.00	15.40
2010-08	0.24	1.40	38.40	0.00	
2010-08	0.24	0.60	25.70	2.10	16.80
2010-09	0.24	1.50	2.30	0.00	9.80
2010-09	0.24	2.50	4.50	0.00	18.60
2010-09	0.24	12.50		0.00	4.10
2010-09	0.24	0.90	18.80	0.00	22.00
2010-09	0.24	0.53	2.65	0.00	13.21
2010-10	0.24	2.01	1.05	0.00	10.30
2010-10	0.24	1.67	7.91	1.00	25.43
2010-10	0.24	2.55	6.80	0.00	7.53
2010-10	0.24	4.28	7.31	0.00	30.00
2010-10	0.24	0.93	3.44	0.00	16.27
2011-05	0.35	12.87	1.15	0.00	3.05
2011-05	0.35	6.06	0.55	0.00	1，80
2011-05	0.35	1.45	0.00	0.00	13.29
2011-05	0.35	4.10			0.00
2011-05	0.35	2.25			

（续）

时间（年-月）	收集框面积/m²	枯枝干重/（g/框）	枯叶干重/（g/框）	落果（花）干重/（g/框）	杂物干重/（g/框）
2011-05	0.35	3.96	1.03	0.00	9.57
2011-05	0.35	4.55	1.16	0.00	19.50
2011-06	0.35	2.21	1.86	0.09	5.61
2011-06	0.35	1.30	1.44	1.89	2.60
2011-06	0.35	1.13	1.00	0.12	9.45
2011-06	0.35	2.35			
2011-06	0.35	0.95			
2011-06	0.35	1.56	1.63	12.11	4.15
2011-06	0.35	2.17	1.14	9.10	3.92
2011-07	0.35	3.78	5.54		8.90
2011-07	0.35	2.25	6.50		12.00
2011-07	0.35	7.60	2.78		6.78
2011-07	0.35	5.76			
2011-07	0.35	2.19			0.00
2011-07	0.35	4.32	7.56		12.56
2011-07	0.35	6.78	8.99		7.00
2011-08	0.35	3.42	5.66		
2011-08	0.35	7.45	3.55	1.76	
2011-08	0.35	12.30	8.98		
2011-08	0.35	4.22	7.86		
2011-08	0.35	4.66			
2011-08	0.35	5.23	8.75	1.04	
2011-08	0.35	8.54	10.90	0.22	
2011-09	0.35	2.92	3.76		10.43
2011-09	0.35	4.33	2.32	0.56	12.31
2011-09	0.35	1.25	0.93		4.38
2011-09	0.35	1.65			
2011-09	0.35	2.44		0.02	
2011-09	0.35	0.87	3.90	0.26	8.32
2011-09	0.35	0.87	2.87	0.01	12.66
2011-10	0.35	0.56	3.60	0.32	4.89
2011-10	0.35	2.56	7.03	0.22	8.65

（续）

时间（年-月）	收集框面积/m²	枯枝干重/(g/框)	枯叶干重/(g/框)	落果（花）干重/(g/框)	杂物干重/(g/框)
2011-10	0.35	1.04	4.10		7.43
2011-10	0.35	4.20			
2011-10	0.35	1.23		0.04	
2011-10	0.35	4.54	3.90	0.24	12.40
2011-10	0.35	5.76	7.89	1.76	14.67
2012-05	0.35	4.53	14.03	0.00	4.37
2012-05	0.35	3.01	15.61	0.00	5.85
2012-05	0.35	0.22	1.38	0.00	19.24
2012-05	0.35	9.65			0.00
2012-05	0.35	0.57			
2012-05	0.35	6.24	8.08	0.00	6.95
2012-05	0.35	8.67	10.16	0.00	10.92
2012-06	0.35	0.35	2.50	0.05	3.72
2012-06	0.35	1.30	1.65	1.07	3.09
2012-06	0.35	2.75	5.32	0.54	2.50
2012-06	0.35	3.65			4.37
2012-06	0.35	2.40		0.07	
2012-06	0.35	0.36	2.99	4.32	3.66
2012-06	0.35	0.82	1.23	2.00	3.85
2012-07	0.35	0.97	45.41		23.40
2012-07	0.35	3.52	86.84		13.87
2012-07	0.35	1.31	12.40		0.29
2012-07	0.35	3.05			0.29
2012-07	0.35	0.50			0.00
2012-07	0.35	2.11	63.88		17.67
2012-07	0.35	11.65	91.55		14.50
2012-08	0.35	0.70	75.10	1.76	36.00
2012-08	0.35	1.50	52.80	2.34	
2012-08	0.35	0.20	23.80	0.87	30.30
2012-08	0.35	1.50	5.65		
2012-08	0.35	0.50	0.02		
2012-08	0.35	0.70	50.10	2.43	13.10

（续）

时间（年-月）	收集框面积/m^2	枯枝干重/(g/框)	枯叶干重/(g/框)	落果（花）干重/(g/框)	杂物干重/(g/框)
2012-08	0.35	0.10	47.70	1.28	12.10
2012-09	0.35	3.25	4.87	1.33	10.56
2012-09	0.35	5.65	8.87	2.13	12.31
2012-09	0.35	2.34	3.45		15.43
2012-09	0.35	2.65			
2012-09	0.35	2.87		0.02	
2012-09	0.35	1.34	3.52	1.15	12.00
2012-09	0.35	2.56	3.94	0.45	23.43
2012-10	0.35	3.00	7.06	0.24	23.08
2012-10	0.35	2.27	28.56	3.42	35.68
2012-10	0.35	0.00	14.41		16.98
2012-10	0.35	24.46	4.52		
2012-10	0.35	2.35		0.03	
2012-10	0.35	0.84	22.06	1.10	38.20
2012-10	0.35	1.14	29.42	1.65	11.24
2013-05	0.35	5.72	1.58	1.53	2.56
2013-05	0.35	1.74	2.66	0.00	1.43
2013-05	0.35	0.34	1.55	0.00	1.47
2013-05	0.35	8.53			6.08
2013-05	0.35	1.40			
2013-05	0.35	1.04	0.77	0.00	0.74
2013-05	0.35	1.24	2.20	0.00	2.09
2013-06	0.35	2.14	21.00	0.26	3.70
2013-06	0.35	1.30	4.20	2.14	5.61
2013-06	0.35	1.45	7.50	0.34	4.10
2013-06	0.35	18.70		13.70	10.80
2013-06	0.35	2.78		0.16	
2013-06	0.35	1.76	13.80	0.04	18.00
2013-06	0.35	0.65	6.00	1.13	0.80
2013-07	0.35	1.35	22.20	0.45	15.10
2013-07	0.35	2.56	30.50	1.03	13.87
2013-07	0.35	2.43	25.40	0.07	0.29

（续）

时间（年-月）	收集框面积/m^2	枯枝干重/(g/框)	枯叶干重/(g/框)	落果（花）干重/(g/框)	杂物干重/(g/框)
2013-07	0.35	2.78		0.03	0.00
2013-07	0.35	1.21		0.01	0.00
2013-07	0.35	1.56	22.30		23.50
2013-07	0.35	3.44	20.50		18.70
2013-08	0.35	0.65	32.60	0.52	17.40
2013-08	0.35	2.16	37.50	1.23	10.54
2013-08	0.35	1.65	15.80	0.51	30.30
2013-08	0.35	2.46		2.10	
2013-08	0.35	1.23		0.01	
2013-08	0.35	0.97	44.80	1.62	25.00
2013-08	0.35	0.62	22.50	1.02	15.30
2013-09	0.35	0.59	10.18	0.56	13.36
2013-09	0.35	2.57	21.23	0.15	12.31
2013-09	0.35	0.73	8.32	0.02	12.40
2013-09	0.35	24.00			
2013-09	0.35	0.54		0.01	
2013-09	0.35	1.71	25.20	1.27	16.00
2013-09	0.35	0.86	24.40	0.31	11.70
2013-10	0.35	2.78	19.20	0.45	9.70
2013-10	0.35	3.78	40.20	2.11	21.60
2013-10	0.35	3.15	12.00		11.43
2013-10	0.35	12.40			15.43
2013-10	0.35	1.52		0.00	
2013-10	0.35	0.63	24.70	1.56	9.80
2013-10	0.35	1.75	10.60	1.06	16.90
2015-05	0.16	3.31	1.73	0.00	2.45
2015-05	0.16	5.51	4.09	0.00	2.72
2015-05	0.16	2.29	0.91	0.00	1.53
2015-05	0.16	6.48	0.00	0.00	
2015-05	0.16	1.07	0.00	0.00	1.33
2015-05	0.16	6.77	4.46	0.00	4.89
2015-05	0.16	6.16	1.45	0.00	4.50

（续）

时间（年-月）	收集框面积/m^2	枯枝干重/(g/框)	枯叶干重/(g/框)	落果（花）干重/(g/框)	杂物干重/(g/框)
2015-06	0.16	1.71	2.86	0.00	1.88
2015-06	0.16	1.58	3.86	0.00	2.37
2015-06	0.16	3.34	6.56	0.00	2.28
2015-06	0.16	6.87	0.00	0.00	0.00
2015-06	0.16	5.14	0.00	0.00	0.00
2015-06	0.16	5.36	8.83	0.00	3.29
2015-06	0.16	6.93	5.46	0.00	2.01
2015-07	0.16	3.15	48.73	0.00	3.21
2015-07	0.16	3.45	24.50	0.00	5.31
2015-07	0.16	2.30	10.81	0.00	1.08
2015-07	0.16	3.70	0.00	0.00	1.05
2015-07	0.16	0.75	0.00	0.00	0.80
2015-07	0.16	2.91	37.65	0.00	1.12
2015-07	0.16	4.11	33.83	0.00	0.66
2015-08	0.16	0.63	42.82	0.00	6.45
2015-08	0.16	1.73	55.12	0.00	2.98
2015-08	0.16	0.36	0.08	0.00	0.48
2015-08	0.16	2.47	4.68	0.00	0.00
2015-08	0.16	0.18	0.00	0.00	0.00
2015-08	0.16	0.12	15.09	0.00	1.61
2015-08	0.16	2.52	75.30	0.00	14.04
2015-09	0.16	1.21	22.69	0.00	9.93
2015-09	0.16	1.34	37.89	0.00	5.62
2015-09	0.16	0.24	12.57	0.00	0.16
2015-09	0.16	5.54	0.00	0.00	0.04
2015-09	0.16	0.21	0.14	0.00	0.00
2015-09	0.16	0.74	54.05	0.00	5.06
2015-09	0.16	1.12	28.42	0.00	4.31

3.2.5 植物群落优势植物和凋落物的元素含量与能值数据集

3.2.5.1 概述

本数据集包括策勒荒漠综合观测场（CLDZH02）2010 年植物群落优势植物和凋落物的元素含量与能值，数据包括年份、植物名称、采样部位、全碳、全氮、全磷、全钾、全硫等。调查频率为 5 年 1 次。

3.2.5.2 数据采集和处理方法

在植物生长高峰期（8月中旬）取样。在样品采集区选取3～5种优势植物，分别采集地上部分与地下部分样品，带回实验室分析。

3.2.5.3 数据质量控制和评估

采用稀疏的铁丝网围栏，主要是限制放牧和砍伐等人为干扰。对历年数据进行整理和核实，对数据质量进行控制，准确判断调查数据的年际变化。

3.2.5.4 数据

植物群落优势植物和凋落物的元素含量与能值数据见表3-24。

表3-24 植物群落优势植物和凋落物的元素含量与能值

年份	植物名称	采样部位	样方号	全碳/(g/kg)	全氮/(g/kg)	全磷/(g/kg)	全钾/(g/kg)	全硫/(g/kg)
2010	骆驼刺	茎叶	A	467.34	11.58	0.86	14.91	4.77
2010	骆驼刺	种子	A	449.98	22.43	1.42	11.26	11.03
2010	骆驼刺	根	A	432.42	17.18	3.52	10.85	3.57
2010	骆驼刺	茎叶	B	463.08	10.90	1.14	14.99	3.67
2010	骆驼刺	种子	B	462.85	12.33	0.97	14.65	7.01
2010	骆驼刺	根	B	433.62	20.52	1.41	14.63	15.94
2010	骆驼刺	茎叶	C	430.84	14.42	2.77	14.13	4.24
2010	骆驼刺	种子	C	464.66	9.85	0.67	13.88	2.91
2010	骆驼刺	根	C	467.47	12.56	0.92	13.23	7.28
2010	骆驼刺	茎叶	D	404.60	22.13	1.70	13.94	16.43
2010	骆驼刺	种子	D	451.99	17.19	3.59	13.60	4.44
2010	骆驼刺	根	D	461.00	12.07	1.06	13.50	2.50
2010	骆驼刺	茎叶	E	457.08	16.70	1.08	16.40	9.70
2010	骆驼刺	种子	E	412.63	20.95	1.65	20.09	20.72
2010	骆驼刺	根	E	424.70	19.57	1.70	8.83	4.80
2010	骆驼刺	茎叶	F	469.92	17.33	1.11	14.76	3.35
2010	骆驼刺	种子	F	467.37	14.18	0.76	15.64	7.85
2010	骆驼刺	根	F	400.54	20.09	1.37	20.21	22.10
2010	骆驼刺	茎叶	G	434.19	18.62	2.36	8.94	4.28
2010	骆驼刺	种子	G	466.39	15.40	0.95	16.26	3.52
2010	骆驼刺	根	G	460.54	14.98	0.67	15.51	8.26
2010	骆驼刺	茎叶	H	417.08	20.25	1.11	20.08	24.67
2010	骆驼刺	种子	H	432.52	17.44	2.74	7.40	2.99
2010	骆驼刺	根	H	462.52	14.33	0.82	14.24	3.30
2010	骆驼刺	茎叶	J	467.20	13.48	0.63	15.07	5.05
2010	骆驼刺	种子	J	387.86	18.47	1.29	23.02	23.83

（续）

年份	植物名称	采样部位	样方号	全碳/(g/kg)	全氮/(g/kg)	全磷/(g/kg)	全钾/(g/kg)	全硫/(g/kg)
2010	骆驼刺	根	J	451.50	21.44	2.83	8.33	3.78
2010	骆驼刺	茎叶	K	471.48	16.01	0.89	14.41	3.30
2010	骆驼刺	种子	K	463.92	12.90	0.86	13.62	4.62
2010	骆驼刺	根	K	446.77	23.22	2.01	15.18	13.21
2010	多枝柽柳	茎叶	A	428.44	20.75	3.82	10.29	3.40
2010	多枝柽柳	根	A	450.20	11.98	1.06	14.33	2.89
2010	多枝柽柳	茎叶	B	461.92	12.74	0.80	15.62	6.48
2010	多枝柽柳	根	B	413.99	22.38	1.66	17.81	23.27
2010	多枝柽柳	茎叶	C	452.42	24.74	2.72	9.69	5.34
2010	多枝柽柳	根	C	457.30	15.34	1.26	18.64	3.91
2010	多枝柽柳	茎叶	D	461.58	11.78	0.75	17.03	6.91
2010	多枝柽柳	根	D	429.70	26.48	2.34	14.25	16.59
2010	拐轴鸦葱	茎叶	A	448.62	22.04	3.80	12.14	4.13
2010	拐轴鸦葱	根	A	454.89	12.18	0.75	17.53	2.91
2010	拐轴鸦葱	茎叶	B	440.16	12.06	0.80	7.99	20.11
2010	拐轴鸦葱	根	B	446.97	6.88	0.53	5.27	20.33
2010	盐生草	茎叶	A	448.86	12.52	0.94	7.63	18.47
2010	盐生草	种子	A	439.97	7.86	0.52	5.86	21.63
2010	盐生草	根	B	458.12	11.72	0.99	6.77	16.19
2010	盐生草	茎叶	B	440.15	6.36	7.09	9.87	10.40
2010	盐生草	种子	C	439.32	13.29	1.13	6.64	16.67
2010	盐生草	根	C	436.86	7.61	0.74	5.80	23.59
2010	盐生草	茎叶	D	426.44	12.16	1.07	25.28	14.16
2010	盐生草	种子	D	450.34	8.54	0.59	19.73	6.92
2010	盐生草	茎叶	E	410.54	13.35	1.00	23.27	24.02
2010	盐生草	种子	E	432.50	7.70	0.88	21.89	5.71
2010	盐生草	根	F	377.82	17.45	1.73	24.05	8.82
2010	盐生草	茎叶	F	435.10	14.07	2.45	9.17	2.47
2010	盐生草	种子	G	347.31	23.23	1.72	35.82	11.43
2010	盐生草	根	G	376.89	18.07	1.96	24.07	8.90
2010	盐生草	茎叶	H	316.19	24.86	1.66	34.68	17.05
2010	盐生草	种子	H	432.00	15.50	2.66	8.44	2.19

（续）

年份	植物名称	采样部位	样方号	全碳/(g/kg)	全氮/(g/kg)	全磷/(g/kg)	全钾/(g/kg)	全硫/(g/kg)
2010	猪毛菜	根	A	362.20	19.03	2.37	33.44	2.34
2010	猪毛菜	茎叶	A	424.44	11.99	1.19	16.48	2.99
2010	猪毛菜	种子	B	417.82	13.00	5.31	8.07	1.49
2010	猪毛菜	根	B	351.39	18.33	1.68	29.62	3.65
2010	骆驼刺	根	A1	464.10	12.30	1.04	13.14	—
2010	骆驼刺	茎	A2	461.73	6.33	0.62	15.05	—
2010	骆驼刺	叶	A3	410.87	16.29	1.18	19.57	—
2010	骆驼刺	刺	A4	427.40	8.66	1.06	12.41	—
2010	骆驼刺	根	B1	441.43	9.38	1.29	9.90	—
2010	骆驼刺	茎	B2	443.30	5.80	0.96	12.85	—
2010	骆驼刺	叶	B3	393.63	14.62	1.29	22.54	—
2010	骆驼刺	刺	B4	433.70	6.29	0.84	14.82	—
2010	骆驼刺	根	C1	444.17	6.60	2.76	13.33	—
2010	骆驼刺	茎	C2	458.30	3.44	2.03	12.32	—
2010	骆驼刺	叶	C3	374.07	10.00	1.47	23.29	—
2010	骆驼刺	刺	C4	408.47	8.64	1.41	17.22	—
2010	骆驼刺	根	D1	464.10	6.09	1.22	10.43	—
2010	骆驼刺	茎	D2	461.73	4.40	1.25	11.58	—
2010	骆驼刺	叶	D3	410.87	9.97	1.34	21.36	—
2010	骆驼刺	刺	D4	427.40	8.92	1.12	14.90	—
2010	骆驼刺	根	E1	441.43	6.38	0.85	12.89	—
2010	骆驼刺	茎	E2	443.30	3.95	0.63	14.67	—
2010	骆驼刺	叶	E3	393.63	17.42	1.21	13.71	—
2010	骆驼刺	刺	E4	433.70	5.93	0.79	11.22	—
2010	骆驼刺	根	F1	444.17	5.89	0.97	13.15	—
2010	骆驼刺	茎	F2	458.30	5.34	1.05	11.55	—
2010	骆驼刺	叶	F3	374.07	16.83	1.58	14.79	—
2010	骆驼刺	刺	F4	408.47	9.97	1.18	14.03	—
2010	骆驼刺	根	G1	464.10	7.10	0.87	10.70	—
2010	骆驼刺	茎	G2	461.73	5.99	0.66	10.76	—
2010	骆驼刺	叶	G3	410.87	16.81	1.15	19.33	—
2010	骆驼刺	刺	G4	427.40	8.61	0.90	14.53	—

（续）

年份	植物名称	采样部位	样方号	全碳/(g/kg)	全氮/(g/kg)	全磷/(g/kg)	全钾/(g/kg)	全硫/(g/kg)
2010	骆驼刺	根	H1	441.43	6.90	1.12	10.76	—
2010	骆驼刺	茎	H2	443.30	10.77	1.06	14.87	—
2010	骆驼刺	叶	H3	393.63	13.31	1.37	14.94	—
2010	骆驼刺	刺	H4	433.70	10.95	1.00	14.44	—
2010	骆驼刺	根	J1	444.17	7.88	0.92	12.83	—
2010	骆驼刺	茎	J2	458.30	4.09	0.77	11.78	—
2010	骆驼刺	叶	J3	374.07	9.31	1.31	18.02	—
2010	骆驼刺	刺	J4	408.47	5.35	0.93	12.65	—
2010	骆驼刺	根	K1	464.10	4.81	0.84	9.60	—
2010	骆驼刺	茎	K2	461.73	4.84	1.14	12.48	—
2010	骆驼刺	叶	K3	410.87	13.16	1.33	13.06	—
2010	骆驼刺	刺	K4	427.40	7.37	1.03	9.81	—
2010	骆驼刺	根	L1	441.43	6.01	1.24	11.95	—
2010	骆驼刺	茎	L2	443.30	6.13	1.93	13.32	—
2010	骆驼刺	叶	L3	393.63	6.50	1.40	11.70	—
2010	骆驼刺	刺	L4	433.70	12.60	1.51	10.03	—
2010	骆驼刺	根	M1	444.17	6.64	1.09	10.12	—
2010	骆驼刺	茎	M2	458.30	4.78	1.05	12.81	—
2010	骆驼刺	叶	M3	374.07	13.17	1.45	13.32	—
2010	骆驼刺	刺	M4	408.47	10.04	1.15	12.37	—
2010	多枝柽柳	根	A1	464.10	2.02	0.63	4.49	—
2010	多枝柽柳	枝	A2	461.73	1.44	0.55	3.49	—
2010	多枝柽柳	叶	A3	410.87	3.74	0.83	11.71	—
2010	多枝柽柳	根	B1	427.40	2.26	0.78	4.57	—
2010	多枝柽柳	枝	B2	441.43	1.42	0.57	2.25	—
2010	多枝柽柳	叶	B3	443.30	7.11	0.97	9.49	—
2010	多枝柽柳	根	D1	393.63	2.26	0.41	4.07	—
2010	多枝柽柳	枝	D2	433.70	1.50	0.59	3.22	—
2010	多枝柽柳	叶	D3	444.17	4.05	0.69	10.87	—
2010	多枝柽柳	根	E1	458.30	1.58	0.58	5.26	—
2010	多枝柽柳	枝	E2	374.07	1.59	0.54	2.97	—
2010	多枝柽柳	叶	E3	408.47	7.16	1.02	9.59	—

（续）

年份	植物名称	采样部位	样方号	全碳/(g/kg)	全氮/(g/kg)	全磷/(g/kg)	全钾/(g/kg)	全硫/(g/kg)
2010	多枝柽柳	根	F1	464.10	3.59	0.93	4.39	—
2010	多枝柽柳	枝	F2	461.73	5.13	0.86	3.52	—
2010	多枝柽柳	叶	F3	410.87	9.24	0.96	9.02	—
2010	多枝柽柳	根	G1	427.40	1.65	0.36	4.88	—
2010	多枝柽柳	枝	G2	441.43	1.61	0.30	2.80	—
2010	多枝柽柳	叶	G3	443.30	7.14	2.55	7.35	—
2010	拐轴鸦葱	根	A1	393.63	3.33	0.98	21.64	—
2010	拐轴鸦葱	枝	A2	433.70	9.29	0.86	8.96	—
2010	拐轴鸦葱	根	B1	444.17	4.29	1.53	30.20	—
2010	拐轴鸦葱	枝	B2	458.30	11.10	1.41	27.15	—
2010	拐轴鸦葱	根	C1	374.07	3.36	0.98	20.53	—
2010	拐轴鸦葱	枝	C2	408.47	7.33	0.92	19.38	—

注：5 年调查一次，间隔期不做调查。

3.2.6 荒漠综合观测场植物群落植被空间分布格局

3.2.6.1 概述

本数据集包括策勒站 2009—2015 年策勒荒漠综合观测场（CLDZH02）植物群落植被空间分布格局数据。植物的空间分布格局是指组成种群的个体在其生活空间中的位置状态或布局。研究植物的空间分布格局对于确定种群特征、种群间相互关系以及种群与环境之间的关系具有非常重要的作用，植物的空间分布格局是植物群落空间结构的基本组成要素，数据包括植物名称、植物高度等。调查频率为每年 1 次。

3.2.6.2 数据采集和处理方法

采取点格局分析法，随机取样。

3.2.6.3 数据质量控制和评估

对历年数据进行整理，对异常数据进行核实，对样地植物进行质量控制分析，准确判断各调查数据的年际变化。

3.2.6.4 数据

策勒荒漠综合观测场植物群落植被空间分布格局数据见表 3-25。

表 3-25　策勒荒漠综合观测场植物群落植被空间分布格局

年份	植物名称	每样方株（丛）数/株（丛）	高度/cm
2009	骆驼刺	43	79.2
2009	骆驼刺	20	87.1
2009	骆驼刺	8	88.5
2009	多枝柽柳	84	345.0

（续）

年份	植物名称	每样方株（丛）数/株（丛）	高度/cm
2009	拐轴鸦葱	12	53.7
2009	骆驼刺	20	82.9
2009	骆驼刺	17	88.7
2009	骆驼刺	6	71.8
2009	拐轴鸦葱	2	82.5
2009	骆驼刺	3	68.0
2009	骆驼刺	9	86.4
2009	拐轴鸦葱	5	54.6
2009	骆驼刺	1	92.0
2009	骆驼刺	7	94.1
2010	骆驼刺	33	0.9
2010	盐生草	12	0.3
2010	骆驼刺	32	1.1
2010	盐生草	10	0.3
2010	多枝柽柳	55	3.6
2010	拐轴鸦葱	19	0.4
2010	盐生草	1	0.4
2010	骆驼刺	19	0.7
2010	骆驼刺	23	0.8
2010	盐生草	4	0.2
2010	多枝柽柳	1	0.5
2010	拐轴鸦葱	15	0.2
2010	猪毛草	1	0.1
2010	骆驼刺	17	1.0
2010	拐轴鸦葱	3	0.1
2010	猪毛草	1	0.6
2010	盐生草	1	0.3
2010	骆驼刺	6	0.8
2010	盐生草	4	0.4
2010	拐轴鸦葱	2	0.7
2010	骆驼刺	5	0.6
2010	骆驼刺	7	0.8
2010	盐生草	1	0.3

（续）

年份	植物名称	每样方株（丛）数/株（丛）	高度/cm
2010	拐轴鸦葱	4	0.6
2010	猪毛草	1	0.6
2010	骆驼刺	1	1.2
2010	盐生草	1	0.5
2010	猪毛草	1	0.4
2010	骆驼刺	7	1.1
2010	盐生草	1	0.2
2011	骆驼刺	22	85.7
2011	骆驼刺	13	75.5
2011	骆驼刺	14	87.9
2011	多枝柽柳	79	340.0
2011	拐轴鸦葱	15	56.8
2011	骆驼刺	12	72.0
2011	骆驼刺	8	73.0
2011	骆驼刺	8	71.8
2011	拐轴鸦葱	6	48.0
2011	骆驼刺	9	76.0
2011	骆驼刺	6	92.0
2011	拐轴鸦葱	9	67.0
2011	骆驼刺	6	65.0
2011	骆驼刺	11	89.0
2012	骆驼刺	36	115.3
2012	骆驼刺	32	104.8
2012	骆驼刺	20	86.4
2012	多枝柽柳	79	423.0
2012	拐轴鸦葱	13	66.9
2012	骆驼刺	21	87.0
2012	骆驼刺	23	112.3
2012	骆驼刺	7	93.9
2012	拐轴鸦葱	2	72.5
2012	骆驼刺	17	87.7
2012	骆驼刺	4	112.5
2012	拐轴鸦葱	13	66.9

（续）

年份	植物名称	每样方株（丛）数/株（丛）	高度/cm
2012	骆驼刺	3	94.6
2012	骆驼刺	7	99.0
2013	骆驼刺	33	105.7
2013	骆驼刺	29	101.5
2013	骆驼刺	25	88.9
2013	多枝柽柳	75	435.0
2013	拐轴鸦葱	11	68.4
2013	骆驼刺	23	96.1
2013	骆驼刺	21	113.7
2013	骆驼刺	8	75.4
2013	拐轴鸦葱	3	63.2
2013	骆驼刺	12	95.8
2013	骆驼刺	6	115.8
2013	拐轴鸦葱	9	58.3
2013	骆驼刺	3	78.9
2013	骆驼刺	9	108.2
2014	骆驼刺	36	115.3
2014	骆驼刺	32	104.8
2014	骆驼刺	20	86.4
2014	多枝柽柳	79	423.0
2014	拐轴鸦葱	13	66.9
2014	骆驼刺	21	87.0
2014	骆驼刺	23	112.3
2014	骆驼刺	7	93.9
2014	拐轴鸦葱	2	72.5
2014	骆驼刺	17	87.7
2014	骆驼刺	4	112.5
2014	拐轴鸦葱	13	66.9
2014	骆驼刺	3	94.6
2014	骆驼刺	7	99.0
2015	骆驼刺	35	0.9
2015	骆驼刺	15	0.9
2015	多枝柽柳	56	3.9

（续）

年份	植物名称	每样方株（丛）数/株（丛）	高度/cm
2015	拐轴鸦葱	9	65.0
2015	骆驼刺	19	0.7
2015	骆驼刺	29	91.0
2015	骆驼刺	15	109.0
2015	骆驼刺	12	108.0
2015	拐轴鸦葱	2	0.3
2015	骆驼刺	9	1.1
2015	拐轴鸦葱	2	0.7
2015	骆驼刺	4	1.0
2015	骆驼刺	6	1.1

注：2006 年以后使用新表。

3.2.7 荒漠植物群落土壤微生物生物量碳季节动态

3.2.7.1 概述

本数据集包括策勒荒漠综合观测场（CLDZH02）2010 年、2015 年荒漠植物群落土壤微生物生物量碳季节动态数据，包括采样土层深度、样品编号、土壤含水量、土壤微生物生物量碳含量等。调查频率为 5 年 1 次。

3.2.7.2 数据采集和处理方法

每个样地选择 3 个规格为 2 m×2 m 的均匀样方，每个样方取棉花植株 5 棵，分别将根、茎、籽粒分开烘干后装袋。将样品送回实验室，对其元素含量和能值进行测定。

3.2.7.3 数据质量控制和评估

植株样品取回后 105 ℃杀青，1 h 后 65 ℃烘 48 h，然后对元素含量和能值进行测定。对历年数据进行整理和核实，判断调查数据在 5 年间的变化。

3.2.7.4 数据

荒漠植物群落土壤微生物生物量碳季节动态见表 3-26。

表 3-26　荒漠植物群落土壤微生物生物量碳季节动态

年份	采样土层深度/cm	样品编号	土壤含水量/%	土壤微生物生物量碳/（mg/kg）
2010	0～10	1	0.630	46.350
2010	>10～20	2	2.100	27.700
2010	0～10	3	0.330	26.750
2010	>10～20	4	1.790	45.050
2010	0～10	5	0.300	39.830
2010	>10～20	6	1.920	27.140
2010	0～10	7	0.310	样品损害
2010	>10～20	8	1.940	样品损害
2010	0～10	9	0.390	样品损害

（续）

年份	采样土层深度/cm	样品编号	土壤含水量/%	土壤微生物生物量碳/（mg/kg）
2010	>10～20	10	0.760	样品损害
2010	0～10	11	0.410	样品损害
2010	>10～20	12	1.800	样品损害
2010	0～10	1	4.990	0.030
2010	>10～20	2	3.440	0.020
2010	0～10	3	3.500	0.040
2010	>10～20	4	5.590	0.040
2010	0～10	5	5.290	0.040
2010	>10～20	6	10.230	0.040
2010	0～10	7	3.230	0.030
2010	>10～20	8	4.170	0.040
2010	0～10	1	0.240	0.030
2010	>10～20	2	2.970	0.030
2010	0～10	3	8.310	0.030
2010	>10～20	4	1.810	0.030
2010	0～10	5	0.190	0.040
2010	>10～20	6	3.650	0.030
2010	0～10	7	2.110	0.040
2010	>10～20	8	3.250	0.030
2010	0～10	9	0.290	0.020
2010	>10～20	10	2.870	0.050
2010	0～10	11	0.810	0.030
2010	>10～20	12	3.970	0.020
2010	0～10	1	2.150	0.030
2010	>10～20	2	2.240	0.040
2010	0～10	3	1.760	0.030
2010	>10～20	4	2.560	0.030
2010	0～10	5	2.300	0.040
2010	>10～20	6	3.870	0.040
2010	0～10	7	1.550	0.050
2010	>10～20	8	1.790	0.030
2010	0～10	9	2.450	0.030

（续）

年份	采样土层深度/cm	样品编号	土壤含水量/%	土壤微生物生物量碳/（mg/kg）
2010	>10～20	10	2.610	0.050
2010	0～10	11	1.650	0.040
2010	>10～20	12	1.990	0.030
2015	0～10	1	0.190	13.630
2015	>10～20	2	0.410	4.820
2015	0～10	3	0.280	32.620
2015	>10～20	4	0.340	7.170
2015	0～10	5	0.510	21.480
2015	>10～20	6	0.390	13.940
2015	0～10	7	0.270	13.760
2015	>10～20	8	0.410	10.830
2015	0～10	9	0.280	11.790
2015	>10～20	10	0.370	19.120
2015	0～10	11	0.390	35.680
2015	>10～20	12	0.240	24.840
2015	0～10	1	0.020	11.300
2015	>10～20	2	0.010	11.670
2015	0～10	3	0.000	17.300
2015	>10～20	4	0.010	2.720
2015	0～10	5	0.010	17.220
2015	>10～20	6	0.000	25.270
2015	0～10	7	0.000	19.950
2015	>10～20	8	0.000	29.630
2015	0～10	9	0.040	15.520
2015	>10～20	10	0.000	23.160
2015	0～10	11	0.010	14.640
2015	>10～20	12	0.000	3.330
2015	0～10	1	0.010	24.540
2015	>10～20	2	0.000	21.920
2015	0～10	3	0.000	0.000
2015	>10～20	4	0.000	8.210
2015	0～10	5	0.010	34.120

（续）

年份	采样土层深度/cm	样品编号	土壤含水量/%	土壤微生物生物量碳/（mg/kg）
2015	>10～20	6	0.000	6.430
2015	0～10	7	0.010	33.800
2015	>10～20	8	0.000	9.820
2015	0～10	9	0.010	9.080
2015	>10～20	10	0.000	7.140
2015	0～10	11	0.000	21.290
2015	>10～20	12	0.010	5.150
2015	0～10	1	0.005	15.970
2015	>10～20	2	0.003	1.590
2015	0～10	3	0.003	12.120
2015	>10～20	4	0.003	8.000
2015	0～10	5	0.004	3.100
2015	>10～20	6	0.003	2.730
2015	0～10	7	0.004	15.960
2015	>10～20	8	0.003	14.810
2015	0～10	9	0.004	13.950
2015	>10～20	10	0.003	10.940
2015	0～10	11	0.003	18.340
2015	>10～20	12	0.003	8.650

第4章

土壤长期观测数据集

4.1 农田土壤长期观测数据集

4.1.1 土壤交换量数据集

4.1.1.1 概述

本数据集收录了2010年、2015年策勒绿洲农田综合观测场（CLDZH01）、策勒绿洲农田辅助观测场（一）（CLDFZ01）、策勒绿洲农田辅助观测场（二）（CLDFZ02）、策勒绿洲农田辅助观测场（三）（CLDFZ03）、策勒绿洲农田调查点（一）（CLDZQ01）、策勒绿洲农田调查点（二）（CLDZQ02）、策勒绿洲农田调查点（三）（CLDZQ03）7个长期采样地的土壤交换量数据，包括交换性钾、交换性钠、阳离子交换量等。观测频率为5年1次，观测深度为0～20 cm。样地的基本信息见2.2。

4.1.1.2 数据采集和处理方法

（1）土壤采集与处理

农田土壤采样一般在作物收获期进行，采用混合土样的采集方法。在样方内采用S形、W形布点，或者用随机布点法进行采样，根据样地的土壤类型确定采样点的个数为10个。采样深度为0～20 cm。采样工具内径为5 cm、深20 cm，且取每层的典型中部，避免上、下层土壤混杂。混合采集样品，把每个样地10个采样点的土样混合放在塑料布上，用手捏碎混匀，铺成正方形，划分成"田"字形的4份，保留对角的2份，重复操作至需要的土样量，保证每个土壤样品的重量在500 g左右。置于塑料自封袋中，在袋内外各备一张标签，注明采样地点、日期、深度、土壤种类、编号和采样人等信息。

将从样地取回的土壤样品置于30 cm×20 cm的塑料土壤盘中铺平，在避光的室内进行自然通风干燥。然后对风干的土壤样品进行研磨，在此过程中去除植物残根、侵入体、新生体、石块等。将研磨后的土壤样品全部通过2 mm筛。将全部过2 mm筛的土壤样品用四分法取一部分，全部通过0.15 mm筛供化学分析用。

过筛后的土壤样品用带有内盖的聚乙烯塑料瓶保存，加入干燥剂。样品瓶上用标签注明样品编号、采样地点、样地编号、深度、采样日期、筛孔数。将新鲜土壤样品放置于塑料自封袋中，在4℃环境中保存，并在3 d内分析完毕。

（2）分析方法

农田土壤交换量分析方法见表4-1。

表4-1 农田土壤交换量分析方法

分析项目	分析方法	参照标准
交换性酸总量	中和滴定法	

（续）

分析项目	分析方法	参照标准
交换性钙	EDTA 滴定法	GB 7865—1987
交换性镁	EDTA 滴定法	GB 7865—1987
交换性钾	乙酸铵交换-火焰光度法	GB 7866—1987
交换性钠	乙酸铵交换-火焰光度法	GB 7866—1987
交换性铝	KCl 交换-中和滴定法	GB 7860—1987
交换性氢	KCl 交换-中和滴定法	GB 7860—1987
阳离子交换量	乙酸铵交换法	GB 7863—1987

4.1.1.3 数据质量控制和评估

（1）样品采集过程质量控制

土壤样品获取过程中，选用标准采样工具和采样方法，在样方内均匀分布采样点，为使样品具有代表性，每个混合样品包含 10 个采样点的数据。为最贴切反映土壤指标性质，采样时间选在一年中的 7 月或 8 月。采样后根据标准进行土样前处理，避光风干，密封保存。对样品进行编号，翔实记录采样的各类信息。

（2）样品分析质量控制

选用国际或国家标准方法，对尚未制定统一标准的，首先选择经典方法，并经过加标准物质回收实验，证实在本实验室条件下已经达到分析标准后使用。分析过程中，插入国家标准样品 GBW07454（GSS-25）黄土土壤标准物质进行质量控制，以检查仪器系统并校正控制状态。

（3）数据质量控制

对数据结果进行统一规范处理，检查数据结果精密度，对有效数字进行修订。检验数据结果，同各项辅助信息数据以及历史数据信息进行比较，检查数据的范围和逻辑，评价数据的完整性、一致性和有效性。

4.1.1.4 数据使用方法和建议

土壤交换性能对植物营养和施肥有重大的意义，能够调节土壤溶液的浓度、保证土壤溶液成分的多样性，同时还可以使各种养分免于淋失。在土壤的相关研究中，土壤交换性能成为评估土壤养分和植物生长的重要指标，本数据集时间跨度为 7 年，研究时间较长，但收集数据的频度不够，能够反映总体土壤交换性能状态，但缺乏季节性动态和年际变化的信息，建议结合其他辅助的季节动态变化数据进行应用。

4.1.1.5 数据

农田土壤交换量数据见表 4-2。

表 4-2 农田土壤交换量

年份	主要作物	样地名称	采样深度/cm	交换性钾/（K^+，mmol/kg）	交换性钠/（Na^+，mmol/kg）	阳离子交换量/（mmol/kg）
2010	棉花	CLDZH01	0～20	0.350	0.572	2.998
2015	棉花	CLDZH01	0～20	0.245	0.167	2.055
2010	棉花	CLDFZ01	0～20	0.349	0.467	3.818
2015	棉花	CLDFZ01	0～20	0.253	0.173	2.408

（续）

年份	主要作物	样地名称	采样深度/cm	交换性钾/（K^+，mmol/kg）	交换性钠/（Na^+，mmol/kg）	阳离子交换量/（mmol/kg）
2010	棉花	CLDFZ02	0～20	0.296	0.509	1.949
2015	棉花	CLDFZ02	0～20	0.222	0.162	1.808
2010	棉花	CLDFZ03	0～20	0.464	1.303	1.876
2015	棉花	CLDFZ03	0～20	0.425	0.635	1.787
2010	甜瓜	CLDZQ01	0～20	0.402	0.465	3.660
2015	石榴	CLDZQ01	0～20	0.213	0.193	2.377
2010	玉米	CLDZQ02	0～20	0.327	0.396	3.940
2015	玉米	CLDZQ02	0～20	0.263	0.163	2.890
2010	棉花	CLDZQ03	0～20	0.361	0.384	3.491
2015	玉米	CLDZQ03	0～20	0.277	0.180	2.737

注：土壤类型为风沙土，母质为粉沙。

4.1.2 土壤养分数据集

4.1.2.1 概述

本数据集收录了2009—2015年策勒绿洲农田综合观测场（CLDZH01）、策勒绿洲农田辅助观测场（一）（CLDFZ01）、策勒绿洲农田辅助观测场（二）（CLDFZ02）、策勒绿洲农田辅助观测场（三）（CLDFZ03）、策勒绿洲农田调查点（一）（CLDZQ01）、策勒绿洲农田调查点（二）（CLDZQ02）、策勒绿洲农田调查点（三）（CLDZQ03）7个农田观测场长期采样地的土壤养分数据，包括土壤有机质、全氮、全磷、全钾、碱解氮、有效磷、速效钾、缓效钾、pH等。观测频率为每年1次，观测深度为0～20 cm，每逢尾数为0、5的年份观测深度增加0～10 cm、>10～20 cm、>20～40 cm、>40～60 cm、>60～80 cm、>80～100 cm。样地的基本信息见2.2。

4.1.2.2 数据采集和处理方法

（1）土壤采集与处理

同4.1.1.2的（1）。

（2）分析方法

农田土壤养分分析方法见表4-3。

表4-3 农田土壤养分分析方法

分析项目	分析方法	参照标准
有机质	重铬酸钾氧化-外加热法	GB 7857—1987
全氮	半微量凯式法	GB 7173—1987
全磷	碱溶-钼锑抗比色法	GB 7852—1987
全钾	碱溶火焰光度法	GB 7854—1987
碱解氮	碱解扩散法	《土壤农化分析（第三版）》
有效磷	碳酸氢钠浸提-钼锑抗比色法	GB 12297—1990

（续）

分析项目	分析方法	参照标准
速效钾	乙酸铵浸提-火焰光度法	GB 7856—1987
缓效钾	硝酸浸提-火焰光度法	GB 7855—1987
pH	电位法	GB 7859—1987

4.1.2.3 数据质量控制和评估

同 4.1.1.3。

4.1.2.4 数据使用方法和建议

土壤养分是作物生长所必需的，因土壤类型和地区而异，主要取决于成土母质类型、有机质含量和人为因素的影响。土壤养分的有效性取决于它们的存在形态。土壤养分主要来源于土壤矿物质和土壤有机质，其次是大气降水、地表径流等，在耕作土壤中还来源于施肥和灌溉。土壤养分是作物养分的重要来源之一，在作物的养分吸收总量中占很高比例。本数据集时间跨度为 7 年，研究时间较长，但收集数据的频度不够，能够反映总体土壤养分状态，但缺乏季节性动态和年际变化的信息。建议结合其他辅助的季节动态变化数据进行应用。

4.1.2.5 数据

农田土壤养分数据见表 4 - 4 至表 4 - 10。

表 4 - 4 农田土壤养分（CLDZH01）

年份	主要作物	采样深度/cm	有机质/(g/kg)	全氮/(g/kg)	全磷/(g/kg)	全钾/(g/kg)	碱解氮/(mg/kg)	有效磷/(mg/kg)	速效钾/(mg/kg)	缓效钾/(mg/kg)	pH
2009	棉花	0～20	7.38	0.35	0.66	17.21	24.03	19.15	166.9	437.2	7.85
2010	棉花	0～20	5.44	0.35	0.63	17.27	23.22	18.47	169.1	422.4	7.87
2010	棉花	0～10	4.84	0.40	0.65	16.59	23.54	18.78	170.2	423.8	7.83
2010	棉花	>10～20	4.89	0.39	0.61	17.99	23.19	18.45	168.8	422.1	7.89
2010	棉花	>20～40	3.53	0.28	0.56	17.71	22.81	16.11	166.4	420.8	7.84
2010	棉花	>40～60	3.41	0.29	0.54	17.71	22.80	16.07	165.3	420.1	7.82
2010	棉花	>60～80	3.48	0.28	0.52	18.13	22.78	15.87	172.5	422.8	7.80
2010	棉花	>80～100	3.44	0.27	0.58	18.61	22.75	16.12	173.3	423.2	7.80
2011	棉花	0～20	5.45	0.38	0.64	17.25	33.13	19.49	160.6	426.1	7.84
2012	棉花	0～20	5.48	0.39	0.65	17.23	26.37	19.57	166.8	433.0	7.83
2013	棉花	0～20	5.81	0.36	0.67	17.22	24.44	18.97	173.3	437.0	7.85
2014	棉花	0～20	5.86	0.36	0.63	17.24	24.95	18.68	172.7	433.4	7.88
2015	棉花	0～20	6.07	0.33	0.73	17.23	43.76	15.16	97.3	1 541.2	7.98
2015	棉花	0～10	4.96	0.30	0.69	16.71	28.21	16.30	109.0	1 547.0	8.30
2015	棉花	>10～20	4.58	0.31	0.68	16.13	25.03	15.71	111.9	1 538.8	8.35
2015	棉花	>20～40	3.17	0.19	0.66	15.79	24.88	15.66	108.8	1 536.2	8.31
2015	棉花	>40～60	2.58	0.16	0.63	16.62	24.83	14.82	108.9	1 533.1	8.27
2015	棉花	>60～100	2.49	0.17	0.64	16.43	24.80	14.81	109.1	1 532.4	8.28

表 4-5　农田土壤养分（CLDFZ01）

年份	主要作物	采样深度/cm	有机质/(g/kg)	全氮/(g/kg)	全磷/(g/kg)	全钾/(g/kg)	碱解氮/(mg/kg)	有效磷/(mg/kg)	速效钾/(mg/kg)	缓效钾/(mg/kg)	pH
2009	棉花	0~20	7.73	0.48	0.84	14.55	43.26	32.33	177.6	524.1	7.62
2010	棉花	0~20	8.22	0.47	0.81	14.38	42.27	30.79	167.3	496.6	7.83
2010	棉花	0~10	6.86	0.63	0.86	14.04	43.01	31.02	170.2	500.1	7.87
2010	棉花	>10~20	6.89	0.62	0.85	13.97	42.51	30.07	168.5	502.7	7.76
2010	棉花	>20~40	4.00	0.36	0.61	14.35	40.13	24.33	154.2	479.6	7.82
2010	棉花	>40~60	2.52	0.23	0.53	15.02	38.77	22.17	166.1	482.3	7.80
2010	棉花	>60~80	2.87	0.26	0.57	14.85	39.23	22.14	158.9	488.5	7.83
2010	棉花	>80~100	2.65	0.23	0.57	15.44	37.01	23.01	164.2	486.1	7.80
2011	棉花	0~20	7.47	0.46	0.83	14.77	40.98	26.66	160.9	495.3	7.82
2012	棉花	0~20	7.58	0.47	0.85	14.92	39.60	28.42	172.6	490.2	7.83
2013	棉花	0~20	8.31	0.48	0.81	15.01	38.65	27.34	169.1	494.1	7.85
2014	棉花	0~20	8.11	0.47	0.80	14.38	37.40	25.72	167.0	490.8	7.84
2015	棉花	0~20	7.29	0.39	0.82	16.80	50.34	24.66	94.7	1 668.4	7.83
2015	棉花	0~10	6.42	0.43	0.83	16.42	38.84	30.54	139.2	1 725.2	7.92
2015	棉花	>10~20	6.39	0.35	0.85	16.62	39.28	33.91	131.8	1 751.3	7.90
2015	棉花	>20~40	5.11	0.30	0.77	16.46	37.13	30.26	131.5	1 748.2	7.91
2015	棉花	>40~60	2.98	0.21	0.65	16.75	33.56	28.99	133.2	1 755.6	7.90
2015	棉花	>60~100	2.59	0.20	0.64	16.62	31.78	28.79	132.7	1 753.4	7.92

表 4-6　农田土壤养分（CLDFZ02）

年份	主要作物	采样深度/cm	有机质/(g/kg)	全氮/(g/kg)	全磷/(g/kg)	全钾/(g/kg)	碱解氮/(mg/kg)	有效磷/(mg/kg)	速效钾/(mg/kg)	缓效钾/(mg/kg)	pH
2009	棉花	0~20	2.97	0.21	0.53	14.72	15.38	3.39	122.2	494.8	8.01
2010	棉花	0~20	2.73	0.19	0.55	14.48	15.82	3.54	126.6	432.1	8.03
2010	棉花	0~10	2.36	0.21	0.55	14.40	15.83	3.52	126.2	433.7	8.05
2010	棉花	>10~20	2.44	0.19	0.54	14.49	15.81	3.55	126.5	431.9	8.00
2010	棉花	>20~40	2.93	0.22	0.49	14.12	16.02	3.33	125.1	427.6	8.01
2010	棉花	>40~60	2.33	0.19	0.51	14.93	15.88	3.40	127.0	432.4	7.98
2010	棉花	>60~80	2.28	0.17	0.52	15.45	15.44	3.51	126.2	431.5	7.99
2010	棉花	>80~100	2.18	0.18	0.58	15.51	15.76	3.57	125.8	430.7	8.02
2011	棉花	0~20	2.81	0.18	0.54	14.88	16.96	3.72	131.5	433.1	8.01

（续）

年份	主要作物	采样深度/cm	有机质/(g/kg)	全氮/(g/kg)	全磷/(g/kg)	全钾/(g/kg)	碱解氮/(mg/kg)	有效磷/(mg/kg)	速效钾/(mg/kg)	缓效钾/(mg/kg)	pH
2012	棉花	0～20	2.84	0.17	0.57	14.89	15.52	3.58	123.6	428.9	8.03
2013	棉花	0～20	2.82	0.19	0.56	15.07	16.36	3.29	125.8	439.6	8.00
2014	棉花	0～20	2.84	0.19	0.58	15.12	16.63	3.59	129.6	433.6	7.99
2015	棉花	0～20	3.05	0.19	0.67	16.36	30.31	1.40	82.4	1 413.0	8.47
2015	棉花	0～10	2.77	0.19	0.65	17.35	11.50	2.96	87.8	1 422.4	8.51
2015	棉花	>10～20	3.25	0.18	0.66	17.12	12.80	2.44	86.1	1 465.2	8.65
2015	棉花	>20～40	2.25	0.14	0.64	16.90	12.31	2.42	85.9	1 423.5	8.52
2015	棉花	>40～60	1.85	0.14	0.65	16.61	13.01	2.37	86.2	1 444.4	8.48
2015	棉花	>60～100	2.31	0.14	0.65	16.72	12.87	2.40	85.7	1 437.6	8.50

表 4-7　农田土壤养分（CLDFZ03）

年份	主要作物	采样深度/cm	有机质/(g/kg)	全氮/(g/kg)	全磷/(g/kg)	全钾/(g/kg)	碱解氮/(mg/kg)	有效磷/(mg/kg)	速效钾/(mg/kg)	缓效钾/(mg/kg)	pH
2009	棉花	0～20	2.71	0.18	0.55	12.97	28.72	4.35	244.9	358.4	7.90
2010	棉花	0～20	2.41	0.19	0.51	12.93	26.10	3.91	220.6	345.1	7.92
2010	棉花	0～10	2.83	0.21	0.51	12.91	26.30	3.94	225.3	346.5	7.90
2010	棉花	>10～20	2.39	0.20	0.52	12.97	26.07	3.86	221.0	344.7	7.91
2010	棉花	>20～40	2.21	0.19	0.49	11.73	25.87	3.77	211.3	337.2	7.92
2010	棉花	>40～60	1.91	0.17	0.59	13.20	25.33	4.02	222.5	341.9	7.93
2010	棉花	>60～80	2.50	0.22	0.55	12.82	25.96	4.13	220.4	342.3	7.87
2010	棉花	>80～100	2.55	0.21	0.54	13.21	25.91	4.11	220.1	342.5	7.94
2011	棉花	0～20	2.43	0.19	0.55	13.77	29.89	4.36	250.3	349.1	7.90
2012	棉花	0～20	2.40	0.18	0.57	13.81	29.95	3.79	225.7	340.5	7.88
2013	棉花	0～20	2.45	0.19	0.58	12.98	29.31	3.78	232.5	339.0	7.86
2014	棉花	0～20	2.51	0.19	0.61	13.89	28.18	3.70	225.4	330.5	7.86
2015	棉花	0～20	2.33	0.17	0.66	16.51	56.13	3.02	183.5	1 392.1	7.57
2015	棉花	0～10	2.70	0.19	0.68	16.49	23.44	5.69	175.9	1 535.2	7.98
2015	棉花	>10～20	2.21	0.16	0.68	16.42	15.33	3.17	108.6	1 404.8	8.03
2015	棉花	>20～40	2.48	0.18	0.66	16.86	15.57	3.09	109.1	1 407.4	8.01
2015	棉花	>40～60	1.85	0.15	0.66	15.34	15.21	3.11	107.2	1 401.3	7.97
2015	棉花	>60～100	2.18	0.15	0.67	16.17	15.19	3.15	107.6	1 405.2	7.99

表 4-8　农田土壤养分（CLDZQ01）

年份	主要作物	采样深度/cm	有机质/(g/kg)	全氮/(g/kg)	全磷/(g/kg)	全钾/(g/kg)	碱解氮/(mg/kg)	有效磷/(mg/kg)	速效钾/(mg/kg)	缓效钾/(mg/kg)	pH
2009	洋葱	0～20	7.94	0.67	0.74	14.75	57.68	43.24	353.2	542.0	8.10
2010	甜瓜	0～20	7.76	0.53	0.72	14.82	42.04	40.21	218.0	473.3	7.92
2010	甜瓜	0～10	4.99	0.41	0.73	14.81	35.44	41.33	223.4	466.2	7.91
2010	甜瓜	>10～20	5.14	0.45	0.72	14.81	36.13	40.53	215.9	457.9	7.89
2010	甜瓜	>20～40	5.83	0.45	0.68	14.77	37.01	38.77	236.7	473.2	7.93
2010	甜瓜	>40～60	5.26	0.38	0.65	14.90	35.55	36.21	210.6	441.2	7.92
2010	甜瓜	>60～80	4.79	0.37	0.64	14.80	32.87	39.14	207.1	435.6	7.90
2010	甜瓜	>80～100	3.43	0.25	0.60	14.69	28.16	35.88	205.3	432.3	7.90
2011	甜瓜	0～20	7.21	0.55	0.71	14.77	54.28	38.08	158.3	445.9	7.92
2012	甜瓜	0～20	7.19	0.54	0.69	14.92	42.21	39.17	183.5	458.6	7.94
2013	红玉米	0～20	8.00	0.61	0.64	14.88	49.02	33.83	170.0	470.4	7.93
2014	苏丹草	0～20	7.34	0.63	0.68	14.59	47.13	33.55	176.2	463.4	7.93
2015	石榴	0～20	6.03	0.38	0.76	16.09	45.86	10.14	84.8	1 802.8	8.08
2015	石榴	0～10	4.62	0.25	0.74	17.55	33.20	10.11	96.0	1 704.7	8.31
2015	石榴	>10～20	4.46	0.21	0.75	17.48	29.51	12.90	88.3	1 739.0	8.37
2015	石榴	>20～40	4.29	0.20	0.74	17.99	30.17	12.38	86.7	1 723.4	8.32
2015	石榴	>40～60	2.57	0.15	0.66	15.68	28.23	11.74	84.3	1 728.5	8.30
2015	石榴	>60～100	2.52	0.12	0.64	16.61	27.16	11.28	85.2	1 722.1	8.29

表 4-9　农田土壤养分（CLDZQ02）

年份	主要作物	采样深度/cm	有机质/(g/kg)	全氮/(g/kg)	全磷/(g/kg)	全钾/(g/kg)	碱解氮/(mg/kg)	有效磷/(mg/kg)	速效钾/(mg/kg)	缓效钾/(mg/kg)	pH
2009	玉米	0～20	8.06	0.68	0.61	16.43	40.38	4.54	364.9	544.9	8.25
2010	玉米	0～20	9.51	0.68	0.59	16.22	45.05	3.16	181.9	475.4	7.90
2010	玉米	0～10	7.67	0.53	0.56	16.23	45.17	3.75	180.7	477.8	7.92
2010	玉米	>10～20	8.61	0.61	0.63	16.24	44.39	3.41	182.2	476.2	7.91
2010	玉米	>20～40	7.89	0.54	0.59	16.02	43.58	3.27	178.2	470.1	7.93
2010	玉米	>40～60	5.87	0.46	0.58	16.56	44.69	3.61	175.4	468.3	7.90
2010	玉米	>60～80	7.09	0.44	0.43	15.98	43.17	3.55	177.4	471.2	7.91
2010	玉米	>80～100	6.06	0.42	0.55	15.64	42.51	3.27	176.3	465.0	7.92
2011	玉米	0～20	8.33	0.61	0.66	17.15	59.71	5.45	160.3	480.0	7.94
2012	玉米	0～20	8.51	0.67	0.64	16.92	51.00	3.58	199.8	482.3	7.92
2013	大豆	0～20	8.28	0.59	0.65	16.78	52.49	6.11	195.1	485.0	7.92

（续）

年份	主要作物	采样深度/cm	有机质/(g/kg)	全氮/(g/kg)	全磷/(g/kg)	全钾/(g/kg)	碱解氮/(mg/kg)	有效磷/(mg/kg)	速效钾/(mg/kg)	缓效钾/(mg/kg)	pH
2014	西瓜	0～20	0.65	7.77	0.65	17.14	50.59	6.73	180.1	460.9	7.83
2015	玉米	0～20	7.28	0.46	0.72	17.41	57.22	3.54	98.1	1 804.8	8.19
2015	玉米	0～10	7.03	0.40	0.72	15.79	51.43	8.85	97.7	1 808.3	8.35
2015	玉米	>10～20	6.26	0.38	0.71	15.73	52.08	4.42	108.3	1 800.3	8.26
2015	玉米	>20～40	6.22	0.33	0.71	15.76	50.13	4.23	100.1	1 794.2	8.25
2015	玉米	>40～60	5.81	0.36	0.70	15.60	49.87	4.19	98.7	1 785.1	8.31
2015	玉米	>60～100	3.15	0.19	0.66	15.19	47.66	4.22	97.6	1 777.9	8.27

表 4-10 农田土壤养分（CLDZQ03）

年份	主要作物	采样深度/cm	有机质/(g/kg)	全氮/(g/kg)	全磷/(g/kg)	全钾/(g/kg)	碱解氮/(mg/kg)	有效磷/(mg/kg)	速效钾/(mg/kg)	缓效钾/(mg/kg)	pH
2009	洋葱	0～20	8.22	0.70	0.66	14.88	61.29	11.60	384.6	531.1	8.17
2010	棉花	0～20	8.91	0.67	0.68	14.15	49.90	13.33	164.5	499.5	7.91
2010	棉花	0～10	6.40	0.51	0.61	14.75	51.3	13.11	166.1	493.1	7.88
2010	棉花	>10～20	6.18	0.44	0.69	13.53	50.2	12.97	167.2	500.2	7.90
2010	棉花	>20～40	7.36	0.53	0.64	15.33	53.0	12.84	169.3	502.5	7.92
2010	棉花	>40～60	5.69	0.44	0.57	15.36	48.7	11.97	170.1	503.0	7.87
2010	棉花	>60～80	4.88	0.31	0.54	16.27	44.9	11.65	168.2	501.1	7.88
2010	棉花	>80～100	3.42	0.22	0.52	14.63	40.1	11.43	168.8	502.4	7.85
2011	棉花	0～20	8.43	0.66	0.71	15.11	67.91	10.10	168.0	486.3	7.91
2012	棉花	0～20	8.21	0.63	0.70	14.99	55.33	13.57	182.3	488.1	7.92
2013	玉米	0～20	9.53	0.71	0.84	15.23	48.11	14.00	179.5	455.2	7.90
2014	玉米	0～20	7.71	0.64	0.73	15.07	49.90	14.43	187.0	471.3	7.94
2015	玉米	0～20	7.33	0.50	0.75	15.96	77.90	23.27	97.2	1 763.5	7.87
2015	玉米	0～10	4.78	0.24	0.72	14.69	48.39	16.73	118.0	1 741.3	8.05
2015	玉米	>10～20	5.82	0.39	0.71	15.11	44.05	13.73	112.3	1 770.3	8.27
2015	玉米	>20～40	4.81	0.32	0.69	15.04	42.8	13.75	110.1	1 762.1	8.21
2015	玉米	>40～60	4.20	0.27	0.68	14.50	43.1	12.68	109.1	1 766.5	8.25
2015	玉米	>60～100	4.25	0.28	0.69	14.09	41.0	11.99	108.8	1 760.9	8.23

4.1.3 土壤矿质全量数据集

4.1.3.1 概述

本数据集收录了 2015 年策勒绿洲农田综合观测场（CLDZH01）、策勒绿洲农田辅助观测场（一）（CLDFZ01）、策勒绿洲农田辅助观测场（二）（CLDFZ02）、策勒绿洲农田辅助观测场（CLDFZ03）、策勒绿洲农田调查点（一）（CLDZQ01）、策勒绿洲农田调查点（二）（CLDZQ02）、策勒绿洲农田调查点（三）（CLDZQ03）7 个农田观测场长期采样地的土壤矿质全量数据，包括硅（SiO_2）、铁（Fe_2O_3）、铝（Al_2O_3）、钙（CaO）、镁（MgO）、锰（MnO）、钾（K_2O）、钠（Na_2O）及全硫（S）等。观测频率为 5 年 1 次（2010 年未观测），观测深度为 0～10 cm、>10～20 cm、>20～40 cm、>40～60 cm、>60～100 cm。样地的基本信息见 2.2。

4.1.3.2　数据采集和处理方法

（1）土壤采集与处理。

同 4.1.1.2 的（1）。

（2）分析方法

农田土壤矿质全量分析方法见表 4-11。

表 4-11　农田土壤矿质全量分析方法

分析项目	分析方法	参照标准
硅	动物胶脱硅质量法	GB 7873—1987
铁	邻菲啰啉光度法	GB 7873—1987
锰	原子吸收光谱法	GB 7873—1987
铝	氟化钾取代 EDTA 滴定法	GB 7873—1987
硫	比浊法	《土壤农化分析（第三版）》
钙	原子吸收光谱法	GB 7873—1987
镁	原子吸收光谱法	GB 7873—1987
钾	原子吸收光谱法	GB 7873—1987
钠	原子吸收光谱法	GB 7873—1987

4.1.3.3　数据质量控制和评估

同 4.1.1.3。

4.1.3.4　数据使用方法和建议

土壤矿质元素是指除碳、氢、氧以外，主要由根系从土壤中吸收的元素。矿质元素是作物生长的必需元素，缺少这些元素作物将不能健康生长，矿质元素可以促进营养吸收。本数据集只包含 2015 年土壤矿质全量的数据，数据的观测频率不够，只能反映当年的土壤矿质元素状态和不同实验场地土壤矿质元素的变化，缺乏季节性动态和年际变化的信息。建议结合其他辅助季节动态变化数据进行应用。

4.1.3.5　数据

农田土壤矿质全量数据见表 4-12。

表 4-12　农田土壤矿质全量

年份	主要作物	采样深度/cm	样地代码	SiO_2/%	Fe_2O_3/%	MnO/%	Al_2O_3/%	CaO/%	MgO/%	K_2O/%	Na_2O/%	S/(g/kg)
2015	棉花	0～10	CLDZH01	107.3	0.72	0.044 7	189.1	5.35	1.73	1.20	6.05	0.21
2015	棉花	>10～20	CLDZH01	99.8	0.81	0.052 0	176.0	5.32	1.76	1.19	6.10	0.22
2015	棉花	>20～40	CLDZH01	91.0	1.01	0.063 7	160.4	5.24	1.62	1.17	5.92	0.20

（续）

年份	主要作物	采样深度/cm	样地代码	SiO_2/%	Fe_2O_3/%	MnO/%	Al_2O_3/%	CaO/%	MgO/%	K_2O/%	Na_2O/%	S/(g/kg)
2015	棉花	>40～60	CLDZH01	85.8	1.00	0.063 0	151.2	5.35	1.77	1.19	5.89	0.20
2015	棉花	>60～100	CLDZH01	88.3	0.99	0.062 1	155.7	5.38	1.72	1.19	5.87	0.20
2015	棉花	0～10	CLDFZ01	77.7	1.08	0.067 5	137.1	5.21	1.58	1.18	5.73	0.24
2015	棉花	>10～20	CLDFZ01	89.1	1.08	0.067 4	157.1	5.21	1.60	1.19	5.75	0.25
2015	棉花	>20～40	CLDFZ01	81.7	1.06	0.065 8	144.0	5.23	1.64	1.18	5.81	0.22
2015	棉花	>40～60	CLDFZ01	77.0	1.06	0.065 6	135.8	5.24	1.64	1.17	5.70	0.19
2015	棉花	>60～100	CLDFZ01	83.2	1.06	0.065 9	146.7	5.23	1.59	1.16	5.70	0.21
2015	棉花	0～10	CLDFZ02	83.2	1.00	0.064 1	146.8	5.10	1.60	1.10	5.68	0.25
2015	棉花	>10～20	CLDFZ02	75.3	1.02	0.064 7	132.8	5.07	1.58	1.10	5.78	0.27
2015	棉花	>20～40	CLDFZ02	75.4	1.02	0.064 8	132.8	5.10	1.66	1.09	5.63	0.26
2015	棉花	>40～60	CLDFZ02	77.0	1.01	0.063 7	135.8	5.03	1.59	1.05	5.39	0.26
2015	棉花	>60～100	CLDFZ02	78.3	1.02	0.063 9	138.0	5.07	1.56	1.06	5.44	0.27
2015	无	0～10	CLDFZ03	79.6	1.01	0.064 8	140.4	5.09	1.56	1.12	5.77	0.36
2015	无	>10～20	CLDFZ03	77.8	1.05	0.067 9	137.2	5.10	1.58	1.13	5.89	0.31
2015	无	>20～40	CLDFZ03	79.7	1.07	0.066 7	140.6	5.15	1.66	1.14	5.77	0.31
2015	无	>40～60	CLDFZ03	85.4	1.02	0.065 5	150.6	5.08	1.57	1.10	5.75	0.28
2015	无	>60～100	CLDFZ03	86.9	1.03	0.065 6	153.2	5.05	1.56	1.10	5.79	0.27
2015	石榴	0～10	CLDZQ01	457.1	1.46	0.094 7	805.8	4.51	1.36	1.00	5.20	0.32
2015	石榴	>10～20	CLDZQ01	467.3	1.21	0.074 5	823.8	4.83	1.45	1.06	5.38	0.31
2015	石榴	>20～40	CLDZQ01	467.0	1.15	0.071 6	823.3	4.86	1.52	1.06	5.37	0.32
2015	石榴	>40～60	CLDZQ01	476.1	1.12	0.069 7	839.4	4.85	1.48	1.04	5.30	0.27
2015	石榴	>60～100	CLDZQ01	483.6	1.13	0.069 0	852.6	4.91	1.57	1.06	5.26	0.26
2015	玉米	0～10	CLDZQ02	476.6	1.15	0.069 7	840.2	4.94	1.52	1.11	5.36	0.32
2015	玉米	>10～20	CLDZQ02	459.8	1.15	0.070 8	810.5	5.00	1.53	1.14	5.38	0.30
2015	玉米	>20～40	CLDZQ02	456.5	1.12	0.069 6	804.9	4.96	1.40	1.12	5.41	0.31
2015	玉米	>40～60	CLDZQ02	477.5	1.12	0.068 1	841.8	4.95	1.55	1.10	5.43	0.29
2015	玉米	>60～100	CLDZQ02	483.3	1.05	0.064 0	852.0	4.93	1.56	1.08	5.39	0.26
2015	玉米	0～10	CLDZQ03	479.1	1.06	0.064 8	844.7	4.86	1.54	1.06	5.35	0.34
2015	玉米	>10～20	CLDZQ03	465.8	1.13	0.071 1	821.1	4.87	1.41	1.07	5.40	0.35
2015	玉米	>20～40	CLDZQ03	457.6	1.13	0.069 6	806.7	4.92	1.46	1.07	5.32	0.33
2015	玉米	>40～60	CLDZQ03	484.7	1.12	0.070 3	854.6	4.91	1.57	1.07	5.41	0.32
2015	玉米	60～100	CLDZQ03	464.1	1.10	0.068 6	818.2	4.92	1.50	1.07	5.41	0.35

4.1.4　土壤微量元素和重金属元素数据集

4.1.4.1　概述

本数据集收录了 2015 年策勒绿洲农田综合观测场（CLDZH01）、策勒绿洲农田辅助观测场（一）（CLDFZ01）、策勒绿洲农田辅助观测场（二）（CLDFZ02）、策勒绿洲农田辅助观测场（CLDFZ03）、策勒绿洲农田调查点（一）（CLDZQ01）、策勒绿洲农田调查点（二）（CLDZQ02）、策勒绿洲农田调查点（三）（CLDZQ03）7 个农田观测场长期采样地的土壤微量元素和重金属元素数据，包括全硼（B）、全锰（Mn）、全锌（Zn）、全铜（Cu）、全铁（Fe）、硒（Se）、镉（Cd）、铅（Pb）、铬（Cr）、镍（Ni）、汞（Hg）及砷（As）等。观测频率为 5 年 1 次（2010 年未观测），观测深度为 0～10 cm、>10～20 cm、>20～40 cm、>40～60 cm、>60～100 cm。样地的基本信息见 2.2。

4.1.4.2　数据采集和处理方法

（1）土壤采集与处理。

同 4.1.1.2 的（1）。

（2）分析方法

农田土壤微量元素和重金属元素分析方法见表 4 - 13。

表 4 - 13　农田土壤微量元素和重金属元素分析方法

分析项目	分析方法	参照标准
全硼	碳酸钠熔融-姜黄素比色法	《土壤理化分析与剖面描述》
全锰	氢氟酸-硝酸消煮-原子吸收光谱法	
全锌	氢氟酸-硝酸消煮-原子吸收光谱法	GB 17138—1997
全铜	氢氟酸-硝酸消煮-原子吸收光谱法	GB 17138—1997
全铁	氢氟酸-硝酸消煮-原子吸收光谱法	
硒	1+1 王水消解-原子荧光光谱法	
镉	氢氟酸-硝酸消煮-原子吸收光谱法	GB 17141—1997
铅	氢氟酸-硝酸消煮-原子吸收光谱法	GB 17141—1997
铬	氢氟酸-硝酸消煮-原子吸收光谱法	GB 17139—1997
镍	氢氟酸-硝酸消煮-原子吸收光谱法	GB 17140—1997
汞	硝酸-硫酸-五氧化二钒消煮-冷原子吸收分光光度法	GB/T 17136—1997
砷	硼氢化钾-硝酸银分光光度法	GB/T 17135—1997

4.1.4.3　数据质量控制和评估

同 4.1.1.3。

4.1.4.4　数据使用方法和建议

虽然植物对微量元素的需要量很少，但它们对植物的生长发育与大量元素是同等重要的，缺乏某种微量元素时，植物生长发育受到明显的影响，产量降低，品质下降。另外，微量元素过多会使植物中毒，轻则影响产量和品质，重则危及人畜健康。重金属元素是指在标准状况下单质密度大于 4 500 kg/m^{3}的金属元素，主要是指汞、镉、铅、铬以及类金属砷等毒性大的元素，矿床开采可使含有重金属元素的矿物从地下深处暴露出来，工业加工过程将重金属排放到土壤、大气或水中。重金属危害十分严重，表现为对生物的毒性效应。因此，监测土壤中的微量元素和重金属元素有重要的意义。本数据集只包括 2015 年土壤微量元素和重金属元素的数据，数据的监测频率不够，只能反映当年的土壤微量元素和重金属元素状态和不同试验场地这些元素的变化，缺乏季节性动态和年际变化的信息。建议结合其他辅助季节动态变化数据进行应用。

4.1.4.5 数据

农田土壤微量元素和重金属元素数据见表 4-14。

表 4-14 农田土壤微量元素和重金属元素

单位：mg/kg

年份	主要作物	采样深度/cm	观测场代码	全硼	全锰	全锌	全铜	全铁	硒	镉	铅	铬	镍	汞	砷
2015	棉花	0~20	CLDZH01	60.1	497.9	50.0	14.9	7 121.6	0.16	0.07	15.9	43.3	21.8	0.639	7.1
2015	棉花	0~10	CLDZH01	53.4	434.0	44.0	13.8	6 165.0	0.19	0.07	12.6	39.8	21.4	0.568	6.3
2015	棉花	>10~20	CLDZH01	53.6	415.0	41.8	13.3	5 855.9	0.19	0.07	12.2	38.2	20.1	0.472	6.2
2015	棉花	>20~40	CLDZH01	61.7	481.5	47.6	14.9	6 860.9	0.17	0.07	15.6	44.2	21.7	0.465	7.2
2015	棉花	>40~60	CLDZH01	61.0	466.8	46.0	14.8	6 670.5	0.16	0.07	15.1	42.7	21.3	0.422	6.9
2015	棉花	>60~100	CLDZH01	71.6	489.1	47.5	15.2	6 954.7	0.16	0.07	15.5	45.6	22.4	0.410	7.2
2015	棉花	0~20	CLDFZ01	51.8	464.9	49.2	14.8	6 788.1	0.17	0.07	16.0	42.5	21.1	0.605	6.8
2015	棉花	0~10	CLDFZ01	60.7	523.1	53.7	15.8	7 578.6	0.16	0.08	15.6	47.2	21.9	0.461	7.4
2015	棉花	>10~20	CLDFZ01	95.0	522.1	53.4	15.8	7 550.4	0.16	0.09	15.9	48.2	21.8	0.644	7.4
2015	棉花	>20~40	CLDFZ01	51.3	509.7	51.2	15.5	7 387.2	0.16	0.08	15.7	46.2	21.3	0.551	7.3
2015	棉花	>40~60	CLDFZ01	63.6	507.8	51.3	15.7	7 387.5	0.17	0.08	15.8	46.0	21.5	0.480	7.7
2015	棉花	>60~100	CLDFZ01	60.1	510.6	52.0	16.1	7 441.0	0.17	0.08	16.0	46.1	21.9	0.598	7.9
2015	无	0~20	CLDFZ02	55.1	477.6	47.3	14.7	6 783.0	0.17	0.11	17.9	44.8	19.8	0.504	7.1
2015	无	0~10	CLDFZ02	67.3	496.9	47.6	14.8	7 001.2	0.16	0.07	15.3	42.8	20.6	0.363	7.3
2015	无	>10~20	CLDFZ02	64.6	500.9	46.9	14.7	7 118.4	0.16	0.08	15.7	43.6	20.6	0.594	7.1
2015	无	>20~40	CLDFZ02	71.3	502.1	47.3	14.9	7 156.3	0.17	0.07	15.6	44.7	20.9	0.396	7.2
2015	无	>40~60	CLDFZ02	77.9	493.6	45.9	14.7	7 054.7	0.17	0.07	15.2	45.2	20.6	0.397	7.1
2015	无	>60~100	CLDFZ02	72.0	494.8	46.4	14.8	7 110.7	0.16	0.08	15.7	43.1	21.3	0.383	7.1
2015	无	0~20	CLDFZ03	69.1	512.1	48.3	15.2	7 165.9	0.16	0.08	15.6	49.6	21.0	0.526	7.3
2015	无	0~10	CLDFZ03	55.5	501.7	47.0	14.5	7 098.9	0.17	0.07	14.7	44.3	21.2	0.489	7.2
2015	无	>10~20	CLDFZ03	57.6	525.7	48.1	15.6	7 370.3	0.16	0.07	15.4	45.3	21.7	0.571	7.6
2015	无	>20~40	CLDFZ03	90.6	516.8	49.6	15.6	7 479.7	0.17	0.08	15.5	45.6	22.2	0.356	7.7
2015	无	>40~60	CLDFZ03	70.2	507.3	45.8	14.6	7 140.8	0.17	0.07	14.9	44.4	21.0	0.490	7.3
2015	无	>60~100	CLDFZ03	52.7	508.5	46.9	14.9	7 210.7	0.17	0.07	14.5	46.2	21.5	0.496	7.3
2015	石榴	>0~20	CLDZQ01	83.5	482.3	55.1	15.7	6 995.9	0.16	0.07	16.5	45.0	22.5	0.445	6.9
2015	石榴	0~10	CLDZQ01	54.9	733.4	75.8	28.1	10 246.3	0.17	0.16	18.4	55.4	31.0	0.590	11.9
2015	石榴	>10~20	CLDZQ01	46.4	576.9	59.0	18.8	8 438.5	0.18	0.08	17.1	51.3	25.9	0.531	8.0
2015	石榴	>20~40	CLDZQ01	47.2	555.0	57.4	17.1	8 015.3	0.17	0.08	16.2	49.7	24.2	0.353	7.9
2015	石榴	>40~60	CLDZQ01	46.3	540.2	52.3	16.6	7 842.3	0.17	0.08	16.0	47.4	23.9	0.710	8.5
2015	石榴	>60~100	CLDZQ01	62.9	534.2	54.3	17.1	7 913.3	0.16	0.07	16.5	47.8	24.3	0.414	8.0
2015	玉米	0~20	CLDZQ02	69.5	493.6	53.9	16.4	7 337.4	0.16	0.07	16.1	46.5	23.0	0.641	7.5
2015	玉米	0~10	CLDZQ02	59.7	539.6	57.5	17.8	8 068.0	0.16	0.07	16.7	48.3	24.7	0.472	8.2
2015	玉米	>10~20	CLDZQ02	34.7	548.3	58.5	17.9	8 044.5	0.19	0.08	16.9	49.5	24.9	0.630	7.9
2015	玉米	>20~40	CLDZQ02	41.7	539.5	55.4	17.6	7 865.9	0.19	0.08	16.9	49.5	24.4	0.473	7.7
2015	玉米	>40~60	CLDZQ02	99.0	527.4	55.2	17.4	7 816.8	0.19	0.09	17.1	48.2	24.1	0.788	8.1
2015	玉米	>60~100	CLDZQ02	56.8	496.1	49.9	16.0	7 327.1	0.17	0.07	15.4	44.4	22.5	0.554	7.7

（续）

年份	主要作物	采样深度/cm	观测场代码	全硼	全锰	全锌	全铜	全铁	硒	镉	铅	铬	镍	汞	砷
2015	玉米	0～20	CLDZQ03	67.6	485.5	52.1	16.0	7 087.5	0.17	0.07	16.5	46.2	22.9	0.712	7.0
2015	玉米	0～10	CLDZQ03	64.7	502.1	50.6	15.3	7 395.7	0.17	0.08	15.5	46.3	22.5	0.550	7.1
2015	玉米	>10～20	CLDZQ03	42.9	550.7	55.1	16.8	7 914.7	0.21	0.08	17.3	48.8	23.8	0.828	7.6
2015	玉米	>20～40	CLDZQ03	52.6	538.9	54.4	16.7	7 884.6	0.20	0.08	17.1	48.8	23.9	0.707	8.0
2015	玉米	>40～60	CLDZQ03	95.3	544.3	52.5	16.7	7 802.3	0.19	0.08	17.7	47.0	23.4	0.592	8.1
2015	玉米	>60～100	CLDZQ03	49.5	531.4	52.5	16.6	7 681.9	0.18	0.07	15.9	47.2	23.3	0.830	7.6

4.1.5 土壤速效微量元素数据集

4.1.5.1 概述

本数据集收录了 2015 年策勒绿洲农田综合观测场（CLDZH01）、策勒绿洲农田辅助观测场（一）（CLDFZ01）、策勒绿洲农田辅助观测场（二）（CLDFZ02）、策勒绿洲农田辅助观测场（三）（CLDFZ03）、策勒绿洲农田调查点（一）（CLDZQ01）、策勒绿洲农田调查点（二）（CLDZQ02）、策勒绿洲农田调查点（三）（CLDZQ03）7 个农田观测场长期采样地的土壤速效微量元素数据，包括有效铁、有效铜、有效钼、有效硼、有效锰、有效锌及有效硫的数据。观测频率为 5 年 1 次（2010 年未观测），观测深度为 0～20 cm。样地的基本信息见 2.2。

4.1.5.2 数据采集和处理方法

（1）土壤采集与处理

同 4.1.1.2 的（1）。

（2）分析方法

农田土壤速效微量元素分析方法见表 4－15。

表 4－15　农田土壤速效微量元素分析方法

分析项目	分析方法	参照标准
有效铁	DTPA 浸提-原子吸收法	GB 7881—1987
有效铜	DTPA 浸提-原子吸收法	GB 7881—1987
有效钼	草酸-草酸铵浸提-石墨炉原子吸收法	GB 7878—1987
有效硼	沸水-姜黄素法	GB 7877—1987
有效锰	乙酸铵-对苯二酚浸提-原子吸收光谱法	GB 7883—1988
有效锌	DTPA 浸提-原子吸收法	GB 7880—1987
有效硫	氯化钙浸提-硫酸钡比浊法	《土壤理化分析与剖面描述》

4.1.5.3 数据质量控制和评估

同 4.1.1.3。

4.1.5.4 数据使用方法和建议

土壤速效微量元素是指土壤中容易被植物吸收利用的微量元素。本数据集只观测了 2015 年土壤速效微量元素的数据，数据的观测频率不够，只能反映当年的土壤速效微量元素状态和不同实验场地这些元素的变化，缺乏季节性动态和年际变化的信息。建议结合其他辅助的季节动态变化数据进行应用。

4.1.5.5 数据

农田土壤速效微量元素数据见表 4-16。

表 4-16 农田土壤速效微量元素

单位：mg/kg

年份	主要作物	采样深度/cm	观测场代码	有效铁	有效铜	有效钼	有效硼	有效锰	有效锌	有效硫
2015	棉花	0～20	CLDZH01	25.8	0.27	0.05	0.59	4.25	0.87	21.0
2015	棉花	0～20	CLDFZ01	30.3	0.27	0.05	0.61	3.56	0.63	21.3
2015	棉花	0～20	CLDFZ02	18.9	0.20	0.04	0.36	2.35	0.53	18.6
2015	无	0～20	CLDFZ03	35.3	0.28	0.10	0.54	2.27	0.60	158.0
2015	石榴	0～20	CLDZQ01	97.6	0.68	0.09	0.35	8.79	1.29	22.8
2015	玉米	0～20	CLDZQ02	96.2	0.70	0.09	0.31	9.11	1.04	21.4
2015	玉米	0～20	CLDZQ03	69.4	0.42	0.07	0.35	7.30	1.20	22.1

4.1.6 土壤机械组成数据集

4.1.6.1 概述

本数据集收录了 2015 年策勒绿洲农田综合观测场（CLDZH01）、策勒绿洲农田辅助观测场（一）(CLDFZ01)、策勒绿洲农田辅助观测场（二）（CLDFZ02）、策勒绿洲农田辅助观测场（三）（CLDFZ03）、策勒绿洲农田调查点（一）（CLDZQ01）、策勒绿洲农田调查点（二）（CLDZQ02）、策勒绿洲农田调查点（三）（CLDZQ03）7 个农田观测场长期采样地的土壤机械组成数据。观测频率为 5 年 1 次（2010 年未观测），观测深度为 0～10 cm、>10～20 cm、>20～40 cm、>40～60 cm、>60～100 cm。样地的基本信息见 2.2。

4.1.6.2 数据采集和处理方法

（1）土壤采集与处理

同 4.1.1.2 的（1）。

（2）分析方法

农田土壤机械组成分析方法见表 4-17。

表 4-17 农田土壤机械组成分析方法

分析项目	分析方法	参照标准
土壤机械组成	吸管法	GB/T 7845—1987

4.1.6.3 数据质量控制和评估

同 4.1.1.3。

4.1.6.4 数据使用方法和建议

土壤机械组成是土壤中不同土壤粒级的百分比，它反映了土壤各粒级在土壤中占的比例，影响着土壤对水、气、养分的保持与供应，影响土壤的热状况、耕作性能、发苗性、宜种性等生产性能。本数据集观测了 2015 年不同剖面土壤的机械组成，数据的观测频率虽然不够，但在一定程度上可以反映试验场地的土壤质地，可以作为当地土壤机械组成的分类依据。

4.1.6.5 数据

农田土壤机械组成数据见表 4-18。

表 4－18　农田土壤机械组成

年份	主要作物	采样深度/cm	观测场代码	2～0.05 mm/%	0.05～0.002 mm/%	＜0.002 mm/%
2015	棉花	0～10	CLDZH01	1.71	25.36	72.93
2015	棉花	＞10～20	CLDZH01	1.58	24.90	73.52
2015	棉花	＞20～40	CLDZH01	1.67	26.61	71.72
2015	棉花	＞40～60	CLDZH01	1.69	24.44	73.87
2015	棉花	＞60～100	CLDZH01	2.00	28.86	69.15
2015	棉花	0～10	CLDFZ01	2.59	33.92	63.50
2015	棉花	＞10～20	CLDFZ01	2.10	30.36	67.54
2015	棉花	＞20～40	CLDFZ01	2.51	32.23	65.26
2015	棉花	＞40～60	CLDFZ01	2.32	31.58	66.10
2015	棉花	＞60～100	CLDFZ01	2.22	30.38	67.40
2015	棉花	0～10	CLDFZ02	1.97	23.92	74.11
2015	棉花	＞10～20	CLDFZ02	2.08	25.85	72.07
2015	棉花	＞20～40	CLDFZ02	1.77	23.02	75.20
2015	棉花	＞40～60	CLDFZ02	1.80	21.59	76.61
2015	棉花	＞60～100	CLDFZ02	1.86	24.00	74.14
2015	无	0～10	CLDFZ03	1.87	25.60	72.53
2015	无	＞10～20	CLDFZ03	1.87	22.29	75.84
2015	无	＞20～40	CLDFZ03	2.19	26.32	71.49
2015	无	＞40～60	CLDFZ03	1.84	21.42	76.74
2015	无	＞60～100	CLDFZ03	1.89	23.24	74.87
2015	石榴	0～10	CLDZQ01	2.60	34.97	62.43
2015	石榴	＞10～20	CLDZQ01	2.21	30.70	67.09
2015	石榴	＞20～40	CLDZQ01	2.21	30.73	67.06
2015	石榴	＞40～60	CLDZQ01	3.05	34.18	62.77
2015	石榴	＞60～100	CLDZQ01	2.47	33.61	63.93
2015	玉米	0～10	CLDZQ02	2.78	35.74	61.49
2015	玉米	＞10～20	CLDZQ02	2.72	36.43	60.85
2015	玉米	＞20～40	CLDZQ02	3.59	38.44	57.97
2015	玉米	＞40～60	CLDZQ02	3.58	42.62	53.80
2015	玉米	＞60～100	CLDZQ02	2.72	34.41	62.87
2015	玉米	0～10	CLDZQ03	2.38	35.55	62.07
2015	玉米	＞10～20	CLDZQ03	2.46	35.53	62.00
2015	玉米	＞20～40	CLDZQ03	2.36	31.83	65.81
2015	玉米	＞40～60	CLDZQ03	2.34	32.16	65.50
2015	玉米	＞60～100	CLDZQ03	2.23	31.79	65.99

4.1.7 土壤容重数据集

4.1.7.1 概述

本数据集收录了2015年策勒绿洲农田综合观测场（CLDZH01）、策勒绿洲农田辅助观测场（一）（CLDFZ01）、策勒绿洲农田辅助观测场（二）（CLDFZ02）、策勒绿洲农田辅助观测场（三）（CLDFZ03）、策勒绿洲农田调查点（一）（CLDZQ01）、策勒绿洲农田调查点（二）（CLDZQ02）、策勒绿洲农田调查点（三）（CLDZQ03）7个农田观测场长期采样地的土壤容重数据。观测频率为5年1次（2010年未观测），观测深度为0～10 cm、>10～20 cm、>20～40 cm、>40～60 cm、>60～100 cm。样地的基本信息见2.2.1。

4.1.7.2 数据采集和处理方法

（1）土壤采集与处理

同4.1.1.2的（1）。

（2）分析方法

农田土壤容重分析方法见表4-19。

表4-19 农田土壤容重分析方法

分析项目	分析方法	参照标准
土壤容重	环刀法	《土壤理化分析与剖面描述》

4.1.7.3 数据质量控制和评估

同4.1.1.3。

4.1.7.4 数据使用方法和建议

土壤容重是土壤最重要的物理性质之一，不仅能反映土壤质量和土壤生产力水平，还是估算区域尺度土壤碳储量的重要参数。本数据集记录了2015年不同试验场地不同剖面的土壤容重，数据的观测频率不够，只能反映当年的不同场地不同剖面土壤容重的变化，缺乏季节性动态和年际变化的信息。建议结合其他辅助的季节动态变化数据进行应用。

4.1.7.5 数据

农田土壤容重数据见表4-20。

表4-20 农田土壤容重

年份	主要作物	采样深度/cm	观测场代码	土壤容重/(g/cm³)	均方差
2015	棉花	0～10	CLDZH01	1.280	0.146
2015	棉花	>10～20	CLDZH01	1.492	0.022
2015	棉花	>20～40	CLDZH01	1.460	0.013
2015	棉花	>40～60	CLDZH01	1.449	0.030
2015	棉花	>60～100	CLDZH01	1.381	0.096
2015	棉花	0～10	CLDFZ01	1.351	0.055
2015	棉花	>10～20	CLDFZ01	1.440	0.035
2015	棉花	>20～40	CLDFZ01	1.468	0.037
2015	棉花	>40～60	CLDFZ01	1.420	0.068

（续）

年份	主要作物	采样深度/cm	观测场代码	土壤容重/（g/cm³）	均方差
2015	棉花	>60～100	CLDFZ01	1.443	0.039
2015	棉花	0～10	CLDFZ02	1.421	0.055
2015	棉花	>10～20	CLDFZ02	1.447	0.035
2015	棉花	>20～40	CLDFZ02	1.419	0.037
2015	棉花	>40～60	CLDFZ02	1.422	0.068
2015	棉花	>60～100	CLDFZ02	1.510	0.039
2015	无	0～10	CLDFZ03	1.435	0.024
2015	无	>10～20	CLDFZ03	1.459	0.022
2015	无	>20～40	CLDFZ03	1.456	0.045
2015	无	>40～60	CLDFZ03	1.486	0.044
2015	无	>60～100	CLDFZ03	1.499	0.121
2015	石榴	0～10	CLDZQ01	1.443	0.036
2015	石榴	>10～20	CLDZQ01	1.383	0.029
2015	石榴	>20～40	CLDZQ01	1.465	0.018
2015	石榴	>40～60	CLDZQ01	1.413	0.030
2015	石榴	>60～100	CLDZQ01	1.483	0.071
2015	玉米	0～10	CLDZQ02	1.411	
2015	玉米	>10～20	CLDZQ02	1.347	
2015	玉米	>20～40	CLDZQ02	1.338	
2015	玉米	>40～60	CLDZQ02	1.441	
2015	玉米	>60～100	CLDZQ02	1.439	
2015	玉米	0～10	CLDZQ03	1.444	
2015	玉米	>10～20	CLDZQ03	1.394	
2015	玉米	>20～40	CLDZQ03	1.380	
2015	玉米	>40～60	CLDZQ03	1.484	
2015	玉米	>60～100	CLDZQ03	1.430	

4.1.8 土壤肥料施用量数据集

4.1.8.1 概述

本数据集收录了 2009—2015 年策勒绿洲农田综合观测场（CLDZH01）、策勒绿洲农田辅助观测场（一）（CLDFZ01）、策勒绿洲农田调查点（一）（CLDZQ01）、策勒绿洲农田调查点（二）（CLDZQ02）、策勒绿洲农田调查点（三）（CLDZQ03）5 个农田观测场长期采样地的土壤肥料施用量数据。观测频率为每年 1 次。样地的基本信息见 2.2.1。

4.1.8.2 数据采集和处理方法

（1）土壤采集与处理

同 4.1.1.2 的（1）。

（2）分析方法

农田土壤肥料施用量分析方法见表 4-21。

表 4-21 农田土壤肥料施用量分析方法

分析项目	分析方法	参照标准
氮肥用量（N）	H_2SO_4 - H_2O_2 消煮，凯氏法	GB 7871—1987
磷肥用量（P_2O_5）	H_2SO_4 - H_2O_2 消煮，钒钼黄比色法	GB 7888—1987
钾肥用量（K_2O）	H_2SO_4 - H_2O_2 消煮，火焰光度法	GB 7871—1987

4.1.8.3 数据质量控制和评估

同 4.1.1.3。

4.1.8.4 数据使用方法和建议

施肥的主要目的是增加作物产量、改善作物品质、培肥地力以及提高经济效益，因此，合理和科学施肥是保障粮食安全和维护农业可持续性发展的主要手段之一。本数据集观测了 2009—2015 年不同试验场地的肥料施用情况，与作物产量进行比较，对当地的土地利用情况有一定的参考价值。

4.1.8.5 数据

农田土壤肥料施用量数据见表 4-22。

表 4-22 农田土壤肥料施用量

年份	主要作物	观测场代码	氮肥用量（N，kg/hm²）	磷肥用量（P_2O_5，kg/hm²）	钾肥用量（K_2O，kg/hm²）	农家肥用量/（kg/hm²）	作物产量（籽棉，kg/hm²）
2009	棉花	CLDZH01	687.1	121.7	259.9	19 500	2 151
2010	棉花	CLDZH01	441.0	69.0	0	19 500	2 896
2011	棉花	CLDZH01	441.0	29.7	0	19 500	2 045
2012	棉花	CLDZH01	441.0	29.7	0	19 500	2 587
2013	棉花	CLDZH01	441.0	14.5	0.6	19 500	3 047
2014	棉花	CLDZH01	665.6	40.1	553.0	19 500	3 875
2015	棉花	CLDZH01	441.0	14.5	0.6	19 500	2 969
2009	棉花	CLDFZ01	951.1	219.0	399.9	30 000	2 117
2010	棉花	CLDFZ01	606.0	138.0	0	30 000	3 861
2011	棉花	CLDFZ01	468.0	59.3	0	30 000	2 370
2012	棉花	CLDFZ01	640.5	59.3	0	30 000	3 931
2013	棉花	CLDFZ01	640.5	12.8	0.6	30 000	4 414
2014	棉花	CLDFZ01	986.1	52.1	850.5	30 000	3 649
2015	棉花	CLDFZ01	640.5	12.8	0.6	30 000	3 422
2009	洋葱	CLDZQ01	463.7	210.9	359.9	27 000	4 500

（续）

年份	主要作物	观测场代码	氮肥用量 (N，kg/hm²)	磷肥用量 (P_2O_5，kg/hm²)	钾肥用量 (K_2O，kg/hm²)	农家肥用量/(kg/hm²)	作物产量 (籽棉，kg/hm²)
2010	甜瓜	CLDZQ01	81.0	207.0	0.0	30 000	1 250
2011	甜瓜	CLDZQ01	81.0	89.0	0.0	30 000	800
2012	小麦	CLDZQ01	121.5	148.4	0.0	25 000	1 950
2013	红玉米	CLDZQ01	172.5	29.0	0.0	24 000	18 000
2014	苏丹草	CLDZQ01	265.3	28.6	697.3	24 000	28 700
2015	石榴	CLDZQ01	0.0	0.0	0.0	24 000	12 500
2009	玉米	CLDZQ02	654.6	81.0	399.9	30 000	1 875
2010	玉米	CLDZQ02	138.0	0.0	0.0	30 000	1 875
2011	玉米	CLDZQ02	138.0	0.0	0.0	30 000	750
2012	西瓜	CLDZQ02	0.0	0.0	0.0	20 000	600
2013	大豆	CLDZQ02	0.0	0.0	0.0	20 000	450
2014	西瓜	CLDZQ02	460.5	61.8	708.2	25 000	27 980
2015	玉米	CLDZQ02	172.5	29.0	0.0	25 000	5 625
2010	棉花	CLDZQ03	138.0	0.0	0.0	30 000	4 750
2011	棉花	CLDZQ03	138.0	0.0	0.0	30 000	4 750
2012	玉米	CLDZQ03	138.0	0.0	0.0	30 000	6 000
2013	玉米	CLDZQ03	172.5	29.0	0.0	30 000	2 500
2014	玉米	CLDZQ03	518.1	68.4	849.8	30 000	2 580
2015	玉米	CLDZQ03	172.5	29.0	0.0	30 000	17 500

4.2　荒漠土壤长期观测数据集

4.2.1　土壤交换量数据集

4.2.1.1　概述

本数据集收录了2009—2015年策勒荒漠综合观测场（CLDZH02）、策勒荒漠辅助观测场（四）（CLDFZ04）、策勒荒漠辅助观测场（五）（CLDFZ05）3个荒漠观测场长期采样地的土壤交换量数据，包括交换性钾、交换性钠、交换性铝、交换性氢、阳离子交换量等。观测频率为5年1次，观测深度为0～10 cm、＞10～20 cm。样地的基本信息见2.2。

4.2.1.2　数据采集和处理方法

（1）土壤采集与处理

在荒漠地区，土壤性状的空间变异性比较大，采用随机区组法-混合土样的采集方法。根据采样样方，在样方内采用S形布点法、W形布点法或随机布点法进行采样，根据样地的土壤类型确定采样点的个数为10个。采样工具内径为5 cm、深20 cm，且取每层土壤的典型中部，减少土壤的混杂。

而后混合采集样品，把每个样地 10 个采样点的土样混合放在塑料布上，用手捏碎混匀，铺成正方形，划分成“田”字形的 4 份，保留对角的 2 份，重复操作至需要的土样量。保证每个土壤样品的重量在 500 g 左右。置于塑料自封袋中，在袋内外各备一张标签，注明采样地点、日期、深度、土壤名称、编号和采样人等信息。

将土壤样品置于 30 cm×20 cm 的塑料土壤盘中平铺，在避光的室内自然通风干燥。将风干的土壤样品磨细，在此过程中去除植物残根、侵入体、新生体、石块等。将研磨后的土壤样品全部通过 2 mm（10 目）筛。对于供化学分析用的土壤样品，因分析项目的特殊要求，将全部过 2 mm 筛土壤样品用四分法取一部分，全部通过 0.15 mm（100 目）筛。

过筛后的土壤样品用带有内盖的聚乙烯塑料瓶保存，加入干燥剂。样品瓶上注明样号、采样地点、样地编号、深度、采样日期、筛孔数。将新鲜土壤样品放置于塑料自封袋中，在 4℃环境中保存，并在 3 d 内分析完毕。

（2）分析方法

土壤交换量分析方法见表 4－23。

表 4－23　土壤交换量分析方法

分析项目	分析方法	参照标准
交换性钾	乙酸铵交换-火焰光度法	GB 7866—1987
交换性钠	乙酸铵交换-火焰光度法	GB 7866—1987
阳离子交换量	乙酸铵交换法	GB 7863—1987

4.2.1.3　数据质量控制和评估

（1）样品采集过程质量控制

土壤样品获取过程中，选用标准采样工具和采样方法，使采样点在样方内均匀分布，为使样品具有代表性，每个混合样品包含 10 个采样点。为最优反映土壤指标性质，采样时间选为一年中的 7 月或 8 月。采样后根据标准进行土壤前处理，避光风干，密封保存。对样品进行编号，翔实记录采样的各类信息。

（2）样品分析质量控制

选用国际或国家标准方法，对尚未制定统一标准的，首先选择经典方法，并经过加标准物质回收实验，证实在本实验室条件下已经达到分析标准后使用。测定分析过程中，插入国家标准样品 GBW07454（GSS－25）黄土土壤标准物质进行质量控制以检查仪器系统并校正控制状态。

（3）数据质量控制

对数据结果进行统一规范处理，检查数据结果精密度，对有效数字进行修订。检验数据结果，同各项辅助信息数据以及历史数据信息进行比较，检查数据的范围和逻辑，评价数据的完整性、一致性和有效性。经过数据管理人员审核认定后批准上报。

4.2.1.4　数据使用方法和建议

同 4.1.1.4。

4.2.1.5　数据

荒漠观测场土壤交换量数据见表 4－24。

表 4－24　荒漠观测场土壤交换量

年份	采样深度/cm	观测场代码	交换性钾/（K^+，mmol/kg）	交换性钠/（Na^+，mmol/kg）	阳离子交换量/（mmol/kg）
2010	0～10	CLDZH02	0.403	0.730	1.535

（续）

年份	采样深度/cm	观测场代码	交换性钾/(K^+, mmol/kg)	交换性钠/(Na^+, mmol/kg)	阳离子交换量/(mmol/kg)
2010	>10～20	CLDZH02	0.379	1.076	1.447
2015	0～10	CLDZH02	0.428	0.407	1.675
2015	>10～20	CLDZH02	0.340	0.590	1.717
2010	0～10	CLDFZ04	0.382	0.683	1.678
2010	>10～20	CLDFZ04	0.356	0.720	1.681
2010	0～10	CLDFZ05	0.459	0.893	1.650
2010	>10～20	CLDFZ05	0.485	1.522	1.749
2015	0～10	CLDFZ05	0.450	0.852	1.630
2015	>10～20	CLDFZ05	0.473	0.923	1.685

4.2.2 土壤养分数据集

4.2.2.1 概述

本数据集收录了 2009—2015 年策勒荒漠综合观测场（CLDZH02）、策勒荒漠辅助观测场（四）（CLDFZ04）、策勒荒漠辅助观测场（五）（CLDFZ05）3 个荒漠观测场长期采样地的土壤养分数据，包括土壤有机质、全氮、全磷、全钾、碱解氮、有效磷、速效钾、缓效钾、pH 等。观测频率为每年 1 次，观测深度为 0～20 cm，每逢尾数为 0、5 的年份观测深度增加 0～10 cm、>10～20 cm、>20～40 cm、>40～60 cm、>60～80 cm、>80～100 cm。样地的基本信息见 2.2。

4.2.2.2 数据采集和处理方法

（1）土壤采集与处理

同 4.2.1.2 的（1）。

（2）分析方法

荒漠观测场土壤养分分析方法见表 4－25。

表 4－25　荒漠观测场土壤养分分析方法

分析项目	分析方法	参照标准
土壤有机质	重铬酸钾氧化-外加热法	GB 7857—1987
全氮	半微量凯式法	GB 7173—1987
全磷	碱溶-钼锑抗比色法	GB 7852—1987
全钾	碱溶火焰光度法	GB 7854—1987
碱解氮	碱解扩散法	《土壤农化分析（第三版）》
有效磷	碳酸氢钠浸提-钼锑抗比色法	GB 12297—1990
速效钾	乙酸铵浸提-火焰光度法	GB 7856—1987
缓效钾	硝酸浸提-火焰光度法	GB 7855—1987
pH	电位法	GB 7859—1987

4.2.2.3 数据质量控制和评估

同 4.2.1.3。

4.2.2.4 数据使用方法和建议

土壤养分是由土壤提供的植物生长所必需的营养元素，其含量因土壤类型和地区而异，主要取决于成土母质类型、有机质含量和人为因素，其有效性取决于它们的存在形态。土壤养分主要来源于土壤矿物质和土壤有机质，其次是大气降水、地表径流等。在耕作土壤中，还来源于施肥和灌溉。土壤养分是作物养分的重要来源之一，在作物的养分吸收总量中占很高比例。本数据集时间跨度为 7 年，研究时间较长，但收集数据的频率不够，能够反映总体土壤养分状态和较长时间的变化，但缺乏季节性动态和年际变化的信息。建议结合其他辅助的季节动态变化数据进行应用。

4.2.2.5 数据

荒漠土壤养分数据见表 4-26 至表 4-28。

表 4-26 策勒荒漠综合观测场土壤养分

年份	采样深度/cm	观测场代码	有机质/(g/kg)	全氮/(g/kg)	全磷/(g/kg)	全钾/(g/kg)	碱解氮/(mg/kg)	有效磷/(mg/kg)	速效钾/(mg/kg)	缓效钾/(mg/kg)	pH
2009	0～10	CLDZH02	2.141	0.163	0.58	15.72	26.32	3.55	209.4	315.9	7.65
2009	>10～20	CLDZH02	2.279	0.156	0.60	16.04	27.04	3.38	202.8	353.4	7.80
2010	0～10	CLDZH02	2.281	0.195	0.55	16.59	26.33	3.61	207.4	322.2	7.84
2010	>10～20	CLDZH02	2.320	0.201	0.61	15.58	31.19	3.33	208.9	304.5	7.77
2010	>20～40	CLDZH02	2.087	0.187	0.60	16.32	26.02	3.42	205.3	318.2	7.81
2010	>40～60	CLDZH02	2.305	0.217	0.57	16.46	30.78	3.35	206.4	322.9	7.93
2010	>60～80	CLDZH02	2.758	0.259	0.53	16.76	32.44	3.33	202.4	318.7	7.88
2010	>80～100	CLDZH02	2.576	0.225	0.51	15.62	29.13	3.29	208.1	308.6	7.92
2011	0～10	CLDZH02	2.131	0.208	0.56	15.59	26.80	3.94	235.9	317.4	7.87
2011	>10～20	CLDZH02	2.250	0.222	0.54	16.32	30.35	3.81	210.7	320.1	7.71
2012	0～10	CLDZH02	2.099	0.197	0.53	16.27	27.45	3.38	197.1	319.8	7.76
2012	>10～20	CLDZH02	2.146	0.188	0.52	16.22	27.23	3.42	191.2	311.5	7.70
2013	0～10	CLDZH02	2.424	0.192	0.59	16.18	27.51	3.44	204.7	341.4	7.81
2013	>10～20	CLDZH02	2.361	0.206	0.64	16.07	30.63	3.55	206.6	320.0	7.75
2014	0～10	CLDZH02	2.418	0.190	0.60	16.24	28.07	3.64	217.1	333.2	7.76
2014	>10～20	CLDZH02	2.345	0.193	0.58	15.89	32.11	3.39	215.5	347.2	7.81
2015	0～10	CLDZH02	2.020	0.125	0.69	16.04	36.89	3.27	168.2	1 297.2	7.53
2015	>10～20	CLDZH02	1.890	0.118	0.68	16.14	55.21	2.61	147.2	1 359.2	7.34
2015	>20～40	CLDZH02	1.780	0.101	0.66	16.35	31.56	3.17	153.1	1 351.1	7.48
2015	>40～60	CLDZH02	2.280	0.130	0.69	17.06	29.07	3.32	146.8	1 299.8	7.51
2015	>60～100	CLDZH02	2.275	0.138	0.66	16.31	28.16	3.40	144.2	1 287.6	7.77

表 4-27 策勒荒漠辅助观测场（四）土壤养分

年份	采样深度/cm	观测场代码	有机质/(g/kg)	全氮/(g/kg)	碱解氮/(mg/kg)	有效磷/(mg/kg)	速效钾/(mg/kg)	缓效钾/(mg/kg)	pH
2009	0～10	CLDFZ04	2.305	0.168	28.72	3.11	196.9	452.0	7.74

（续）

年份	采样深度/cm	观测场代码	有机质/(g/kg)	全氮/(g/kg)	碱解氮/(mg/kg)	有效磷/(mg/kg)	速效钾/(mg/kg)	缓效钾/(mg/kg)	pH
2009	>10～20	CLDFZ04	2.180	0.147	26.32	2.92	182.1	458.3	7.84
2010	0～10	CLDFZ04	1.978	0.143	26.80	2.21	197.8	477.5	7.89
2010	>10～20	CLDFZ04	2.272	0.151	26.68	2.42	208.4	472.6	7.92

表 4-28　策勒荒漠辅助观测场（五）土壤养分

年份	采样深度/cm	观测场代码	有机质/(g/kg)	全氮/(g/kg)	全磷/(g/kg)	全钾/(g/kg)	碱解氮/(mg/kg)	有效磷/(mg/kg)	速效钾/(mg/kg)	缓效钾/(mg/kg)	pH
2009	0～10	CLDFZ05	2.727	0.216	0.66	16.14	35.21	3.73	295.0	468.2	7.60
2009	>10～20	CLDFZ05	2.986	0.246	0.67	16.22	49.75	3.57	355.8	473.4	7.65
2011	0～10	CLDFZ05	2.801	0.211	0.65	16.37	38.23	4.09	244.2	466.1	7.62
2011	>10～20	CLDFZ05	2.735	0.223	0.66	16.09	50.07	4.18	240.8	472.3	7.61
2012	0～10	CLDFZ05	2.749	0.207	0.67	16.11	39.28	3.46	256.3	469.0	7.59
2012	>10～20	CLDFZ05	2.813	0.201	0.68	16.25	34.77	3.46	268.4	470.1	7.70
2013	0～10	CLDFZ05	2.754	0.210	0.66	16.13	37.26	3.80	255.7	349.2	7.76
2013	>10～20	CLDFZ05	2.888	0.203	0.64	16.40	35.53	3.44	263.0	382.1	7.88
2014	0～10	CLDFZ05	2.922	0.214	0.63	16.23	39.04	3.78	247.6	355.8	7.79
2014	>10～20	CLDFZ05	2.699	0.206	0.66	16.43	33.61	3.66	252.2	353.6	7.81
2015	0～10	CLDFZ05	2.416	0.173	0.67	16.24	42.77	3.00	169.3	1 449.0	7.33
2015	>10～20	CLDFZ05	2.433	0.156	0.66	16.10	56.97	2.36	169.0	1 502.4	7.26
2015	>20～40	CLDFZ05	2.593	0.184	0.66	16.49	32.60	3.10	136.0	1 703.3	7.41
2015	>40～60	CLDFZ05	2.589	0.161	0.66	15.92	34.53	3.79	168.1	1 569.9	7.32
2015	>60～100	CLDFZ05	1.999	0.137	0.64	15.52	35.62	4.01	154.2	1 639.8	7.51

4.2.3　土壤矿质全量数据集

4.2.3.1　概述

本数据集收录了 2015 年策勒荒漠综合观测场（CLDZH02）、策勒荒漠辅助观测场（五）（CLDFZ05）两个荒漠观测场长期采样地的土壤矿质全量数据，包括硅（SiO_2）、铁（Fe_2O_3）、锰（MnO）、铝（Al_2O_3）、钙（CaO）、镁（MgO）、钾（K_2O）、钠（Na_2O）及全硫等。观测频率为 5 年 1 次（2010 年未监测），观测深度为 0～10 cm、>10～20 cm、>20～40 cm、>40～60 cm、>60～100 cm。样地的基本信息见 2.2。

4.2.3.2　数据采集和处理方法

（1）土壤采集与处理

同 4.2.1.2 的（1）。

（2）分析方法

荒漠观测场土壤矿质全量分析方法见表 4-29。

表 4-29 土壤矿质全量分析方法

分析项目	分析方法	参照标准
硅	动物胶脱硅质量法	GB 7873—1987
铁	邻菲啰啉光度法	GB 7873—1987
锰	原子吸收光谱法	GB 7873—1987
铝	氟化钾取代 EDTA 滴定法	GB 7873—1987
硫	比浊法	《土壤农化分析（第三版）》
钙	原子吸收光谱法	GB 7873—1987
镁	原子吸收光谱法	GB 7873—1987
钾	原子吸收光谱法	GB 7873—1987
钠	原子吸收光谱法	GB 7873—1987

4.2.3.3 数据质量控制和评估

同 4.2.1.2 的（1）。

4.2.3.4 数据使用方法和建议

土壤矿质元素是指除碳、氢、氧以外，主要由根系从土壤中吸收的元素。矿质元素是植物生长的必需元素，矿质元素可以促进营养吸收，缺少矿质元素作物将不能健康生长。本数据集只观测了 2015 年土壤矿质全量，数据的频率不够，只能反映当年的土壤矿质元素状态和不同试验场地土壤矿质元素的变化，缺乏季节性动态和年际变化的信息。建议结合其他辅助的季节动态变化数据进行应用。

4.2.3.5 数据

荒漠土壤矿质全量数据见表 4-30。

表 4-30 荒漠土壤矿质全量

年份	采样深度/cm	观测场代码	硅 (SiO_2,%)	铁 (Fe_2O_3,%)	锰 (MnO,%)	铝 (Al_2O_3,%)	钙 (CaO,%)	镁 (MgO,%)	钾 (K_2O,%)	钠 (Na_2O,%)	硫 (S, g/kg)
2015	0～10	CLDZH02	0.066	0.989	0.066	832.9	4.61	1.52	0.98	5.44	0.28
2015	>10～20	CLDZH02	0.081	1.167	0.081	840.1	4.61	1.52	0.99	5.50	0.31
2015	>20～40	CLDZH02	0.076	1.115	0.076	841.6	4.61	1.50	0.99	5.46	0.34
2015	>40～60	CLDZH02	0.085	1.265	0.085	867.7	4.81	1.59	1.01	5.36	0.27
2015	>60～100	CLDZH02	0.078	1.172	0.078	853.7	4.63	1.51	0.99	5.29	0.25
2015	0～10	CLDFZ05	0.068	1.095	0.068	149.5	5.14	1.56	1.15	5.82	0.36
2015	>10～20	CLDFZ05	0.070	1.128	0.070	285.1	5.08	1.48	1.14	5.70	0.37
2015	>20～40	CLDFZ05	0.069	1.118	0.069	354.3	5.10	1.50	1.15	5.68	0.35
2015	>40～60	CLDFZ05	0.070	1.089	0.070	347.4	5.04	1.54	1.13	5.76	0.32
2015	>60～100	CLDFZ05	0.066	1.047	0.066	367.0	4.99	1.49	1.09	5.69	0.29

4.2.4 土壤微量元素和重金属元素数据集

4.2.4.1 概述

本数据集收录了 2015 年策勒荒漠综合观测场（CLDZH02）、策勒荒漠辅助观测场（五）（CLDFZ05）两个荒漠观测场长期采样地的土壤微量元素和重金属元素数据，包括全硼、全锰、全锌、全铜、全铁、硒、镉、铅、铬、镍、汞及砷等。观测频率为 5 年 1 次（2010 年未观测），观测深度为 0～10 cm、

>10～20 cm、>20～40 cm、>40～60 cm、>60～100 cm。样地的基本信息见 2.2。

4.2.4.2　数据采集和处理方法

（1）土壤采集与处理。

同 4.2.1.2 的（1）。

（2）分析方法

荒漠观测场土壤微量元素和重金属元素数据见表 4－31。

表 4－31　荒漠观测场土壤微量元素和重金属元素分析方法

分析项目	分析方法	参照标准
全硼	碳酸钠熔融-姜黄素比色法	《土壤理化分析与剖面描述》
全锰	氢氟酸-硝酸消煮-原子吸收光谱	
全锌	氢氟酸-硝酸消煮-原子吸收光谱	GB 17138—1997
全铜	氢氟酸-硝酸消煮-原子吸收光谱	GB 17138—1997
全铁	氢氟酸-硝酸消煮-原子吸收光谱	
硒	1+1 王水消解-原子荧光光谱法	
镉	氢氟酸-硝酸消煮-原子吸收光谱	GB 17141—1997
铅	氢氟酸-硝酸消煮-原子吸收光谱	GB 17141—1997
铬	氢氟酸-硝酸消煮-原子吸收光谱	GB 17139—1997
镍	氢氟酸-硝酸消煮-原子吸收光谱	GB 17140—1997
汞	硝酸-硫酸-五氧化二钒消煮-冷原子吸收分光光度法	GB/T 17136—1997
砷	硼氢化钾-硝酸银分光光度法	GB/T 17135—1997

4.2.4.3　数据质量控制和评估

同 4.2.1.2 的（1）。

4.2.4.4　数据使用方法和建议

虽然植物对微量元素的需要量很少，但微量元素对植物的生长发育来说与大量元素是同等重要的，缺乏某种微量元素时，植物生长发育受到明显的影响，产量降低，品质下降。另外，微量元素过多会使植物中毒，轻则影响产量和品质，重则危及人畜健康。重金属元素是指在标准状况下单质密度大于 4 500 kg/m^3 的金属元素，主要是指汞、镉、铅、铬以及类金属砷等毒性大的元素，矿床开采可使含有重金属元素的矿物从地下深处暴露出来，工业加工过程使重金属排放到土壤、大气或水中。重金属污染的危害十分严重，表现为对生物的毒性效应。因此，观测土壤中的微量元素和重金属元素有重要的意义。本数据集只观测了 2015 年土壤的微量元素和重金属元素数据，数据的观测频率不够，只能反映当年的土壤微量元素和重金属元素状态和不同试验场地这些元素的变化，缺乏季节性动态和年际变化的信息。建议结合其他辅助的季节动态变化数据进行应用。

4.2.4.5　数据

荒漠观测场土壤微量元素和重金属元素数据见表 4－32。

表 4－32　荒漠观测场土壤微量元素和重金属元素

单位：mg/kg

年份	采样深度/cm	观测场代码	全硼 (B)	全锰 (Mn)	全锌 (Zn)	全铜 (Cu)	全铁 (Fe)	硒 (Se)	镉 (Cd)	铅 (Pb)	铬 (Cr)	镍 (Ni)	汞 (Hg)	砷 (As)
2015	0～10	CLDZH02	55.2	524.6	48.0	15.3	7 199.5	0.17	0.08	15.8	46.0	21.1	0.426	7.3
2015	>10～20	CLDZH02	63.3	550.9	49.2	16.1	7 486.9	0.16	0.08	16.7	47.4	21.8	0.578	7.9
2015	>20～40	CLDZH02	43.9	587.7	51.7	17.5	7 806.8	0.16	0.10	15.9	45.0	23.0	0.695	8.5

（续）

年份	采样深度/cm	观测场代码	全硼(B)	全锰(Mn)	全锌(Zn)	全铜(Cu)	全铁(Fe)	硒(Se)	镉(Cd)	铅(Pb)	铬(Cr)	镍(Ni)	汞(Hg)	砷(As)
2015	>40～60	CLDZH02	101.8	661.5	57.8	20.4	8 855.4	0.16	0.11	18.0	52.0	25.7	0.498	9.2
2015	>60～100	CLDZH02	45.6	604.8	56.8	19.5	8 203.9	0.17	0.11	16.5	50.4	24.7	0.697	9.2
2015	0～10	CLDFZ05	66.3	519.2	48.8	15.5	7 246.0	0.17	0.07	15.8	45.6	22.1	0.549	7.5
2015	>10～20	CLDFZ05	64.6	528.6	50.3	15.9	7 433.4	0.17	0.08	16.4	47.2	22.8	0.583	7.7
2015	>20～40	CLDFZ05	48.9	534.5	54.0	16.6	7 827.1	0.17	0.08	16.2	47.4	23.7	0.495	8.2
2015	>40～60	CLDFZ05	45.5	539.0	50.9	15.6	7 620.9	0.17	0.08	15.9	47.4	22.5	0.515	7.8
2015	>60～100	CLDFZ05	48.3	511.3	48.4	15.3	7 329.6	0.17	0.07	15.3	45.4	22.0	0.428	7.6

4.2.5 土壤速效微量元素数据集

4.2.5.1 概述

本数据集收录了 2009—2015 年策勒荒漠综合观测场（CLDZH02）、策勒荒漠辅助观测场（四）（CLDFZ04）、策勒荒漠辅助观测场（五）（CLDFZ05）3 个荒漠观测场长期采样地的土壤速效微量元素数据，包括有效铁、有效铜、有效钼、有效硼、有效锰、有效锌及有效硫等。观测频率为 5 年 1 次，观测深度为 0～10 cm、>10～20 cm。样地的基本信息见 2.2。

4.2.5.2 数据采集和处理方法

（1）土壤采集与处理

同 4.2.1.2 的（1）。

（2）分析方法

荒漠观测场土壤速效微量元素分析方法见表 4-33。

表 4-33　荒漠观测场土壤速效微量元素分析方法

分析项目	分析方法	参照标准
有效铁	DTPA 浸提-原子吸收法	GB 7881—1987
有效铜	DTPA 浸提-原子吸收法	GB 7881—1987
有效钼	草酸-草酸铵浸提-石墨炉原子吸收法	GB 7878—1987
有效硼	沸水-姜黄素法	GB 7877—1987
有效锰	乙酸铵-对苯二酚浸提-原子吸收光谱法	GB 7883—1988
有效锌	DTPA 浸提-原子吸收法	GB 7880—1987
有效硫	氯化钙浸提-硫酸钡比浊法	《土壤理化分析与剖面描述》

4.2.5.3 数据质量控制和评估

同 4.2.1.3。

4.2.5.4 数据使用方法和建议

速效微量元素是指土壤中容易被植物吸收利用的微量元素。本数据集按照 5 年 1 次的观测频度观测了荒漠生态系统综合和辅助观测样地 2010 年、2015 年土壤矿质全量。数据能够反映荒漠生态系统不同长期观测样地土壤速效微量元素状态的变化，可以结合荒漠生态系统其他监测数据的季节动态变化进行进一步的分析和应用。

4.2.5.5 数据

荒漠观测场土壤速效微量元素数据见表 4-34。

表 4-34 荒漠观测场土壤速效微量元素

单位：mg/kg

年份	采样深度/cm	观测场代码	有效铁	有效铜	有效钼	有效硼	有效锰	有效锌	有效硫
2010	0～10	CLDZH02	3.57	0.34	0.15	0.43	9.96	0.58	48.2
2010	>10～20	CLDZH02	3.03	0.32	0.15	0.43	10.71	0.61	66.2
2015	0～10	CLDZH02	52.6	0.34	0.09	0.55	2.70	2.70	89.8
2015	>10～20	CLDZH02	57.1	0.35	0.10	0.57	2.24	2.24	111.6
2010	0～10	CLDFZ04	4.67	0.26	0.14	0.34	11.69	0.34	32.1
2010	>10～20	CLDFZ04	4.30	0.40	0.16	0.37	11.27	0.66	42.1
2010	0～10	CLDFZ05	4.27	0.39	0.18	0.62	10.18	0.50	63.9
2010	>10～20	CLDFZ05	3.64	0.36	0.19	0.77	10.03	0.39	130.2
2015	0～10	CLDFZ05	74.6	0.39	0.17	0.79	3.98	3.98	143.7
2015	>10～20	CLDFZ05	86.8	0.37	0.13	0.71	3.96	3.96	189.3

4.2.6 土壤机械组成数据集

4.2.6.1 概述

本数据集收录了 2009—2015 年策勒荒漠综合观测场（CLDZH02）、策勒荒漠辅助观测场（四）(CLDFZ04)、策勒荒漠辅助观测场（五）（CLDFZ05）3 个荒漠观测场长期采样地的土壤机械组成数据。观测频率为 5 年 1 次，观测深度为 0～10 cm、>10～20 cm、>20～40 cm、>40～60 cm、>60～100 cm。样地的基本信息见 2.2。

4.2.6.2 数据采集和处理方法

（1）土壤采集与处理

同 4.2.1.2 的（1）。

（2）分析方法

荒漠观测场土壤机械组成数据见表 4-35。

表 4-35 荒漠观测场土壤机械组成分析方法

分析项目	分析方法	参照标准
土壤机械组成	吸管法	GB/T 7845—1987

4.2.6.3 数据质量控制和评估

同 4.2.1.3。

4.2.6.4 数据使用方法和建议

土壤机械组成是土壤中不同土壤粒级的百分比，它反映了各粒级在土壤中占的比例，影响着土壤对水、气、养分的保持与供应，影响土壤的热状况、耕作性能、发苗性、宜种性等生产性能。本数据集按照 5 年 1 次的观测频度观测了荒漠生态系统综合和辅助观测样 2010 年、2015 年不同剖面土壤的机械组成，能够反映长期观测样地的土壤质地，可以作为当地土壤机械组成的分类依据。

4.2.6.5 数据

荒漠观测场土壤机械组成数据见表 4-36。

表 4-36 荒漠观测场土壤机械组成

年份	采样深度/cm	观测场代码	2～0.05 mm/%	0.05～0.002 mm/%	<0.002 mm/%
2010	0～10	CLDZH02	76.63	21.67	1.70
2010	>10～20	CLDZH02	80.84	18.07	1.09
2010	>20～40	CLDZH02	81.16	17.52	1.33
2010	>40～60	CLDZH02	71.35	26.66	1.99
2010	>60～80	CLDZH02	56.84	39.89	3.27
2010	>80～100	CLDZH02	60.53	36.67	2.80
2015	0～10	CLDZH02	1.03	16.96	82.00
2015	>10～20	CLDZH02	0.92	14.73	84.34
2015	>20～40	CLDZH02	0.97	14.72	84.31
2015	>40～60	CLDZH02	1.06	15.79	83.15
2015	>60～100	CLDZH02	2.03	26.40	71.57
2010	0～10	CLDFZ04	77.67	20.43	1.90
2010	>10～20	CLDFZ04	78.89	19.41	1.70
2010	>20～40	CLDFZ04	81.07	17.86	1.08
2010	>40～60	CLDFZ04	76.86	21.73	1.41
2010	>60～80	CLDFZ04	76.15	21.89	1.96
2010	>80～100	CLDFZ04	74.08	23.83	2.09
2010	0～10	CLDFZ05	74.66	23.97	1.38
2010	>10～20	CLDFZ05	70.23	27.84	1.93
2010	>20～40	CLDFZ05	68.42	29.54	2.05
2010	>40～60	CLDFZ05	66.83	30.86	2.32
2010	>60～80	CLDFZ05	65.97	31.70	2.33
2010	>80～100	CLDFZ05	64.22	33.41	2.37
2015	0～10	CLDFZ05	1.99	32.82	65.19
2015	>10～20	CLDFZ05	2.51	35.74	61.75
2015	>20～40	CLDFZ05	2.16	33.10	64.75
2015	>40～60	CLDFZ05	1.89	30.42	67.69
2015	>60～100	CLDFZ05	1.95	26.29	71.75

4.2.7 土壤容重数据集

4.2.7.1 概述

本数据集收录了 2009—2015 年策勒荒漠综合观测场（CLDZH02）、策勒荒漠辅助观测场（四）（CLDFZ04）、策勒荒漠辅助观测场（五）（CLDFZ05）3 个荒漠观测场长期采样地的土壤容重数据。观测频率为 5 年 1 次，观测深度为 0～10 cm、>10～20 cm、>20～40 cm、>40～60 cm、>60～100 cm。样地的基本信息见 2.2。

4.2.7.2 数据采集和处理方法

（1）土壤采集和处理

同4.2.1.2的（1）。

（2）分析方法

荒漠观测场土壤容重分析方法见表4-37。

表4-37　荒漠观测场土壤容重分析方法

分析项目	分析方法	参照标准
土壤容重	环刀法	《土壤理化分析与剖面描述》

4.2.7.3 数据质量控制和评估

同4.2.1.3。

4.2.7.4 数据使用方法和建议

土壤容重是土壤最重要的物理性质之一，不仅能反映土壤质量和土壤生产力水平，还是区域尺度土壤碳储量估算的重要参数。本数据集按照5年1次的观测频度，观测了荒漠生态系统综合和辅助观测样地2010年、2015年不同剖面的土壤容重，能够反映长期观测样地不同剖面土壤容重的变化，可以为当地土壤碳储量的估算提供数据参考。

4.2.7.5 数据

荒漠观测场土壤容重数据见表4-38。

表4-38　荒漠综合观测场土壤容重数据

年份	采样深度/cm	观测场代码	土壤容重/(g/cm³)	均方差
2010	0～10	CLDZH02	1.51	0.047
2010	>10～20	CLDZH02	1.50	0.050
2015	0～10	CLDZH02	1.52	0.070
2015	>10～20	CLDZH02	1.54	0.090
2015	>20～40	CLDZH02	1.49	0.030
2015	>40～60	CLDZH02	1.45	0.090
2015	>60～100	CLDZH02	1.43	0.080
2010	0～10	CLDFZ04	1.50	0.057
2010	>10～20	CLDFZ04	1.44	0.051
2010	0～10	CLDFZ05	1.44	0.037
2010	>10～20	CLDFZ05	1.45	0.047
2015	0～10	CLDFZ05	1.36	0.080
2015	>10～20	CLDFZ05	1.40	0.040
2015	>20～40	CLDFZ05	1.46	0.080
2015	>40～60	CLDFZ05	1.45	0.060
2015	>60～100	CLDFZ05	1.38	0.040

第5章

水分长期观测数据集

5.1 土壤质量含水量数据集

5.1.1 概述

本数据集包括2009—2015年策勒绿洲农田综合观测场和策勒荒漠综合观测场土壤质量含水量数据。

5.1.2 数据采集和处理方法

使用铝盒采集绿洲农田综合观测场和荒漠综合观测场0～200 cm深度土壤样品，使用烘干法获得数据。数据观测频率为两个月一次，用百分数表示，小数位数为一位。数据计算方法参照《土壤农化分析》（鲍士旦，2000）。

5.1.3 数据质量控制和评估

对于多年的数据，采用阈值法、比对法、Dixon检验法、Grubbs检验法等方法，删除异常值，保证数据的完整性和准确性（袁国富等，2012）。

原始数据按实际频率观测，通过0～200 cm深度土壤的平均土壤质量含水量分析2009—2015年策勒绿洲农田综合观测场和策勒荒漠综合观测场土壤质量含水量整体情况。

5.1.4 数据使用方法和建议

土壤水分是植物水分的直接来源，决定着植物生长状态的好坏，因此测定土壤水分具有重要的实际意义。本数据集时间跨度为7年，研究时间较长，能够反映总体土壤水分较长时间的变化。在数据使用过程中，如有疑问，可以通过zhangbo@ms. xjb. ac. cn联系相关人员。

5.1.5 数据

2009—2015年策勒绿洲农田综合观测场土壤质量含水量数据见表5-1。

表5-1 2009—2015年策勒绿洲农田综合观测场土壤质量含水量

时间（年-月-日）	样地名称	采样层次/cm	质量含水量/%
2009-02-28	策勒绿洲农田综合观测场烘干法采样地	0～10	1.1
2009-02-28	策勒绿洲农田综合观测场烘干法采样地	>10～20	2.0
2009-02-28	策勒绿洲农田综合观测场烘干法采样地	>20～30	1.8
2009-02-28	策勒绿洲农田综合观测场烘干法采样地	>30～40	2.7
2009-02-28	策勒绿洲农田综合观测场烘干法采样地	>40～50	4.5

（续）

时间（年-月-日）	样地名称	采样层次/cm	质量含水量/%
2009-02-28	策勒绿洲农田综合观测场烘干法采样地	>50～60	3.7
2009-02-28	策勒绿洲农田综合观测场烘干法采样地	>60～80	4.9
2009-02-28	策勒绿洲农田综合观测场烘干法采样地	>80～100	4.6
2009-02-28	策勒绿洲农田综合观测场烘干法采样地	>100～120	6.0
2009-02-28	策勒绿洲农田综合观测场烘干法采样地	>120～140	8.8
2009-02-28	策勒绿洲农田综合观测场烘干法采样地	>140～160	4.8
2009-02-28	策勒绿洲农田综合观测场烘干法采样地	>160～180	5.4
2009-02-28	策勒绿洲农田综合观测场烘干法采样地	>180～200	5.8
2009-04-30	策勒绿洲农田综合观测场烘干法采样地	0～10	9.1
2009-04-30	策勒绿洲农田综合观测场烘干法采样地	>10～20	10.1
2009-04-30	策勒绿洲农田综合观测场烘干法采样地	>20～30	10.4
2009-04-30	策勒绿洲农田综合观测场烘干法采样地	>30～40	10.7
2009-04-30	策勒绿洲农田综合观测场烘干法采样地	>40～50	11.6
2009-04-30	策勒绿洲农田综合观测场烘干法采样地	>50～60	13.0
2009-04-30	策勒绿洲农田综合观测场烘干法采样地	>60～80	10.4
2009-04-30	策勒绿洲农田综合观测场烘干法采样地	>80～100	6.5
2009-04-30	策勒绿洲农田综合观测场烘干法采样地	>100～120	5.2
2009-04-30	策勒绿洲农田综合观测场烘干法采样地	>120～140	3.6
2009-04-30	策勒绿洲农田综合观测场烘干法采样地	>140～160	3.5
2009-04-30	策勒绿洲农田综合观测场烘干法采样地	>160～180	3.8
2009-04-30	策勒绿洲农田综合观测场烘干法采样地	>180～200	4.4
2009-06-30	策勒绿洲农田综合观测场烘干法采样地	0～10	3.7
2009-06-30	策勒绿洲农田综合观测场烘干法采样地	>10～20	4.3
2009-06-30	策勒绿洲农田综合观测场烘干法采样地	>20～30	6.8
2009-06-30	策勒绿洲农田综合观测场烘干法采样地	>30～40	7.1
2009-06-30	策勒绿洲农田综合观测场烘干法采样地	>40～50	8.2
2009-06-30	策勒绿洲农田综合观测场烘干法采样地	>50～60	8.1
2009-06-30	策勒绿洲农田综合观测场烘干法采样地	>60～80	9.1
2009-06-30	策勒绿洲农田综合观测场烘干法采样地	>80～100	7.7
2009-06-30	策勒绿洲农田综合观测场烘干法采样地	>100～120	9.2
2009-06-30	策勒绿洲农田综合观测场烘干法采样地	>120～140	11.8
2009-06-30	策勒绿洲农田综合观测场烘干法采样地	>140～160	12.8
2009-06-30	策勒绿洲农田综合观测场烘干法采样地	>160～180	12.3

（续）

时间（年-月-日）	样地名称	采样层次/cm	质量含水量/%
2009-06-30	策勒绿洲农田综合观测场烘干法采样地	>180～200	13.7
2009-08-30	策勒绿洲农田综合观测场烘干法采样地	0～10	7.1
2009-08-30	策勒绿洲农田综合观测场烘干法采样地	>10～20	8.7
2009-08-30	策勒绿洲农田综合观测场烘干法采样地	>20～30	8.2
2009-08-30	策勒绿洲农田综合观测场烘干法采样地	>30～40	9.7
2009-08-30	策勒绿洲农田综合观测场烘干法采样地	>40～50	8.6
2009-08-30	策勒绿洲农田综合观测场烘干法采样地	>50～60	10.3
2009-08-30	策勒绿洲农田综合观测场烘干法采样地	>60～80	9.7
2009-08-30	策勒绿洲农田综合观测场烘干法采样地	>80～100	5.9
2009-08-30	策勒绿洲农田综合观测场烘干法采样地	>100～120	6.5
2009-08-30	策勒绿洲农田综合观测场烘干法采样地	>120～140	7.5
2009-08-30	策勒绿洲农田综合观测场烘干法采样地	>140～160	10.5
2009-08-30	策勒绿洲农田综合观测场烘干法采样地	>160～180	8.0
2009-08-30	策勒绿洲农田综合观测场烘干法采样地	>180～200	8.5
2009-10-30	策勒绿洲农田综合观测场烘干法采样地	0～10	1.5
2009-10-30	策勒绿洲农田综合观测场烘干法采样地	>10～20	2.0
2009-10-30	策勒绿洲农田综合观测场烘干法采样地	>20～30	2.2
2009-10-30	策勒绿洲农田综合观测场烘干法采样地	>30～40	3.3
2009-10-30	策勒绿洲农田综合观测场烘干法采样地	>40～50	3.2
2009-10-30	策勒绿洲农田综合观测场烘干法采样地	>50～60	4.0
2009-10-30	策勒绿洲农田综合观测场烘干法采样地	>60～80	4.6
2009-10-30	策勒绿洲农田综合观测场烘干法采样地	>80～100	4.3
2009-10-30	策勒绿洲农田综合观测场烘干法采样地	>100～120	4.4
2009-10-30	策勒绿洲农田综合观测场烘干法采样地	>120～140	6.5
2009-10-30	策勒绿洲农田综合观测场烘干法采样地	>140～160	5.6
2009-10-30	策勒绿洲农田综合观测场烘干法采样地	>160～180	4.5
2009-10-30	策勒绿洲农田综合观测场烘干法采样地	>180～200	6.1
2009-12-30	策勒绿洲农田综合观测场烘干法采样地	0～10	1.5
2009-12-30	策勒绿洲农田综合观测场烘干法采样地	>10～20	2.1
2009-12-30	策勒绿洲农田综合观测场烘干法采样地	>20～30	2.0
2009-12-30	策勒绿洲农田综合观测场烘干法采样地	>30～40	2.9
2009-12-30	策勒绿洲农田综合观测场烘干法采样地	>40～50	7.7
2009-12-30	策勒绿洲农田综合观测场烘干法采样地	>50～60	4.8

（续）

时间（年-月-日）	样地名称	采样层次/cm	质量含水量/%
2009-12-30	策勒绿洲农田综合观测场烘干法采样地	>60～80	3.3
2009-12-30	策勒绿洲农田综合观测场烘干法采样地	>80～100	3.9
2009-12-30	策勒绿洲农田综合观测场烘干法采样地	>100～120	5.3
2009-12-30	策勒绿洲农田综合观测场烘干法采样地	>120～140	6.0
2009-12-30	策勒绿洲农田综合观测场烘干法采样地	>140～160	6.9
2009-12-30	策勒绿洲农田综合观测场烘干法采样地	>160～180	5.4
2009-12-30	策勒绿洲农田综合观测场烘干法采样地	>180～200	6.2
2010-02-28	策勒绿洲农田综合观测场烘干法采样地	0～10	3.4
2010-02-28	策勒绿洲农田综合观测场烘干法采样地	>10～20	10.3
2010-02-28	策勒绿洲农田综合观测场烘干法采样地	>20～30	2.9
2010-02-28	策勒绿洲农田综合观测场烘干法采样地	>30～40	3.5
2010-02-28	策勒绿洲农田综合观测场烘干法采样地	>40～50	5.1
2010-02-28	策勒绿洲农田综合观测场烘干法采样地	>50～60	3.8
2010-02-28	策勒绿洲农田综合观测场烘干法采样地	>60～80	7.6
2010-02-28	策勒绿洲农田综合观测场烘干法采样地	>80～100	6.7
2010-02-28	策勒绿洲农田综合观测场烘干法采样地	>100～120	5.7
2010-02-28	策勒绿洲农田综合观测场烘干法采样地	>120～140	4.5
2010-02-28	策勒绿洲农田综合观测场烘干法采样地	>140～160	5.9
2010-02-28	策勒绿洲农田综合观测场烘干法采样地	>160～180	6.3
2010-02-28	策勒绿洲农田综合观测场烘干法采样地	>180～200	6.1
2010-04-30	策勒绿洲农田综合观测场烘干法采样地	0～10	6.2
2010-04-30	策勒绿洲农田综合观测场烘干法采样地	>10～20	7.6
2010-04-30	策勒绿洲农田综合观测场烘干法采样地	>20～30	8.7
2010-04-30	策勒绿洲农田综合观测场烘干法采样地	>30～40	8.9
2010-04-30	策勒绿洲农田综合观测场烘干法采样地	>40～50	8.6
2010-04-30	策勒绿洲农田综合观测场烘干法采样地	>50～60	11.1
2010-04-30	策勒绿洲农田综合观测场烘干法采样地	>60～80	18.7
2010-04-30	策勒绿洲农田综合观测场烘干法采样地	>80～100	10.4
2010-04-30	策勒绿洲农田综合观测场烘干法采样地	>100～120	9.8
2010-04-30	策勒绿洲农田综合观测场烘干法采样地	>120～140	5.6
2010-04-30	策勒绿洲农田综合观测场烘干法采样地	>140～160	11.7
2010-04-30	策勒绿洲农田综合观测场烘干法采样地	>160～180	13.2
2010-04-30	策勒绿洲农田综合观测场烘干法采样地	>180～200	14.4

（续）

时间（年-月-日）	样地名称	采样层次/cm	质量含水量/%
2010-06-30	策勒绿洲农田综合观测场烘干法采样地	0～10	20.3
2010-06-30	策勒绿洲农田综合观测场烘干法采样地	>10～20	22.2
2010-06-30	策勒绿洲农田综合观测场烘干法采样地	>20～30	28.2
2010-06-30	策勒绿洲农田综合观测场烘干法采样地	>30～40	22.9
2010-06-30	策勒绿洲农田综合观测场烘干法采样地	>40～50	23.2
2010-06-30	策勒绿洲农田综合观测场烘干法采样地	>50～60	23.1
2010-06-30	策勒绿洲农田综合观测场烘干法采样地	>60～80	23.0
2010-06-30	策勒绿洲农田综合观测场烘干法采样地	>80～100	21.7
2010-06-30	策勒绿洲农田综合观测场烘干法采样地	>100～120	20.3
2010-06-30	策勒绿洲农田综合观测场烘干法采样地	>120～140	21.0
2010-06-30	策勒绿洲农田综合观测场烘干法采样地	>140～160	16.8
2010-06-30	策勒绿洲农田综合观测场烘干法采样地	>160～180	10.4
2010-06-30	策勒绿洲农田综合观测场烘干法采样地	>180～200	9.7
2010-08-30	策勒绿洲农田综合观测场烘干法采样地	0～10	2.2
2010-08-30	策勒绿洲农田综合观测场烘干法采样地	>10～20	5.4
2010-08-30	策勒绿洲农田综合观测场烘干法采样地	>20～30	3.1
2010-08-30	策勒绿洲农田综合观测场烘干法采样地	>30～40	4.8
2010-08-30	策勒绿洲农田综合观测场烘干法采样地	>40～50	6.0
2010-08-30	策勒绿洲农田综合观测场烘干法采样地	>50～60	5.6
2010-08-30	策勒绿洲农田综合观测场烘干法采样地	>60～80	4.9
2010-08-30	策勒绿洲农田综合观测场烘干法采样地	>80～100	5.2
2010-08-30	策勒绿洲农田综合观测场烘干法采样地	>100～120	6.0
2010-08-30	策勒绿洲农田综合观测场烘干法采样地	>120～140	8.0
2010-08-30	策勒绿洲农田综合观测场烘干法采样地	>140～160	6.9
2010-08-30	策勒绿洲农田综合观测场烘干法采样地	>160～180	10.9
2010-08-30	策勒绿洲农田综合观测场烘干法采样地	>180～200	7.8
2010-10-30	策勒绿洲农田综合观测场烘干法采样地	0～10	3.7
2010-10-30	策勒绿洲农田综合观测场烘干法采样地	>10～20	3.9
2010-10-30	策勒绿洲农田综合观测场烘干法采样地	>20～30	4.6
2010-10-30	策勒绿洲农田综合观测场烘干法采样地	>30～40	6.3
2010-10-30	策勒绿洲农田综合观测场烘干法采样地	>40～50	6.5
2010-10-30	策勒绿洲农田综合观测场烘干法采样地	>50～60	5.6
2010-10-30	策勒绿洲农田综合观测场烘干法采样地	>60～80	4.6

（续）

时间（年-月-日）	样地名称	采样层次/cm	质量含水量/%
2010-10-30	策勒绿洲农田综合观测场烘干法采样地	>80~100	6.5
2010-10-30	策勒绿洲农田综合观测场烘干法采样地	>100~120	7.1
2010-10-30	策勒绿洲农田综合观测场烘干法采样地	>120~140	7.8
2010-10-30	策勒绿洲农田综合观测场烘干法采样地	>140~160	9.0
2010-10-30	策勒绿洲农田综合观测场烘干法采样地	>160~180	8.0
2010-10-30	策勒绿洲农田综合观测场烘干法采样地	>180~200	7.2
2010-12-30	策勒绿洲农田综合观测场烘干法采样地	0~10	4.2
2010-12-30	策勒绿洲农田综合观测场烘干法采样地	>10~20	9.1
2010-12-30	策勒绿洲农田综合观测场烘干法采样地	>20~30	2.7
2010-12-30	策勒绿洲农田综合观测场烘干法采样地	>30~40	3.5
2010-12-30	策勒绿洲农田综合观测场烘干法采样地	>40~50	5.1
2010-12-30	策勒绿洲农田综合观测场烘干法采样地	>50~60	3.7
2010-12-30	策勒绿洲农田综合观测场烘干法采样地	>60~80	9.1
2010-12-30	策勒绿洲农田综合观测场烘干法采样地	>80~100	9.4
2010-12-30	策勒绿洲农田综合观测场烘干法采样地	>100~120	3.5
2010-12-30	策勒绿洲农田综合观测场烘干法采样地	>120~140	5.6
2010-12-30	策勒绿洲农田综合观测场烘干法采样地	>140~160	6.3
2010-12-30	策勒绿洲农田综合观测场烘干法采样地	>160~180	6.2
2010-12-30	策勒绿洲农田综合观测场烘干法采样地	>180~200	5.9
2011-02-28	策勒绿洲农田综合观测场烘干法采样地	0~10	3.8
2011-02-28	策勒绿洲农田综合观测场烘干法采样地	>10~20	7.4
2011-02-28	策勒绿洲农田综合观测场烘干法采样地	>20~30	6.2
2011-02-28	策勒绿洲农田综合观测场烘干法采样地	>30~40	5.2
2011-02-28	策勒绿洲农田综合观测场烘干法采样地	>40~50	5.4
2011-02-28	策勒绿洲农田综合观测场烘干法采样地	>50~60	10.9
2011-02-28	策勒绿洲农田综合观测场烘干法采样地	>60~80	6.5
2011-02-28	策勒绿洲农田综合观测场烘干法采样地	>80~100	5.3
2011-02-28	策勒绿洲农田综合观测场烘干法采样地	>100~120	6.2
2011-02-28	策勒绿洲农田综合观测场烘干法采样地	>120~140	11.2
2011-02-28	策勒绿洲农田综合观测场烘干法采样地	>140~160	9.5
2011-02-28	策勒绿洲农田综合观测场烘干法采样地	>160~180	9.1
2011-02-28	策勒绿洲农田综合观测场烘干法采样地	>180~200	9.8
2011-04-30	策勒绿洲农田综合观测场烘干法采样地	0~10	6.6

（续）

时间（年-月-日）	样地名称	采样层次/cm	质量含水量/%
2011-04-30	策勒绿洲农田综合观测场烘干法采样地	>10～20	6.8
2011-04-30	策勒绿洲农田综合观测场烘干法采样地	>20～30	7.6
2011-04-30	策勒绿洲农田综合观测场烘干法采样地	>30～40	8.1
2011-04-30	策勒绿洲农田综合观测场烘干法采样地	>40～50	9.6
2011-04-30	策勒绿洲农田综合观测场烘干法采样地	>50～60	13.3
2011-04-30	策勒绿洲农田综合观测场烘干法采样地	>60～80	12.0
2011-04-30	策勒绿洲农田综合观测场烘干法采样地	>80～100	6.9
2011-04-30	策勒绿洲农田综合观测场烘干法采样地	>100～120	9.1
2011-04-30	策勒绿洲农田综合观测场烘干法采样地	>120～140	10.7
2011-04-30	策勒绿洲农田综合观测场烘干法采样地	>140～160	11.8
2011-04-30	策勒绿洲农田综合观测场烘干法采样地	>160～180	13.2
2011-04-30	策勒绿洲农田综合观测场烘干法采样地	>180～200	13.7
2011-06-30	策勒绿洲农田综合观测场烘干法采样地	0～10	0.3
2011-06-30	策勒绿洲农田综合观测场烘干法采样地	>10～20	1.0
2011-06-30	策勒绿洲农田综合观测场烘干法采样地	>20～30	0.5
2011-06-30	策勒绿洲农田综合观测场烘干法采样地	>30～40	0.7
2011-06-30	策勒绿洲农田综合观测场烘干法采样地	>40～50	0.8
2011-06-30	策勒绿洲农田综合观测场烘干法采样地	>50～60	0.5
2011-06-30	策勒绿洲农田综合观测场烘干法采样地	>60～80	3.4
2011-06-30	策勒绿洲农田综合观测场烘干法采样地	>80～100	7.8
2011-06-30	策勒绿洲农田综合观测场烘干法采样地	>100～120	1.4
2011-06-30	策勒绿洲农田综合观测场烘干法采样地	>120～140	1.4
2011-06-30	策勒绿洲农田综合观测场烘干法采样地	>140～160	2.2
2011-06-30	策勒绿洲农田综合观测场烘干法采样地	>160～180	1.5
2011-06-30	策勒绿洲农田综合观测场烘干法采样地	>180～200	1.9
2011-08-30	策勒绿洲农田综合观测场烘干法采样地	0～10	5.8
2011-08-30	策勒绿洲农田综合观测场烘干法采样地	>10～20	6.7
2011-08-30	策勒绿洲农田综合观测场烘干法采样地	>20～30	6.7
2011-08-30	策勒绿洲农田综合观测场烘干法采样地	>30～40	6.5
2011-08-30	策勒绿洲农田综合观测场烘干法采样地	>40～50	11.6
2011-08-30	策勒绿洲农田综合观测场烘干法采样地	>50～60	8.0
2011-08-30	策勒绿洲农田综合观测场烘干法采样地	>60～80	7.0
2011-08-30	策勒绿洲农田综合观测场烘干法采样地	>80～100	9.9

（续）

时间（年-月-日）	样地名称	采样层次/cm	质量含水量/%
2011-08-30	策勒绿洲农田综合观测场烘干法采样地	>100～120	10.3
2011-08-30	策勒绿洲农田综合观测场烘干法采样地	>120～140	9.6
2011-08-30	策勒绿洲农田综合观测场烘干法采样地	>140～160	10.3
2011-08-30	策勒绿洲农田综合观测场烘干法采样地	>160～180	11.9
2011-08-30	策勒绿洲农田综合观测场烘干法采样地	>180～200	11.1
2011-10-30	策勒绿洲农田综合观测场烘干法采样地	0～10	6.3
2011-10-30	策勒绿洲农田综合观测场烘干法采样地	>10～20	5.5
2011-10-30	策勒绿洲农田综合观测场烘干法采样地	>20～30	5.2
2011-10-30	策勒绿洲农田综合观测场烘干法采样地	>30～40	7.5
2011-10-30	策勒绿洲农田综合观测场烘干法采样地	>40～50	6.6
2011-10-30	策勒绿洲农田综合观测场烘干法采样地	>50～60	4.9
2011-10-30	策勒绿洲农田综合观测场烘干法采样地	>60～80	4.3
2011-10-30	策勒绿洲农田综合观测场烘干法采样地	>80～100	5.0
2011-10-30	策勒绿洲农田综合观测场烘干法采样地	>100～120	6.5
2011-10-30	策勒绿洲农田综合观测场烘干法采样地	>120～140	4.7
2011-10-30	策勒绿洲农田综合观测场烘干法采样地	>140～160	4.0
2011-10-30	策勒绿洲农田综合观测场烘干法采样地	>160～180	3.3
2011-10-30	策勒绿洲农田综合观测场烘干法采样地	>180～200	7.1
2011-12-30	策勒绿洲农田综合观测场烘干法采样地	0～10	4.1
2011-12-30	策勒绿洲农田综合观测场烘干法采样地	>10～20	4.9
2011-12-30	策勒绿洲农田综合观测场烘干法采样地	>20～30	7.4
2011-12-30	策勒绿洲农田综合观测场烘干法采样地	>30～40	9.0
2011-12-30	策勒绿洲农田综合观测场烘干法采样地	>40～50	8.2
2011-12-30	策勒绿洲农田综合观测场烘干法采样地	>50～60	6.9
2011-12-30	策勒绿洲农田综合观测场烘干法采样地	>60～80	5.3
2011-12-30	策勒绿洲农田综合观测场烘干法采样地	>80～100	5.3
2011-12-30	策勒绿洲农田综合观测场烘干法采样地	>100～120	10.0
2011-12-30	策勒绿洲农田综合观测场烘干法采样地	>120～140	8.0
2011-12-30	策勒绿洲农田综合观测场烘干法采样地	>140～160	7.3
2011-12-30	策勒绿洲农田综合观测场烘干法采样地	>160～180	7.8
2011-12-30	策勒绿洲农田综合观测场烘干法采样地	>180～200	7.5
2012-02-28	策勒绿洲农田综合观测场烘干法采样地	0～10	2.8
2012-02-28	策勒绿洲农田综合观测场烘干法采样地	>10～20	3.0

（续）

时间（年-月-日）	样地名称	采样层次/cm	质量含水量/%
2012-02-28	策勒绿洲农田综合观测场烘干法采样地	>20～30	7.0
2012-02-28	策勒绿洲农田综合观测场烘干法采样地	>30～40	6.2
2012-02-28	策勒绿洲农田综合观测场烘干法采样地	>40～50	5.5
2012-02-28	策勒绿洲农田综合观测场烘干法采样地	>50～60	6.5
2012-02-28	策勒绿洲农田综合观测场烘干法采样地	>60～80	5.3
2012-02-28	策勒绿洲农田综合观测场烘干法采样地	>80～100	5.5
2012-02-28	策勒绿洲农田综合观测场烘干法采样地	>100～120	10.5
2012-02-28	策勒绿洲农田综合观测场烘干法采样地	>120～140	10.7
2012-02-28	策勒绿洲农田综合观测场烘干法采样地	>140～160	5.6
2012-02-28	策勒绿洲农田综合观测场烘干法采样地	>160～180	6.4
2012-02-28	策勒绿洲农田综合观测场烘干法采样地	>180～200	4.4
2012-04-30	策勒绿洲农田综合观测场烘干法采样地	0～10	10.9
2012-04-30	策勒绿洲农田综合观测场烘干法采样地	>10～20	7.6
2012-04-30	策勒绿洲农田综合观测场烘干法采样地	>20～30	7.6
2012-04-30	策勒绿洲农田综合观测场烘干法采样地	>30～40	9.1
2012-04-30	策勒绿洲农田综合观测场烘干法采样地	>40～50	10.3
2012-04-30	策勒绿洲农田综合观测场烘干法采样地	>50～60	9.8
2012-04-30	策勒绿洲农田综合观测场烘干法采样地	>60～80	10.3
2012-04-30	策勒绿洲农田综合观测场烘干法采样地	>80～100	10.4
2012-04-30	策勒绿洲农田综合观测场烘干法采样地	>100～120	11.4
2012-04-30	策勒绿洲农田综合观测场烘干法采样地	>120～140	11.2
2012-04-30	策勒绿洲农田综合观测场烘干法采样地	>140～160	10.3
2012-04-30	策勒绿洲农田综合观测场烘干法采样地	>160～180	8.5
2012-04-30	策勒绿洲农田综合观测场烘干法采样地	>180～200	9.6
2012-06-30	策勒绿洲农田综合观测场烘干法采样地	0～10	11.4
2012-06-30	策勒绿洲农田综合观测场烘干法采样地	>10～20	16.0
2012-06-30	策勒绿洲农田综合观测场烘干法采样地	>20～30	15.6
2012-06-30	策勒绿洲农田综合观测场烘干法采样地	>30～40	12.4
2012-06-30	策勒绿洲农田综合观测场烘干法采样地	>40～50	11.8
2012-06-30	策勒绿洲农田综合观测场烘干法采样地	>50～60	19.0
2012-06-30	策勒绿洲农田综合观测场烘干法采样地	>60～80	13.9
2012-06-30	策勒绿洲农田综合观测场烘干法采样地	>80～100	15.3
2012-06-30	策勒绿洲农田综合观测场烘干法采样地	>100～120	12.8

（续）

时间（年-月-日）	样地名称	采样层次/cm	质量含水量/%
2012-06-30	策勒绿洲农田综合观测场烘干法采样地	＞120～140	13.2
2012-06-30	策勒绿洲农田综合观测场烘干法采样地	＞140～160	17.9
2012-06-30	策勒绿洲农田综合观测场烘干法采样地	＞160～180	16.4
2012-06-30	策勒绿洲农田综合观测场烘干法采样地	＞180～200	16.8
2012-08-30	策勒绿洲农田综合观测场烘干法采样地	0～10	8.6
2012-08-30	策勒绿洲农田综合观测场烘干法采样地	＞10～20	9.7
2012-08-30	策勒绿洲农田综合观测场烘干法采样地	＞20～30	9.2
2012-08-30	策勒绿洲农田综合观测场烘干法采样地	＞30～40	7.7
2012-08-30	策勒绿洲农田综合观测场烘干法采样地	＞40～50	11.0
2012-08-30	策勒绿洲农田综合观测场烘干法采样地	＞50～60	13.9
2012-08-30	策勒绿洲农田综合观测场烘干法采样地	＞60～80	9.3
2012-08-30	策勒绿洲农田综合观测场烘干法采样地	＞80～100	9.6
2012-08-30	策勒绿洲农田综合观测场烘干法采样地	＞100～120	9.1
2012-08-30	策勒绿洲农田综合观测场烘干法采样地	＞120～140	13.4
2012-08-30	策勒绿洲农田综合观测场烘干法采样地	＞140～160	11.6
2012-08-30	策勒绿洲农田综合观测场烘干法采样地	＞160～180	12.5
2012-08-30	策勒绿洲农田综合观测场烘干法采样地	＞180～200	12.3
2012-10-30	策勒绿洲农田综合观测场烘干法采样地	0～10	0.8
2012-10-30	策勒绿洲农田综合观测场烘干法采样地	＞10～20	2.2
2012-10-30	策勒绿洲农田综合观测场烘干法采样地	＞20～30	2.3
2012-10-30	策勒绿洲农田综合观测场烘干法采样地	＞30～40	2.2
2012-10-30	策勒绿洲农田综合观测场烘干法采样地	＞40～50	5.9
2012-10-30	策勒绿洲农田综合观测场烘干法采样地	＞50～60	4.6
2012-10-30	策勒绿洲农田综合观测场烘干法采样地	＞60～80	6.0
2012-10-30	策勒绿洲农田综合观测场烘干法采样地	＞80～100	4.1
2012-10-30	策勒绿洲农田综合观测场烘干法采样地	＞100～120	8.2
2012-10-30	策勒绿洲农田综合观测场烘干法采样地	＞120～140	5.3
2012-10-30	策勒绿洲农田综合观测场烘干法采样地	＞140～160	5.0
2012-10-30	策勒绿洲农田综合观测场烘干法采样地	＞160～180	6.4
2012-10-30	策勒绿洲农田综合观测场烘干法采样地	＞180～200	7.5
2012-12-30	策勒绿洲农田综合观测场烘干法采样地	0～10	1.2
2012-12-30	策勒绿洲农田综合观测场烘干法采样地	＞10～20	2.2
2012-12-30	策勒绿洲农田综合观测场烘干法采样地	＞20～30	2.3

（续）

时间（年-月-日）	样地名称	采样层次/cm	质量含水量/%
2012-12-30	策勒绿洲农田综合观测场烘干法采样地	>30～40	2.3
2012-12-30	策勒绿洲农田综合观测场烘干法采样地	>40～50	5.7
2012-12-30	策勒绿洲农田综合观测场烘干法采样地	>50～60	4.0
2012-12-30	策勒绿洲农田综合观测场烘干法采样地	>60～80	3.7
2012-12-30	策勒绿洲农田综合观测场烘干法采样地	>80～100	4.6
2012-12-30	策勒绿洲农田综合观测场烘干法采样地	>100～120	7.2
2012-12-30	策勒绿洲农田综合观测场烘干法采样地	>120～140	6.7
2012-12-30	策勒绿洲农田综合观测场烘干法采样地	>140～160	6.0
2012-12-30	策勒绿洲农田综合观测场烘干法采样地	>160～180	6.8
2012-12-30	策勒绿洲农田综合观测场烘干法采样地	>180～200	5.9
2013-02-28	策勒绿洲农田综合观测场烘干法采样地	0～10	2.1
2013-02-28	策勒绿洲农田综合观测场烘干法采样地	>10～20	3.3
2013-02-28	策勒绿洲农田综合观测场烘干法采样地	>20～30	3.1
2013-02-28	策勒绿洲农田综合观测场烘干法采样地	>30～40	4.3
2013-02-28	策勒绿洲农田综合观测场烘干法采样地	>40～50	3.6
2013-02-28	策勒绿洲农田综合观测场烘干法采样地	>50～60	5.3
2013-02-28	策勒绿洲农田综合观测场烘干法采样地	>60～80	3.1
2013-02-28	策勒绿洲农田综合观测场烘干法采样地	>80～100	3.3
2013-02-28	策勒绿洲农田综合观测场烘干法采样地	>100～120	4.2
2013-02-28	策勒绿洲农田综合观测场烘干法采样地	>120～140	5.5
2013-02-28	策勒绿洲农田综合观测场烘干法采样地	>140～160	5.9
2013-02-28	策勒绿洲农田综合观测场烘干法采样地	>160～180	6.3
2013-02-28	策勒绿洲农田综合观测场烘干法采样地	>180～200	5.8
2013-04-30	策勒绿洲农田综合观测场烘干法采样地	0～10	15.4
2013-04-30	策勒绿洲农田综合观测场烘干法采样地	>10～20	18.5
2013-04-30	策勒绿洲农田综合观测场烘干法采样地	>20～30	18.9
2013-04-30	策勒绿洲农田综合观测场烘干法采样地	>30～40	19.3
2013-04-30	策勒绿洲农田综合观测场烘干法采样地	>40～50	20.3
2013-04-30	策勒绿洲农田综合观测场烘干法采样地	>50～60	19.3
2013-04-30	策勒绿洲农田综合观测场烘干法采样地	>60～80	15.0
2013-04-30	策勒绿洲农田综合观测场烘干法采样地	>80～100	17.0
2013-04-30	策勒绿洲农田综合观测场烘干法采样地	>100～120	14.5
2013-04-30	策勒绿洲农田综合观测场烘干法采样地	>120～140	13.7

（续）

时间（年-月-日）	样地名称	采样层次/cm	质量含水量/%
2013-04-30	策勒绿洲农田综合观测场烘干法采样地	>140～160	12.8
2013-04-30	策勒绿洲农田综合观测场烘干法采样地	>160～180	9.2
2013-04-30	策勒绿洲农田综合观测场烘干法采样地	>180～200	10.3
2013-06-30	策勒绿洲农田综合观测场烘干法采样地	0～10	11.7
2013-06-30	策勒绿洲农田综合观测场烘干法采样地	>10～20	12.8
2013-06-30	策勒绿洲农田综合观测场烘干法采样地	>20～30	12.7
2013-06-30	策勒绿洲农田综合观测场烘干法采样地	>30～40	14.6
2013-06-30	策勒绿洲农田综合观测场烘干法采样地	>40～50	17.2
2013-06-30	策勒绿洲农田综合观测场烘干法采样地	>50～60	13.7
2013-06-30	策勒绿洲农田综合观测场烘干法采样地	>60～80	13.8
2013-06-30	策勒绿洲农田综合观测场烘干法采样地	>80～100	16.5
2013-06-30	策勒绿洲农田综合观测场烘干法采样地	>100～120	16.6
2013-06-30	策勒绿洲农田综合观测场烘干法采样地	>120～140	14.0
2013-06-30	策勒绿洲农田综合观测场烘干法采样地	>140～160	15.8
2013-06-30	策勒绿洲农田综合观测场烘干法采样地	>160～180	15.6
2013-06-30	策勒绿洲农田综合观测场烘干法采样地	>180～200	16.3
2013-08-30	策勒绿洲农田综合观测场烘干法采样地	0～10	12.7
2013-08-30	策勒绿洲农田综合观测场烘干法采样地	>10～20	13.2
2013-08-30	策勒绿洲农田综合观测场烘干法采样地	>20～30	13.9
2013-08-30	策勒绿洲农田综合观测场烘干法采样地	>30～40	13.2
2013-08-30	策勒绿洲农田综合观测场烘干法采样地	>40～50	13.9
2013-08-30	策勒绿洲农田综合观测场烘干法采样地	>50～60	15.7
2013-08-30	策勒绿洲农田综合观测场烘干法采样地	>60～80	17.2
2013-08-30	策勒绿洲农田综合观测场烘干法采样地	>80～100	15.9
2013-08-30	策勒绿洲农田综合观测场烘干法采样地	>100～120	14.9
2013-08-30	策勒绿洲农田综合观测场烘干法采样地	>120～140	14.5
2013-08-30	策勒绿洲农田综合观测场烘干法采样地	>140～160	13.7
2013-08-30	策勒绿洲农田综合观测场烘干法采样地	>160～180	13.0
2013-08-30	策勒绿洲农田综合观测场烘干法采样地	>180～200	15.9
2013-10-30	策勒绿洲农田综合观测场烘干法采样地	0～10	2.2
2013-10-30	策勒绿洲农田综合观测场烘干法采样地	>10～20	2.1
2013-10-30	策勒绿洲农田综合观测场烘干法采样地	>20～30	2.6
2013-10-30	策勒绿洲农田综合观测场烘干法采样地	>30～40	2.3

（续）

时间（年-月-日）	样地名称	采样层次/cm	质量含水量/%
2013-10-30	策勒绿洲农田综合观测场烘干法采样地	>40~50	5.8
2013-10-30	策勒绿洲农田综合观测场烘干法采样地	>50~60	4.9
2013-10-30	策勒绿洲农田综合观测场烘干法采样地	>60~80	4.1
2013-10-30	策勒绿洲农田综合观测场烘干法采样地	>80~100	6.5
2013-10-30	策勒绿洲农田综合观测场烘干法采样地	>100~120	5.5
2013-10-30	策勒绿洲农田综合观测场烘干法采样地	>120~140	6.1
2013-10-30	策勒绿洲农田综合观测场烘干法采样地	>140~160	5.7
2013-10-30	策勒绿洲农田综合观测场烘干法采样地	>160~180	7.3
2013-10-30	策勒绿洲农田综合观测场烘干法采样地	>180~200	6.4
2013-12-30	策勒绿洲农田综合观测场烘干法采样地	0~10	2.3
2013-12-30	策勒绿洲农田综合观测场烘干法采样地	>10~20	3.7
2013-12-30	策勒绿洲农田综合观测场烘干法采样地	>20~30	3.1
2013-12-30	策勒绿洲农田综合观测场烘干法采样地	>30~40	3.5
2013-12-30	策勒绿洲农田综合观测场烘干法采样地	>40~50	6.1
2013-12-30	策勒绿洲农田综合观测场烘干法采样地	>50~60	5.5
2013-12-30	策勒绿洲农田综合观测场烘干法采样地	>60~80	5.5
2013-12-30	策勒绿洲农田综合观测场烘干法采样地	>80~100	5.3
2013-12-30	策勒绿洲农田综合观测场烘干法采样地	>100~120	7.0
2013-12-30	策勒绿洲农田综合观测场烘干法采样地	>120~140	6.4
2013-12-30	策勒绿洲农田综合观测场烘干法采样地	>140~160	6.2
2013-12-30	策勒绿洲农田综合观测场烘干法采样地	>160~180	6.4
2013-12-30	策勒绿洲农田综合观测场烘干法采样地	>180~200	6.2
2014-02-28	策勒绿洲农田综合观测场烘干法采样地	0~10	0.5
2014-02-28	策勒绿洲农田综合观测场烘干法采样地	>10~20	2.2
2014-02-28	策勒绿洲农田综合观测场烘干法采样地	>20~30	2.6
2014-02-28	策勒绿洲农田综合观测场烘干法采样地	>30~40	3.6
2014-02-28	策勒绿洲农田综合观测场烘干法采样地	>40~50	4.7
2014-02-28	策勒绿洲农田综合观测场烘干法采样地	>50~60	6.9
2014-02-28	策勒绿洲农田综合观测场烘干法采样地	>60~80	5.9
2014-02-28	策勒绿洲农田综合观测场烘干法采样地	>80~100	4.1
2014-02-28	策勒绿洲农田综合观测场烘干法采样地	>100~120	4.2
2014-02-28	策勒绿洲农田综合观测场烘干法采样地	>120~140	5.0
2014-02-28	策勒绿洲农田综合观测场烘干法采样地	>140~160	5.8

（续）

时间（年-月-日）	样地名称	采样层次/cm	质量含水量/%
2014 - 02 - 28	策勒绿洲农田综合观测场烘干法采样地	>160～180	5.7
2014 - 02 - 28	策勒绿洲农田综合观测场烘干法采样地	>180～200	6.6
2014 - 04 - 30	策勒绿洲农田综合观测场烘干法采样地	0～10	6.6
2014 - 04 - 30	策勒绿洲农田综合观测场烘干法采样地	>10～20	6.5
2014 - 04 - 30	策勒绿洲农田综合观测场烘干法采样地	>20～30	6.6
2014 - 04 - 30	策勒绿洲农田综合观测场烘干法采样地	>30～40	7.4
2014 - 04 - 30	策勒绿洲农田综合观测场烘干法采样地	>40～50	5.5
2014 - 04 - 30	策勒绿洲农田综合观测场烘干法采样地	>50～60	10.3
2014 - 04 - 30	策勒绿洲农田综合观测场烘干法采样地	>60～80	9.2
2014 - 04 - 30	策勒绿洲农田综合观测场烘干法采样地	>80～100	9.3
2014 - 04 - 30	策勒绿洲农田综合观测场烘干法采样地	>100～120	6.0
2014 - 04 - 30	策勒绿洲农田综合观测场烘干法采样地	>120～140	6.8
2014 - 04 - 30	策勒绿洲农田综合观测场烘干法采样地	>140～160	7.2
2014 - 04 - 30	策勒绿洲农田综合观测场烘干法采样地	>160～180	8.7
2014 - 04 - 30	策勒绿洲农田综合观测场烘干法采样地	>180～200	9.2
2014 - 06 - 30	策勒绿洲农田综合观测场烘干法采样地	0～10	3.4
2014 - 06 - 30	策勒绿洲农田综合观测场烘干法采样地	>10～20	4.6
2014 - 06 - 30	策勒绿洲农田综合观测场烘干法采样地	>20～30	4.5
2014 - 06 - 30	策勒绿洲农田综合观测场烘干法采样地	>30～40	5.7
2014 - 06 - 30	策勒绿洲农田综合观测场烘干法采样地	>40～50	5.4
2014 - 06 - 30	策勒绿洲农田综合观测场烘干法采样地	>50～60	4.7
2014 - 06 - 30	策勒绿洲农田综合观测场烘干法采样地	>60～80	5.4
2014 - 06 - 30	策勒绿洲农田综合观测场烘干法采样地	>80～100	4.8
2014 - 06 - 30	策勒绿洲农田综合观测场烘干法采样地	>100～120	5.3
2014 - 06 - 30	策勒绿洲农田综合观测场烘干法采样地	>120～140	4.8
2014 - 06 - 30	策勒绿洲农田综合观测场烘干法采样地	>140～160	5.6
2014 - 06 - 30	策勒绿洲农田综合观测场烘干法采样地	>160～180	5.2
2014 - 06 - 30	策勒绿洲农田综合观测场烘干法采样地	>180～200	5.8
2014 - 08 - 30	策勒绿洲农田综合观测场烘干法采样地	0～10	2.7
2014 - 08 - 30	策勒绿洲农田综合观测场烘干法采样地	>10～20	1.8
2014 - 08 - 30	策勒绿洲农田综合观测场烘干法采样地	>20～30	2.5
2014 - 08 - 30	策勒绿洲农田综合观测场烘干法采样地	>30～40	4.9
2014 - 08 - 30	策勒绿洲农田综合观测场烘干法采样地	>40～50	5.5

（续）

时间（年-月-日）	样地名称	采样层次/cm	质量含水量/%
2014-08-30	策勒绿洲农田综合观测场烘干法采样地	>50～60	7.1
2014-08-30	策勒绿洲农田综合观测场烘干法采样地	>60～80	5.5
2014-08-30	策勒绿洲农田综合观测场烘干法采样地	>80～100	5.1
2014-08-30	策勒绿洲农田综合观测场烘干法采样地	>100～120	5.4
2014-08-30	策勒绿洲农田综合观测场烘干法采样地	>120～140	6.4
2014-08-30	策勒绿洲农田综合观测场烘干法采样地	>140～160	6.7
2014-08-30	策勒绿洲农田综合观测场烘干法采样地	>160～180	5.0
2014-08-30	策勒绿洲农田综合观测场烘干法采样地	>180～200	5.4
2014-10-30	策勒绿洲农田综合观测场烘干法采样地	0～10	4.8
2014-10-30	策勒绿洲农田综合观测场烘干法采样地	>10～20	5.4
2014-10-30	策勒绿洲农田综合观测场烘干法采样地	>20～30	5.3
2014-10-30	策勒绿洲农田综合观测场烘干法采样地	>30～40	5.3
2014-10-30	策勒绿洲农田综合观测场烘干法采样地	>40～50	6.5
2014-10-30	策勒绿洲农田综合观测场烘干法采样地	>50～60	7.4
2014-10-30	策勒绿洲农田综合观测场烘干法采样地	>60～80	8.9
2014-10-30	策勒绿洲农田综合观测场烘干法采样地	>80～100	6.5
2014-10-30	策勒绿洲农田综合观测场烘干法采样地	>100～120	4.9
2014-10-30	策勒绿洲农田综合观测场烘干法采样地	>120～140	4.6
2014-10-30	策勒绿洲农田综合观测场烘干法采样地	>140～160	8.2
2014-10-30	策勒绿洲农田综合观测场烘干法采样地	>160～180	6.4
2014-10-30	策勒绿洲农田综合观测场烘干法采样地	>180～200	4.4
2014-12-30	策勒绿洲农田综合观测场烘干法采样地	0～10	3.5
2014-12-30	策勒绿洲农田综合观测场烘干法采样地	>10～20	4.7
2014-12-30	策勒绿洲农田综合观测场烘干法采样地	>20～30	5.0
2014-12-30	策勒绿洲农田综合观测场烘干法采样地	>30～40	6.2
2014-12-30	策勒绿洲农田综合观测场烘干法采样地	>40～50	6.8
2014-12-30	策勒绿洲农田综合观测场烘干法采样地	>50～60	6.7
2014-12-30	策勒绿洲农田综合观测场烘干法采样地	>60～80	7.9
2014-12-30	策勒绿洲农田综合观测场烘干法采样地	>80～100	6.6
2014-12-30	策勒绿洲农田综合观测场烘干法采样地	>100～120	8.6
2014-12-30	策勒绿洲农田综合观测场烘干法采样地	>120～140	7.9
2014-12-30	策勒绿洲农田综合观测场烘干法采样地	>140～160	8.4
2014-12-30	策勒绿洲农田综合观测场烘干法采样地	>160～180	6.7

（续）

时间（年-月-日）	样地名称	采样层次/cm	质量含水量/%
2014-12-30	策勒绿洲农田综合观测场烘干法采样地	>180～200	9.2
2015-02-28	策勒绿洲农田综合观测场烘干法采样地	0～10	2.5
2015-02-28	策勒绿洲农田综合观测场烘干法采样地	>10～20	3.4
2015-02-28	策勒绿洲农田综合观测场烘干法采样地	>20～30	2.8
2015-02-28	策勒绿洲农田综合观测场烘干法采样地	>30～40	3.3
2015-02-28	策勒绿洲农田综合观测场烘干法采样地	>40～50	2.9
2015-02-28	策勒绿洲农田综合观测场烘干法采样地	>50～60	4.4
2015-02-28	策勒绿洲农田综合观测场烘干法采样地	>60～80	4.0
2015-02-28	策勒绿洲农田综合观测场烘干法采样地	>80～100	3.6
2015-02-28	策勒绿洲农田综合观测场烘干法采样地	>100～120	4.2
2015-02-28	策勒绿洲农田综合观测场烘干法采样地	>120～140	5.0
2015-02-28	策勒绿洲农田综合观测场烘干法采样地	>140～160	3.5
2015-02-28	策勒绿洲农田综合观测场烘干法采样地	>160～180	4.7
2015-02-28	策勒绿洲农田综合观测场烘干法采样地	>180～200	4.2
2015-04-30	策勒绿洲农田综合观测场烘干法采样地	0～10	1.9
2015-04-30	策勒绿洲农田综合观测场烘干法采样地	>10～20	1.7
2015-04-30	策勒绿洲农田综合观测场烘干法采样地	>20～30	2.9
2015-04-30	策勒绿洲农田综合观测场烘干法采样地	>30～40	1.8
2015-04-30	策勒绿洲农田综合观测场烘干法采样地	>40～50	1.5
2015-04-30	策勒绿洲农田综合观测场烘干法采样地	>50～60	1.2
2015-04-30	策勒绿洲农田综合观测场烘干法采样地	>60～80	1.5
2015-04-30	策勒绿洲农田综合观测场烘干法采样地	>80～100	1.4
2015-04-30	策勒绿洲农田综合观测场烘干法采样地	>100～120	1.4
2015-04-30	策勒绿洲农田综合观测场烘干法采样地	>120～140	1.8
2015-04-30	策勒绿洲农田综合观测场烘干法采样地	>140～160	2.0
2015-04-30	策勒绿洲农田综合观测场烘干法采样地	>160～180	2.0
2015-04-30	策勒绿洲农田综合观测场烘干法采样地	>180～200	2.2
2015-06-30	策勒绿洲农田综合观测场烘干法采样地	0～10	4.3
2015-06-30	策勒绿洲农田综合观测场烘干法采样地	>10～20	3.3
2015-06-30	策勒绿洲农田综合观测场烘干法采样地	>20～30	4.9
2015-06-30	策勒绿洲农田综合观测场烘干法采样地	>30～40	3.8
2015-06-30	策勒绿洲农田综合观测场烘干法采样地	>40～50	4.2
2015-06-30	策勒绿洲农田综合观测场烘干法采样地	>50～60	3.5

（续）

时间（年-月-日）	样地名称	采样层次/cm	质量含水量/%
2015-06-30	策勒绿洲农田综合观测场烘干法采样地	>60～80	4.4
2015-06-30	策勒绿洲农田综合观测场烘干法采样地	>80～100	4.1
2015-06-30	策勒绿洲农田综合观测场烘干法采样地	>100～120	3.9
2015-06-30	策勒绿洲农田综合观测场烘干法采样地	>120～140	3.8
2015-06-30	策勒绿洲农田综合观测场烘干法采样地	>140～160	4.9
2015-06-30	策勒绿洲农田综合观测场烘干法采样地	>160～180	4.2
2015-06-30	策勒绿洲农田综合观测场烘干法采样地	>180～200	4.4
2015-08-30	策勒绿洲农田综合观测场烘干法采样地	0～10	5.1
2015-08-30	策勒绿洲农田综合观测场烘干法采样地	>10～20	5.6
2015-08-30	策勒绿洲农田综合观测场烘干法采样地	>20～30	6.6
2015-08-30	策勒绿洲农田综合观测场烘干法采样地	>30～40	5.8
2015-08-30	策勒绿洲农田综合观测场烘干法采样地	>40～50	7.3
2015-08-30	策勒绿洲农田综合观测场烘干法采样地	>50～60	8.0
2015-08-30	策勒绿洲农田综合观测场烘干法采样地	>60～80	7.5
2015-08-30	策勒绿洲农田综合观测场烘干法采样地	>80～100	6.5
2015-08-30	策勒绿洲农田综合观测场烘干法采样地	>100～120	10.1
2015-08-30	策勒绿洲农田综合观测场烘干法采样地	>120～140	7.8
2015-08-30	策勒绿洲农田综合观测场烘干法采样地	>140～160	6.7
2015-08-30	策勒绿洲农田综合观测场烘干法采样地	>160～180	10.6
2015-08-30	策勒绿洲农田综合观测场烘干法采样地	>180～200	8.8
2015-10-30	策勒绿洲农田综合观测场烘干法采样地	0～10	1.1
2015-10-30	策勒绿洲农田综合观测场烘干法采样地	>10～20	2.9
2015-10-30	策勒绿洲农田综合观测场烘干法采样地	>20～30	2.4
2015-10-30	策勒绿洲农田综合观测场烘干法采样地	>30～40	6.3
2015-10-30	策勒绿洲农田综合观测场烘干法采样地	>40～50	4.5
2015-10-30	策勒绿洲农田综合观测场烘干法采样地	>50～60	5.2
2015-10-30	策勒绿洲农田综合观测场烘干法采样地	>60～80	4.1
2015-10-30	策勒绿洲农田综合观测场烘干法采样地	>80～100	6.1
2015-10-30	策勒绿洲农田综合观测场烘干法采样地	>100～120	4.5
2015-10-30	策勒绿洲农田综合观测场烘干法采样地	>120～140	4.1
2015-10-30	策勒绿洲农田综合观测场烘干法采样地	>140～160	5.0
2015-10-30	策勒绿洲农田综合观测场烘干法采样地	>160～180	8.2
2015-10-30	策勒绿洲农田综合观测场烘干法采样地	>180～200	9.1

（续）

时间（年-月-日）	样地名称	采样层次/cm	质量含水量/%
2015-12-30	策勒绿洲农田综合观测场烘干法采样地	0～10	1.0
2015-12-30	策勒绿洲农田综合观测场烘干法采样地	>10～20	1.9
2015-12-30	策勒绿洲农田综合观测场烘干法采样地	>20～30	2.6
2015-12-30	策勒绿洲农田综合观测场烘干法采样地	>30～40	2.2
2015-12-30	策勒绿洲农田综合观测场烘干法采样地	>40～50	2.3
2015-12-30	策勒绿洲农田综合观测场烘干法采样地	>50～60	2.1
2015-12-30	策勒绿洲农田综合观测场烘干法采样地	>60～80	3.4
2015-12-30	策勒绿洲农田综合观测场烘干法采样地	>80～100	3.8
2015-12-30	策勒绿洲农田综合观测场烘干法采样地	>100～120	6.4
2015-12-30	策勒绿洲农田综合观测场烘干法采样地	>120～140	6.6
2015-12-30	策勒绿洲农田综合观测场烘干法采样地	>140～160	4.8
2015-12-30	策勒绿洲农田综合观测场烘干法采样地	>160～180	3.8
2015-12-30	策勒绿洲农田综合观测场烘干法采样地	>180～200	2.6

2009—2015年策勒绿洲农田综合观测场0～200 cm土壤质量含水量的平均值在4.2%～9.8%，呈现波动的趋势（图5-1）。2015年策勒绿洲农田综合观测场土壤质量含水量最低，而2013年策勒绿洲农田综合观测场土壤质量含水量最高。

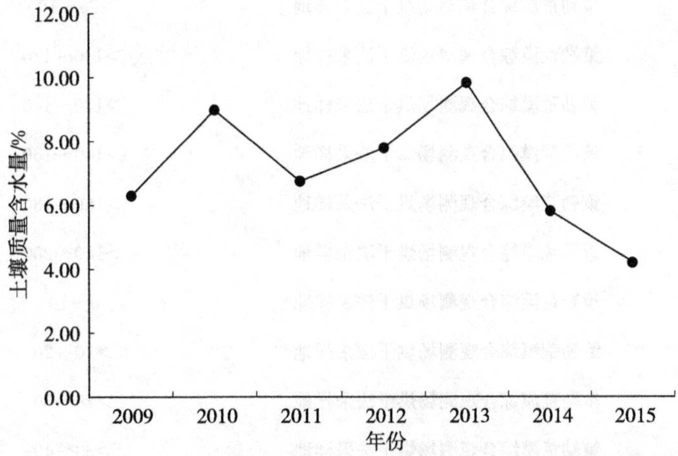

图5-1　2009—2015年策勒绿洲农田综合观测场0～200 cm土层土壤质量含水量

2009—2015年策勒荒漠综合观测场土壤质量含水量见表5-2。

表5-2　2009—2015年策勒荒漠综合观测场土壤质量含水量

时间（年-月-日）	样地名称	采样层次/cm	质量含水量/%
2009-02-28	策勒荒漠综合观测场烘干法采样地	0～10	0.1
2009-02-28	策勒荒漠综合观测场烘干法采样地	>10～20	0.2
2009-02-28	策勒荒漠综合观测场烘干法采样地	>20～30	0.6
2009-02-28	策勒荒漠综合观测场烘干法采样地	>30～40	0.3

（续）

时间（年-月-日）	样地名称	采样层次/cm	质量含水量/%
2009-02-28	策勒荒漠综合观测场烘干法采样地	>40～50	0.3
2009-02-28	策勒荒漠综合观测场烘干法采样地	>50～60	0.2
2009-02-28	策勒荒漠综合观测场烘干法采样地	>60～80	0.6
2009-02-28	策勒荒漠综合观测场烘干法采样地	>80～100	1.0
2009-02-28	策勒荒漠综合观测场烘干法采样地	>100～120	1.1
2009-02-28	策勒荒漠综合观测场烘干法采样地	>120～140	1.4
2009-02-28	策勒荒漠综合观测场烘干法采样地	>140～160	1.7
2009-02-28	策勒荒漠综合观测场烘干法采样地	>160～180	1.9
2009-02-28	策勒荒漠综合观测场烘干法采样地	>180～200	2.5
2009-04-30	策勒荒漠综合观测场烘干法采样地	0～10	0.1
2009-04-30	策勒荒漠综合观测场烘干法采样地	>10～20	0.1
2009-04-30	策勒荒漠综合观测场烘干法采样地	>20～30	0.1
2009-04-30	策勒荒漠综合观测场烘干法采样地	>30～40	0.2
2009-04-30	策勒荒漠综合观测场烘干法采样地	>40～50	0.2
2009-04-30	策勒荒漠综合观测场烘干法采样地	>50～60	0.2
2009-04-30	策勒荒漠综合观测场烘干法采样地	>60～80	1.0
2009-04-30	策勒荒漠综合观测场烘干法采样地	>80～100	2.3
2009-04-30	策勒荒漠综合观测场烘干法采样地	>100～120	1.3
2009-04-30	策勒荒漠综合观测场烘干法采样地	>120～140	1.2
2009-04-30	策勒荒漠综合观测场烘干法采样地	>140～160	1.8
2009-04-30	策勒荒漠综合观测场烘干法采样地	>160～180	1.6
2009-04-30	策勒荒漠综合观测场烘干法采样地	>180～200	2.7
2009-06-30	策勒荒漠综合观测场烘干法采样地	0～10	2.3
2009-06-30	策勒荒漠综合观测场烘干法采样地	>10～20	0.7
2009-06-30	策勒荒漠综合观测场烘干法采样地	>20～30	0.7
2009-06-30	策勒荒漠综合观测场烘干法采样地	>30～40	0.8
2009-06-30	策勒荒漠综合观测场烘干法采样地	>40～50	0.9
2009-06-30	策勒荒漠综合观测场烘干法采样地	>50～60	1.2
2009-06-30	策勒荒漠综合观测场烘干法采样地	>60～80	1.0
2009-06-30	策勒荒漠综合观测场烘干法采样地	>80～100	1.3
2009-06-30	策勒荒漠综合观测场烘干法采样地	>100～120	1.4
2009-06-30	策勒荒漠综合观测场烘干法采样地	>120～140	1.0
2009-06-30	策勒荒漠综合观测场烘干法采样地	>140～160	1.3

（续）

时间（年-月-日）	样地名称	采样层次/cm	质量含水量/%
2009-06-30	策勒荒漠综合观测场烘干法采样地	>160～180	1.7
2009-06-30	策勒荒漠综合观测场烘干法采样地	>180～200	2.0
2009-08-30	策勒荒漠综合观测场烘干法采样地	0～10	0.2
2009-08-30	策勒荒漠综合观测场烘干法采样地	>10～20	0.0
2009-08-30	策勒荒漠综合观测场烘干法采样地	>20～30	0.1
2009-08-30	策勒荒漠综合观测场烘干法采样地	>30～40	0.1
2009-08-30	策勒荒漠综合观测场烘干法采样地	>40～50	0.3
2009-08-30	策勒荒漠综合观测场烘干法采样地	>50～60	0.2
2009-08-30	策勒荒漠综合观测场烘干法采样地	>60～80	0.5
2009-08-30	策勒荒漠综合观测场烘干法采样地	>80～100	1.2
2009-08-30	策勒荒漠综合观测场烘干法采样地	>100～120	1.4
2009-08-30	策勒荒漠综合观测场烘干法采样地	>120～140	1.6
2009-08-30	策勒荒漠综合观测场烘干法采样地	>140～160	2.6
2009-08-30	策勒荒漠综合观测场烘干法采样地	>160～180	1.5
2009-08-30	策勒荒漠综合观测场烘干法采样地	>180～200	1.9
2009-10-30	策勒荒漠综合观测场烘干法采样地	0～10	2.4
2009-10-30	策勒荒漠综合观测场烘干法采样地	>10～20	3.5
2009-10-30	策勒荒漠综合观测场烘干法采样地	>20～30	1.6
2009-10-30	策勒荒漠综合观测场烘干法采样地	>30～40	0.8
2009-10-30	策勒荒漠综合观测场烘干法采样地	>40～50	0.5
2009-10-30	策勒荒漠综合观测场烘干法采样地	>50～60	0.7
2009-10-30	策勒荒漠综合观测场烘干法采样地	>60～80	1.1
2009-10-30	策勒荒漠综合观测场烘干法采样地	>80～100	1.3
2009-10-30	策勒荒漠综合观测场烘干法采样地	>100～120	1.4
2009-10-30	策勒荒漠综合观测场烘干法采样地	>120～140	2.0
2009-10-30	策勒荒漠综合观测场烘干法采样地	>140～160	2.6
2009-10-30	策勒荒漠综合观测场烘干法采样地	>160～180	2.7
2009-10-30	策勒荒漠综合观测场烘干法采样地	>180～200	3.2
2009-12-30	策勒荒漠综合观测场烘干法采样地	0～10	1.0
2009-12-30	策勒荒漠综合观测场烘干法采样地	>10～20	2.0
2009-12-30	策勒荒漠综合观测场烘干法采样地	>20～30	1.4
2009-12-30	策勒荒漠综合观测场烘干法采样地	>30～40	0.5
2009-12-30	策勒荒漠综合观测场烘干法采样地	>40～50	0.5

（续）

时间（年-月-日）	样地名称	采样层次/cm	质量含水量/%
2009-12-30	策勒荒漠综合观测场烘干法采样地	>50～60	0.9
2009-12-30	策勒荒漠综合观测场烘干法采样地	>60～80	0.6
2009-12-30	策勒荒漠综合观测场烘干法采样地	>80～100	1.1
2009-12-30	策勒荒漠综合观测场烘干法采样地	>100～120	0.9
2009-12-30	策勒荒漠综合观测场烘干法采样地	>120～140	0.9
2009-12-30	策勒荒漠综合观测场烘干法采样地	>140～160	2.1
2009-12-30	策勒荒漠综合观测场烘干法采样地	>160～180	1.8
2009-12-30	策勒荒漠综合观测场烘干法采样地	>180～200	2.4
2010-02-28	策勒荒漠综合观测场烘干法采样地	0～10	2.6
2010-02-28	策勒荒漠综合观测场烘干法采样地	>10～20	8.3
2010-02-28	策勒荒漠综合观测场烘干法采样地	>20～30	2.2
2010-02-28	策勒荒漠综合观测场烘干法采样地	>30～40	2.7
2010-02-28	策勒荒漠综合观测场烘干法采样地	>40～50	1.3
2010-02-28	策勒荒漠综合观测场烘干法采样地	>50～60	0.9
2010-02-28	策勒荒漠综合观测场烘干法采样地	>60～80	1.0
2010-02-28	策勒荒漠综合观测场烘干法采样地	>80～100	1.0
2010-02-28	策勒荒漠综合观测场烘干法采样地	>100～120	2.0
2010-02-28	策勒荒漠综合观测场烘干法采样地	>120～140	1.0
2010-02-28	策勒荒漠综合观测场烘干法采样地	>140～160	0.9
2010-02-28	策勒荒漠综合观测场烘干法采样地	>160～180	1.7
2010-02-28	策勒荒漠综合观测场烘干法采样地	>180～200	1.5
2010-04-30	策勒荒漠综合观测场烘干法采样地	0～10	0.9
2010-04-30	策勒荒漠综合观测场烘干法采样地	>10～20	3.0
2010-04-30	策勒荒漠综合观测场烘干法采样地	>20～30	2.2
2010-04-30	策勒荒漠综合观测场烘干法采样地	>30～40	1.9
2010-04-30	策勒荒漠综合观测场烘干法采样地	>40～50	2.4
2010-04-30	策勒荒漠综合观测场烘干法采样地	>50～60	2.6
2010-04-30	策勒荒漠综合观测场烘干法采样地	>60～80	0.9
2010-04-30	策勒荒漠综合观测场烘干法采样地	>80～100	1.1
2010-04-30	策勒荒漠综合观测场烘干法采样地	>100～120	0.9
2010-04-30	策勒荒漠综合观测场烘干法采样地	>120～140	0.9
2010-04-30	策勒荒漠综合观测场烘干法采样地	>140～160	0.9
2010-04-30	策勒荒漠综合观测场烘干法采样地	>160～180	0.9

（续）

时间（年-月-日）	样地名称	采样层次/cm	质量含水量/%
2010 - 04 - 30	策勒荒漠综合观测场烘干法采样地	>180～200	1.6
2010 - 06 - 30	策勒荒漠综合观测场烘干法采样地	0～10	4.1
2010 - 06 - 30	策勒荒漠综合观测场烘干法采样地	>10～20	3.6
2010 - 06 - 30	策勒荒漠综合观测场烘干法采样地	>20～30	3.3
2010 - 06 - 30	策勒荒漠综合观测场烘干法采样地	>30～40	3.1
2010 - 06 - 30	策勒荒漠综合观测场烘干法采样地	>40～50	2.0
2010 - 06 - 30	策勒荒漠综合观测场烘干法采样地	>50～60	1.2
2010 - 06 - 30	策勒荒漠综合观测场烘干法采样地	>60～80	1.0
2010 - 06 - 30	策勒荒漠综合观测场烘干法采样地	>80～100	1.1
2010 - 06 - 30	策勒荒漠综合观测场烘干法采样地	>100～120	1.5
2010 - 06 - 30	策勒荒漠综合观测场烘干法采样地	>120～140	1.3
2010 - 06 - 30	策勒荒漠综合观测场烘干法采样地	>140～160	1.6
2010 - 06 - 30	策勒荒漠综合观测场烘干法采样地	>160～180	1.7
2010 - 06 - 30	策勒荒漠综合观测场烘干法采样地	>180～200	1.6
2010 - 08 - 30	策勒荒漠综合观测场烘干法采样地	0～10	0.8
2010 - 08 - 30	策勒荒漠综合观测场烘干法采样地	>10～20	1.0
2010 - 08 - 30	策勒荒漠综合观测场烘干法采样地	>20～30	1.6
2010 - 08 - 30	策勒荒漠综合观测场烘干法采样地	>30～40	1.8
2010 - 08 - 30	策勒荒漠综合观测场烘干法采样地	>40～50	1.2
2010 - 08 - 30	策勒荒漠综合观测场烘干法采样地	>50～60	0.9
2010 - 08 - 30	策勒荒漠综合观测场烘干法采样地	>60～80	0.7
2010 - 08 - 30	策勒荒漠综合观测场烘干法采样地	>80～100	0.8
2010 - 08 - 30	策勒荒漠综合观测场烘干法采样地	>100～120	1.7
2010 - 08 - 30	策勒荒漠综合观测场烘干法采样地	>120～140	1.2
2010 - 08 - 30	策勒荒漠综合观测场烘干法采样地	>140～160	1.3
2010 - 08 - 30	策勒荒漠综合观测场烘干法采样地	>160～180	1.2
2010 - 08 - 30	策勒荒漠综合观测场烘干法采样地	>180～200	1.0
2010 - 10 - 30	策勒荒漠综合观测场烘干法采样地	0～10	3.1
2010 - 10 - 30	策勒荒漠综合观测场烘干法采样地	>10～20	2.7
2010 - 10 - 30	策勒荒漠综合观测场烘干法采样地	>20～30	2.2
2010 - 10 - 30	策勒荒漠综合观测场烘干法采样地	>30～40	3.0
2010 - 10 - 30	策勒荒漠综合观测场烘干法采样地	>40～50	2.8
2010 - 10 - 30	策勒荒漠综合观测场烘干法采样地	>50～60	1.2

（续）

时间（年-月-日）	样地名称	采样层次/cm	质量含水量/%
2010-10-30	策勒荒漠综合观测场烘干法采样地	>60～80	0.7
2010-10-30	策勒荒漠综合观测场烘干法采样地	>80～100	0.7
2010-10-30	策勒荒漠综合观测场烘干法采样地	>100～120	0.9
2010-10-30	策勒荒漠综合观测场烘干法采样地	>120～140	1.1
2010-10-30	策勒荒漠综合观测场烘干法采样地	>140～160	2.0
2010-10-30	策勒荒漠综合观测场烘干法采样地	>160～180	1.0
2010-10-30	策勒荒漠综合观测场烘干法采样地	>180～200	1.6
2010-12-30	策勒荒漠综合观测场烘干法采样地	0～10	2.6
2010-12-30	策勒荒漠综合观测场烘干法采样地	>10～20	2.6
2010-12-30	策勒荒漠综合观测场烘干法采样地	>20～30	2.2
2010-12-30	策勒荒漠综合观测场烘干法采样地	>30～40	1.7
2010-12-30	策勒荒漠综合观测场烘干法采样地	>40～50	1.2
2010-12-30	策勒荒漠综合观测场烘干法采样地	>50～60	4.6
2010-12-30	策勒荒漠综合观测场烘干法采样地	>60～80	1.7
2010-12-30	策勒荒漠综合观测场烘干法采样地	>80～100	1.0
2010-12-30	策勒荒漠综合观测场烘干法采样地	>100～120	1.0
2010-12-30	策勒荒漠综合观测场烘干法采样地	>120～140	1.7
2010-12-30	策勒荒漠综合观测场烘干法采样地	>140～160	0.9
2010-12-30	策勒荒漠综合观测场烘干法采样地	>160～180	1.7
2010-12-30	策勒荒漠综合观测场烘干法采样地	>180～200	1.5
2011-02-28	策勒荒漠综合观测场烘干法采样地	0～10	0.4
2011-02-28	策勒荒漠综合观测场烘干法采样地	>10～20	3.5
2011-02-28	策勒荒漠综合观测场烘干法采样地	>20～30	1.7
2011-02-28	策勒荒漠综合观测场烘干法采样地	>30～40	1.4
2011-02-28	策勒荒漠综合观测场烘干法采样地	>40～50	2.6
2011-02-28	策勒荒漠综合观测场烘干法采样地	>50～60	1.0
2011-02-28	策勒荒漠综合观测场烘干法采样地	>60～80	0.6
2011-02-28	策勒荒漠综合观测场烘干法采样地	>80～100	0.9
2011-02-28	策勒荒漠综合观测场烘干法采样地	>100～120	1.1
2011-02-28	策勒荒漠综合观测场烘干法采样地	>120～140	1.4
2011-02-28	策勒荒漠综合观测场烘干法采样地	>140～160	1.6
2011-02-28	策勒荒漠综合观测场烘干法采样地	>160～180	1.8
2011-02-28	策勒荒漠综合观测场烘干法采样地	>180～200	1.5

（续）

时间（年-月-日）	样地名称	采样层次/cm	质量含水量/%
2011 - 04 - 30	策勒荒漠综合观测场烘干法采样地	0～10	1.6
2011 - 04 - 30	策勒荒漠综合观测场烘干法采样地	>10～20	0.2
2011 - 04 - 30	策勒荒漠综合观测场烘干法采样地	>20～30	0.8
2011 - 04 - 30	策勒荒漠综合观测场烘干法采样地	>30～40	1.5
2011 - 04 - 30	策勒荒漠综合观测场烘干法采样地	>40～50	1.3
2011 - 04 - 30	策勒荒漠综合观测场烘干法采样地	>50～60	0.7
2011 - 04 - 30	策勒荒漠综合观测场烘干法采样地	>60～80	1.2
2011 - 04 - 30	策勒荒漠综合观测场烘干法采样地	>80～100	0.4
2011 - 04 - 30	策勒荒漠综合观测场烘干法采样地	>100～120	3.4
2011 - 04 - 30	策勒荒漠综合观测场烘干法采样地	>120～140	0.8
2011 - 04 - 30	策勒荒漠综合观测场烘干法采样地	>140～160	1.7
2011 - 04 - 30	策勒荒漠综合观测场烘干法采样地	>160～180	1.4
2011 - 04 - 30	策勒荒漠综合观测场烘干法采样地	>180～200	1.8
2011 - 06 - 30	策勒荒漠综合观测场烘干法采样地	0～10	0.9
2011 - 06 - 30	策勒荒漠综合观测场烘干法采样地	>10～20	1.5
2011 - 06 - 30	策勒荒漠综合观测场烘干法采样地	>20～30	1.1
2011 - 06 - 30	策勒荒漠综合观测场烘干法采样地	>30～40	0.8
2011 - 06 - 30	策勒荒漠综合观测场烘干法采样地	>40～50	0.9
2011 - 06 - 30	策勒荒漠综合观测场烘干法采样地	>50～60	2.9
2011 - 06 - 30	策勒荒漠综合观测场烘干法采样地	>60～80	1.5
2011 - 06 - 30	策勒荒漠综合观测场烘干法采样地	>80～100	1.0
2011 - 06 - 30	策勒荒漠综合观测场烘干法采样地	>100～120	0.7
2011 - 06 - 30	策勒荒漠综合观测场烘干法采样地	>120～140	0.4
2011 - 06 - 30	策勒荒漠综合观测场烘干法采样地	>140～160	0.3
2011 - 06 - 30	策勒荒漠综合观测场烘干法采样地	>160～180	0.8
2011 - 06 - 30	策勒荒漠综合观测场烘干法采样地	>180～200	1.0
2011 - 08 - 30	策勒荒漠综合观测场烘干法采样地	0～10	0.3
2011 - 08 - 30	策勒荒漠综合观测场烘干法采样地	>10～20	0.3
2011 - 08 - 30	策勒荒漠综合观测场烘干法采样地	>20～30	0.2
2011 - 08 - 30	策勒荒漠综合观测场烘干法采样地	>30～40	0.9
2011 - 08 - 30	策勒荒漠综合观测场烘干法采样地	>40～50	1.5
2011 - 08 - 30	策勒荒漠综合观测场烘干法采样地	>50～60	0.6
2011 - 08 - 30	策勒荒漠综合观测场烘干法采样地	>60～80	0.6

（续）

时间（年-月-日）	样地名称	采样层次/cm	质量含水量/%
2011-08-30	策勒荒漠综合观测场烘干法采样地	>80~100	0.5
2011-08-30	策勒荒漠综合观测场烘干法采样地	>100~120	3.1
2011-08-30	策勒荒漠综合观测场烘干法采样地	>120~140	1.0
2011-08-30	策勒荒漠综合观测场烘干法采样地	>140~160	1.2
2011-08-30	策勒荒漠综合观测场烘干法采样地	>160~180	0.8
2011-08-30	策勒荒漠综合观测场烘干法采样地	>180~200	2.4
2011-10-30	策勒荒漠综合观测场烘干法采样地	0~10	1.5
2011-10-30	策勒荒漠综合观测场烘干法采样地	>10~20	2.0
2011-10-30	策勒荒漠综合观测场烘干法采样地	>20~30	2.0
2011-10-30	策勒荒漠综合观测场烘干法采样地	>30~40	1.9
2011-10-30	策勒荒漠综合观测场烘干法采样地	>40~50	2.8
2011-10-30	策勒荒漠综合观测场烘干法采样地	>50~60	1.7
2011-10-30	策勒荒漠综合观测场烘干法采样地	>60~80	1.3
2011-10-30	策勒荒漠综合观测场烘干法采样地	>80~100	2.2
2011-10-30	策勒荒漠综合观测场烘干法采样地	>100~120	1.1
2011-10-30	策勒荒漠综合观测场烘干法采样地	>120~140	3.5
2011-10-30	策勒荒漠综合观测场烘干法采样地	>140~160	4.5
2011-10-30	策勒荒漠综合观测场烘干法采样地	>160~180	4.1
2011-10-30	策勒荒漠综合观测场烘干法采样地	>180~200	2.6
2011-12-30	策勒荒漠综合观测场烘干法采样地	0~10	0.4
2011-12-30	策勒荒漠综合观测场烘干法采样地	>10~20	1.0
2011-12-30	策勒荒漠综合观测场烘干法采样地	>20~30	0.5
2011-12-30	策勒荒漠综合观测场烘干法采样地	>30~40	1.1
2011-12-30	策勒荒漠综合观测场烘干法采样地	>40~50	0.5
2011-12-30	策勒荒漠综合观测场烘干法采样地	>50~60	0.4
2011-12-30	策勒荒漠综合观测场烘干法采样地	>60~80	0.3
2011-12-30	策勒荒漠综合观测场烘干法采样地	>80~100	0.5
2011-12-30	策勒荒漠综合观测场烘干法采样地	>100~120	0.7
2011-12-30	策勒荒漠综合观测场烘干法采样地	>120~140	0.9
2011-12-30	策勒荒漠综合观测场烘干法采样地	>140~160	1.0
2011-12-30	策勒荒漠综合观测场烘干法采样地	>160~180	1.7
2011-12-30	策勒荒漠综合观测场烘干法采样地	>180~200	1.9
2012-02-28	策勒荒漠综合观测场烘干法采样地	0~10	0.7

（续）

时间（年-月-日）	样地名称	采样层次/cm	质量含水量/%
2012-02-28	策勒荒漠综合观测场烘干法采样地	>10～20	0.5
2012-02-28	策勒荒漠综合观测场烘干法采样地	>20～30	1.4
2012-02-28	策勒荒漠综合观测场烘干法采样地	>30～40	2.5
2012-02-28	策勒荒漠综合观测场烘干法采样地	>40～50	1.1
2012-02-28	策勒荒漠综合观测场烘干法采样地	>50～60	1.5
2012-02-28	策勒荒漠综合观测场烘干法采样地	>60～80	1.0
2012-02-28	策勒荒漠综合观测场烘干法采样地	>80～100	1.1
2012-02-28	策勒荒漠综合观测场烘干法采样地	>100～120	3.7
2012-02-28	策勒荒漠综合观测场烘干法采样地	>120～140	1.1
2012-02-28	策勒荒漠综合观测场烘干法采样地	>140～160	0.8
2012-02-28	策勒荒漠综合观测场烘干法采样地	>160～180	3.2
2012-02-28	策勒荒漠综合观测场烘干法采样地	>180～200	1.4
2012-04-30	策勒荒漠综合观测场烘干法采样地	0～10	1.1
2012-04-30	策勒荒漠综合观测场烘干法采样地	>10～20	0.9
2012-04-30	策勒荒漠综合观测场烘干法采样地	>20～30	1.0
2012-04-30	策勒荒漠综合观测场烘干法采样地	>30～40	1.0
2012-04-30	策勒荒漠综合观测场烘干法采样地	>40～50	1.0
2012-04-30	策勒荒漠综合观测场烘干法采样地	>50～60	1.0
2012-04-30	策勒荒漠综合观测场烘干法采样地	>60～80	0.9
2012-04-30	策勒荒漠综合观测场烘干法采样地	>80～100	0.7
2012-04-30	策勒荒漠综合观测场烘干法采样地	>100～120	0.9
2012-04-30	策勒荒漠综合观测场烘干法采样地	>120～140	0.9
2012-04-30	策勒荒漠综合观测场烘干法采样地	>140～160	0.7
2012-04-30	策勒荒漠综合观测场烘干法采样地	>160～180	2.2
2012-04-30	策勒荒漠综合观测场烘干法采样地	>180～200	0.8
2012-06-30	策勒荒漠综合观测场烘干法采样地	0～10	4.1
2012-06-30	策勒荒漠综合观测场烘干法采样地	>10～20	2.5
2012-06-30	策勒荒漠综合观测场烘干法采样地	>20～30	1.8
2012-06-30	策勒荒漠综合观测场烘干法采样地	>30～40	1.0
2012-06-30	策勒荒漠综合观测场烘干法采样地	>40～50	0.9
2012-06-30	策勒荒漠综合观测场烘干法采样地	>50～60	0.9
2012-06-30	策勒荒漠综合观测场烘干法采样地	>60～80	1.3
2012-06-30	策勒荒漠综合观测场烘干法采样地	>80～100	0.9

（续）

时间（年-月-日）	样地名称	采样层次/cm	质量含水量/%
2012-06-30	策勒荒漠综合观测场烘干法采样地	>100～120	1.0
2012-06-30	策勒荒漠综合观测场烘干法采样地	>120～140	0.8
2012-06-30	策勒荒漠综合观测场烘干法采样地	>140～160	1.1
2012-06-30	策勒荒漠综合观测场烘干法采样地	>160～180	2.6
2012-06-30	策勒荒漠综合观测场烘干法采样地	>180～200	1.6
2012-08-30	策勒荒漠综合观测场烘干法采样地	0～10	0.1
2012-08-30	策勒荒漠综合观测场烘干法采样地	>10～20	0.2
2012-08-30	策勒荒漠综合观测场烘干法采样地	>20～30	0.7
2012-08-30	策勒荒漠综合观测场烘干法采样地	>30～40	0.8
2012-08-30	策勒荒漠综合观测场烘干法采样地	>40～50	1.4
2012-08-30	策勒荒漠综合观测场烘干法采样地	>50～60	0.7
2012-08-30	策勒荒漠综合观测场烘干法采样地	>60～80	0.8
2012-08-30	策勒荒漠综合观测场烘干法采样地	>80～100	0.9
2012-08-30	策勒荒漠综合观测场烘干法采样地	>100～120	0.9
2012-08-30	策勒荒漠综合观测场烘干法采样地	>120～140	1.0
2012-08-30	策勒荒漠综合观测场烘干法采样地	>140～160	1.5
2012-08-30	策勒荒漠综合观测场烘干法采样地	>160～180	1.3
2012-08-30	策勒荒漠综合观测场烘干法采样地	>180～200	1.8
2012-10-30	策勒荒漠综合观测场烘干法采样地	0～10	0.1
2012-10-30	策勒荒漠综合观测场烘干法采样地	>10～20	0.4
2012-10-30	策勒荒漠综合观测场烘干法采样地	>20～30	0.3
2012-10-30	策勒荒漠综合观测场烘干法采样地	>30～40	0.4
2012-10-30	策勒荒漠综合观测场烘干法采样地	>40～50	0.9
2012-10-30	策勒荒漠综合观测场烘干法采样地	>50～60	1.0
2012-10-30	策勒荒漠综合观测场烘干法采样地	>60～80	0.6
2012-10-30	策勒荒漠综合观测场烘干法采样地	>80～100	1.1
2012-10-30	策勒荒漠综合观测场烘干法采样地	>100～120	1.0
2012-10-30	策勒荒漠综合观测场烘干法采样地	>120～140	0.8
2012-10-30	策勒荒漠综合观测场烘干法采样地	>140～160	0.4
2012-10-30	策勒荒漠综合观测场烘干法采样地	>160～180	0.3
2012-10-30	策勒荒漠综合观测场烘干法采样地	>180～200	0.6
2012-12-30	策勒荒漠综合观测场烘干法采样地	0～10	1.3
2012-12-30	策勒荒漠综合观测场烘干法采样地	>10～20	1.3

（续）

时间（年-月-日）	样地名称	采样层次/cm	质量含水量/%
2012-12-30	策勒荒漠综合观测场烘干法采样地	>20~30	1.2
2012-12-30	策勒荒漠综合观测场烘干法采样地	>30~40	1.1
2012-12-30	策勒荒漠综合观测场烘干法采样地	>40~50	1.4
2012-12-30	策勒荒漠综合观测场烘干法采样地	>50~60	1.2
2012-12-30	策勒荒漠综合观测场烘干法采样地	>60~80	1.1
2012-12-30	策勒荒漠综合观测场烘干法采样地	>80~100	1.0
2012-12-30	策勒荒漠综合观测场烘干法采样地	>100~120	1.5
2012-12-30	策勒荒漠综合观测场烘干法采样地	>120~140	2.7
2012-12-30	策勒荒漠综合观测场烘干法采样地	>140~160	1.0
2012-12-30	策勒荒漠综合观测场烘干法采样地	>160~180	0.8
2012-12-30	策勒荒漠综合观测场烘干法采样地	>180~200	1.2
2013-02-28	策勒荒漠综合观测场烘干法采样地	0~10	0.6
2013-02-28	策勒荒漠综合观测场烘干法采样地	>10~20	0.6
2013-02-28	策勒荒漠综合观测场烘干法采样地	>20~30	0.3
2013-02-28	策勒荒漠综合观测场烘干法采样地	>30~40	1.2
2013-02-28	策勒荒漠综合观测场烘干法采样地	>40~50	0.3
2013-02-28	策勒荒漠综合观测场烘干法采样地	>50~60	0.2
2013-02-28	策勒荒漠综合观测场烘干法采样地	>60~80	0.4
2013-02-28	策勒荒漠综合观测场烘干法采样地	>80~100	0.4
2013-02-28	策勒荒漠综合观测场烘干法采样地	>100~120	0.6
2013-02-28	策勒荒漠综合观测场烘干法采样地	>120~140	0.6
2013-02-28	策勒荒漠综合观测场烘干法采样地	>140~160	0.5
2013-02-28	策勒荒漠综合观测场烘干法采样地	>160~180	2.6
2013-02-28	策勒荒漠综合观测场烘干法采样地	>180~200	1.0
2013-04-30	策勒荒漠综合观测场烘干法采样地	0~10	0.5
2013-04-30	策勒荒漠综合观测场烘干法采样地	>10~20	0.8
2013-04-30	策勒荒漠综合观测场烘干法采样地	>20~30	0.2
2013-04-30	策勒荒漠综合观测场烘干法采样地	>30~40	0.4
2013-04-30	策勒荒漠综合观测场烘干法采样地	>40~50	0.7
2013-04-30	策勒荒漠综合观测场烘干法采样地	>50~60	0.8
2013-04-30	策勒荒漠综合观测场烘干法采样地	>60~80	0.9
2013-04-30	策勒荒漠综合观测场烘干法采样地	>80~100	1.3
2013-04-30	策勒荒漠综合观测场烘干法采样地	>100~120	0.6

（续）

时间（年-月-日）	样地名称	采样层次/cm	质量含水量/%
2013-04-30	策勒荒漠综合观测场烘干法采样地	>120～140	0.5
2013-04-30	策勒荒漠综合观测场烘干法采样地	>140～160	0.3
2013-04-30	策勒荒漠综合观测场烘干法采样地	>160～180	0.3
2013-04-30	策勒荒漠综合观测场烘干法采样地	>180～200	0.1
2013-06-30	策勒荒漠综合观测场烘干法采样地	0～10	0.6
2013-06-30	策勒荒漠综合观测场烘干法采样地	>10～20	0.7
2013-06-30	策勒荒漠综合观测场烘干法采样地	>20～30	0.7
2013-06-30	策勒荒漠综合观测场烘干法采样地	>30～40	0.6
2013-06-30	策勒荒漠综合观测场烘干法采样地	>40～50	0.7
2013-06-30	策勒荒漠综合观测场烘干法采样地	>50～60	0.6
2013-06-30	策勒荒漠综合观测场烘干法采样地	>60～80	1.5
2013-06-30	策勒荒漠综合观测场烘干法采样地	>80～100	1.1
2013-06-30	策勒荒漠综合观测场烘干法采样地	>100～120	0.8
2013-06-30	策勒荒漠综合观测场烘干法采样地	>120～140	1.5
2013-06-30	策勒荒漠综合观测场烘干法采样地	>140～160	1.3
2013-06-30	策勒荒漠综合观测场烘干法采样地	>160～180	1.7
2013-06-30	策勒荒漠综合观测场烘干法采样地	>180～200	1.4
2013-08-30	策勒荒漠综合观测场烘干法采样地	0～10	0.1
2013-08-30	策勒荒漠综合观测场烘干法采样地	>10～20	0.1
2013-08-30	策勒荒漠综合观测场烘干法采样地	>20～30	0.2
2013-08-30	策勒荒漠综合观测场烘干法采样地	>30～40	0.2
2013-08-30	策勒荒漠综合观测场烘干法采样地	>40～50	0.3
2013-08-30	策勒荒漠综合观测场烘干法采样地	>50～60	0.5
2013-08-30	策勒荒漠综合观测场烘干法采样地	>60～80	0.7
2013-08-30	策勒荒漠综合观测场烘干法采样地	>80～100	0.9
2013-08-30	策勒荒漠综合观测场烘干法采样地	>100～120	1.3
2013-08-30	策勒荒漠综合观测场烘干法采样地	>120～140	0.9
2013-08-30	策勒荒漠综合观测场烘干法采样地	>140～160	0.9
2013-08-30	策勒荒漠综合观测场烘干法采样地	>160～180	0.8
2013-08-30	策勒荒漠综合观测场烘干法采样地	>180～200	0.9
2013-10-30	策勒荒漠综合观测场烘干法采样地	0～10	0.3
2013-10-30	策勒荒漠综合观测场烘干法采样地	>10～20	0.8
2013-10-30	策勒荒漠综合观测场烘干法采样地	>20～30	0.5

（续）

时间（年-月-日）	样地名称	采样层次/cm	质量含水量/%
2013-10-30	策勒荒漠综合观测场烘干法采样地	>30～40	1.5
2013-10-30	策勒荒漠综合观测场烘干法采样地	>40～50	0.6
2013-10-30	策勒荒漠综合观测场烘干法采样地	>50～60	0.6
2013-10-30	策勒荒漠综合观测场烘干法采样地	>60～80	0.7
2013-10-30	策勒荒漠综合观测场烘干法采样地	>80～100	0.8
2013-10-30	策勒荒漠综合观测场烘干法采样地	>100～120	0.9
2013-10-30	策勒荒漠综合观测场烘干法采样地	>120～140	1.2
2013-10-30	策勒荒漠综合观测场烘干法采样地	>140～160	1.5
2013-10-30	策勒荒漠综合观测场烘干法采样地	>160～180	1.5
2013-10-30	策勒荒漠综合观测场烘干法采样地	>180～200	1.4
2013-12-30	策勒荒漠综合观测场烘干法采样地	0～10	0.3
2013-12-30	策勒荒漠综合观测场烘干法采样地	>10～20	0.3
2013-12-30	策勒荒漠综合观测场烘干法采样地	>20～30	0.4
2013-12-30	策勒荒漠综合观测场烘干法采样地	>30～40	0.5
2013-12-30	策勒荒漠综合观测场烘干法采样地	>40～50	0.6
2013-12-30	策勒荒漠综合观测场烘干法采样地	>50～60	0.8
2013-12-30	策勒荒漠综合观测场烘干法采样地	>60～80	0.9
2013-12-30	策勒荒漠综合观测场烘干法采样地	>80～100	0.9
2013-12-30	策勒荒漠综合观测场烘干法采样地	>100～120	1.2
2013-12-30	策勒荒漠综合观测场烘干法采样地	>120～140	1.6
2013-12-30	策勒荒漠综合观测场烘干法采样地	>140～160	1.6
2013-12-30	策勒荒漠综合观测场烘干法采样地	>160～180	1.3
2013-12-30	策勒荒漠综合观测场烘干法采样地	>180～200	1.2
2014-02-28	策勒荒漠综合观测场烘干法采样地	0～10	0.2
2014-02-28	策勒荒漠综合观测场烘干法采样地	>10～20	0.3
2014-02-28	策勒荒漠综合观测场烘干法采样地	>20～30	0.3
2014-02-28	策勒荒漠综合观测场烘干法采样地	>30～40	0.5
2014-02-28	策勒荒漠综合观测场烘干法采样地	>40～50	0.4
2014-02-28	策勒荒漠综合观测场烘干法采样地	>50～60	0.4
2014-02-28	策勒荒漠综合观测场烘干法采样地	>60～80	0.4
2014-02-28	策勒荒漠综合观测场烘干法采样地	>80～100	0.5
2014-02-28	策勒荒漠综合观测场烘干法采样地	>100～120	0.8
2014-02-28	策勒荒漠综合观测场烘干法采样地	>120～140	1.0

（续）

时间（年-月-日）	样地名称	采样层次/cm	质量含水量/%
2014-02-28	策勒荒漠综合观测场烘干法采样地	>140～160	0.9
2014-02-28	策勒荒漠综合观测场烘干法采样地	>160～180	1.0
2014-02-28	策勒荒漠综合观测场烘干法采样地	>180～200	1.3
2014-04-30	策勒荒漠综合观测场烘干法采样地	0～10	0.2
2014-04-30	策勒荒漠综合观测场烘干法采样地	>10～20	0.2
2014-04-30	策勒荒漠综合观测场烘干法采样地	>20～30	0.2
2014-04-30	策勒荒漠综合观测场烘干法采样地	>30～40	0.2
2014-04-30	策勒荒漠综合观测场烘干法采样地	>40～50	0.4
2014-04-30	策勒荒漠综合观测场烘干法采样地	>50～60	0.3
2014-04-30	策勒荒漠综合观测场烘干法采样地	>60～80	0.3
2014-04-30	策勒荒漠综合观测场烘干法采样地	>80～100	0.6
2014-04-30	策勒荒漠综合观测场烘干法采样地	>100～120	0.4
2014-04-30	策勒荒漠综合观测场烘干法采样地	>120～140	0.8
2014-04-30	策勒荒漠综合观测场烘干法采样地	>140～160	1.0
2014-04-30	策勒荒漠综合观测场烘干法采样地	>160～180	1.6
2014-04-30	策勒荒漠综合观测场烘干法采样地	>180～200	1.6
2014-06-30	策勒荒漠综合观测场烘干法采样地	0～10	0.4
2014-06-30	策勒荒漠综合观测场烘干法采样地	>10～20	1.1
2014-06-30	策勒荒漠综合观测场烘干法采样地	>20～30	0.3
2014-06-30	策勒荒漠综合观测场烘干法采样地	>30～40	0.2
2014-06-30	策勒荒漠综合观测场烘干法采样地	>40～50	0.2
2014-06-30	策勒荒漠综合观测场烘干法采样地	>50～60	0.1
2014-06-30	策勒荒漠综合观测场烘干法采样地	>60～80	0.5
2014-06-30	策勒荒漠综合观测场烘干法采样地	>80～100	0.5
2014-06-30	策勒荒漠综合观测场烘干法采样地	>100～120	0.2
2014-06-30	策勒荒漠综合观测场烘干法采样地	>120～140	0.3
2014-06-30	策勒荒漠综合观测场烘干法采样地	>140～160	0.6
2014-06-30	策勒荒漠综合观测场烘干法采样地	>160～180	0.7
2014-06-30	策勒荒漠综合观测场烘干法采样地	>180～200	1.1
2014-08-30	策勒荒漠综合观测场烘干法采样地	0～10	0.9
2014-08-30	策勒荒漠综合观测场烘干法采样地	>10～20	0.3
2014-08-30	策勒荒漠综合观测场烘干法采样地	>20～30	0.4
2014-08-30	策勒荒漠综合观测场烘干法采样地	>30～40	0.2

（续）

时间（年-月-日）	样地名称	采样层次/cm	质量含水量/%
2014-08-30	策勒荒漠综合观测场烘干法采样地	>40～50	2.0
2014-08-30	策勒荒漠综合观测场烘干法采样地	>50～60	0.3
2014-08-30	策勒荒漠综合观测场烘干法采样地	>60～80	0.5
2014-08-30	策勒荒漠综合观测场烘干法采样地	>80～100	0.5
2014-08-30	策勒荒漠综合观测场烘干法采样地	>100～120	0.4
2014-08-30	策勒荒漠综合观测场烘干法采样地	>120～140	2.0
2014-08-30	策勒荒漠综合观测场烘干法采样地	>140～160	0.3
2014-08-30	策勒荒漠综合观测场烘干法采样地	>160～180	0.5
2014-08-30	策勒荒漠综合观测场烘干法采样地	>180～200	0.4
2014-10-30	策勒荒漠综合观测场烘干法采样地	0～10	0.2
2014-10-30	策勒荒漠综合观测场烘干法采样地	>10～20	1.2
2014-10-30	策勒荒漠综合观测场烘干法采样地	>20～30	0.3
2014-10-30	策勒荒漠综合观测场烘干法采样地	>30～40	0.3
2014-10-30	策勒荒漠综合观测场烘干法采样地	>40～50	0.3
2014-10-30	策勒荒漠综合观测场烘干法采样地	>50～60	0.3
2014-10-30	策勒荒漠综合观测场烘干法采样地	>60～80	0.4
2014-10-30	策勒荒漠综合观测场烘干法采样地	>80～100	0.4
2014-10-30	策勒荒漠综合观测场烘干法采样地	>100～120	0.5
2014-10-30	策勒荒漠综合观测场烘干法采样地	>120～140	0.5
2014-10-30	策勒荒漠综合观测场烘干法采样地	>140～160	0.5
2014-10-30	策勒荒漠综合观测场烘干法采样地	>160～180	0.7
2014-10-30	策勒荒漠综合观测场烘干法采样地	>180～200	0.8
2014-12-30	策勒荒漠综合观测场烘干法采样地	0～10	0.7
2014-12-30	策勒荒漠综合观测场烘干法采样地	>10～20	0.7
2014-12-30	策勒荒漠综合观测场烘干法采样地	>20～30	1.2
2014-12-30	策勒荒漠综合观测场烘干法采样地	>30～40	0.5
2014-12-30	策勒荒漠综合观测场烘干法采样地	>40～50	0.6
2014-12-30	策勒荒漠综合观测场烘干法采样地	>50～60	0.9
2014-12-30	策勒荒漠综合观测场烘干法采样地	>60～80	1.0
2014-12-30	策勒荒漠综合观测场烘干法采样地	>80～100	0.9
2014-12-30	策勒荒漠综合观测场烘干法采样地	>100～120	1.4
2014-12-30	策勒荒漠综合观测场烘干法采样地	>120～140	1.4
2014-12-30	策勒荒漠综合观测场烘干法采样地	>140～160	1.7

（续）

时间（年-月-日）	样地名称	采样层次/cm	质量含水量/%
2014-12-30	策勒荒漠综合观测场烘干法采样地	>160～180	1.3
2014-12-30	策勒荒漠综合观测场烘干法采样地	>180～200	1.4
2015-02-28	策勒荒漠综合观测场烘干法采样地	0～10	0.4
2015-02-28	策勒荒漠综合观测场烘干法采样地	>10～20	0.4
2015-02-28	策勒荒漠综合观测场烘干法采样地	>20～30	0.3
2015-02-28	策勒荒漠综合观测场烘干法采样地	>30～40	0.4
2015-02-28	策勒荒漠综合观测场烘干法采样地	>40～50	0.5
2015-02-28	策勒荒漠综合观测场烘干法采样地	>50～60	0.7
2015-02-28	策勒荒漠综合观测场烘干法采样地	>60～80	0.8
2015-02-28	策勒荒漠综合观测场烘干法采样地	>80～100	0.9
2015-02-28	策勒荒漠综合观测场烘干法采样地	>100～120	0.7
2015-02-28	策勒荒漠综合观测场烘干法采样地	>120～140	1.5
2015-02-28	策勒荒漠综合观测场烘干法采样地	>140～160	1.4
2015-02-28	策勒荒漠综合观测场烘干法采样地	>160～180	1.4
2015-02-28	策勒荒漠综合观测场烘干法采样地	>180～200	1.0
2015-04-30	策勒荒漠综合观测场烘干法采样地	0～10	1.3
2015-04-30	策勒荒漠综合观测场烘干法采样地	>10～20	1.6
2015-04-30	策勒荒漠综合观测场烘干法采样地	>20～30	1.4
2015-04-30	策勒荒漠综合观测场烘干法采样地	>30～40	1.4
2015-04-30	策勒荒漠综合观测场烘干法采样地	>40～50	1.3
2015-04-30	策勒荒漠综合观测场烘干法采样地	>50～60	1.3
2015-04-30	策勒荒漠综合观测场烘干法采样地	>60～80	1.6
2015-04-30	策勒荒漠综合观测场烘干法采样地	>80～100	1.2
2015-04-30	策勒荒漠综合观测场烘干法采样地	>100～120	1.3
2015-04-30	策勒荒漠综合观测场烘干法采样地	>120～140	2.0
2015-04-30	策勒荒漠综合观测场烘干法采样地	>140～160	1.4
2015-04-30	策勒荒漠综合观测场烘干法采样地	>160～180	1.5
2015-04-30	策勒荒漠综合观测场烘干法采样地	>180～200	1.4
2015-06-30	策勒荒漠综合观测场烘干法采样地	0～10	1.6
2015-06-30	策勒荒漠综合观测场烘干法采样地	>10～20	0.7
2015-06-30	策勒荒漠综合观测场烘干法采样地	>20～30	1.0
2015-06-30	策勒荒漠综合观测场烘干法采样地	>30～40	0.8
2015-06-30	策勒荒漠综合观测场烘干法采样地	>40～50	1.0

（续）

时间（年-月-日）	样地名称	采样层次/cm	质量含水量/%
2015-06-30	策勒荒漠综合观测场烘干法采样地	>50～60	1.2
2015-06-30	策勒荒漠综合观测场烘干法采样地	>60～80	1.3
2015-06-30	策勒荒漠综合观测场烘干法采样地	>80～100	1.5
2015-06-30	策勒荒漠综合观测场烘干法采样地	>100～120	1.8
2015-06-30	策勒荒漠综合观测场烘干法采样地	>120～140	1.8
2015-06-30	策勒荒漠综合观测场烘干法采样地	>140～160	2.2
2015-06-30	策勒荒漠综合观测场烘干法采样地	>160～180	2.4
2015-06-30	策勒荒漠综合观测场烘干法采样地	>180～200	2.3
2015-08-30	策勒荒漠综合观测场烘干法采样地	0～10	0.3
2015-08-30	策勒荒漠综合观测场烘干法采样地	>10～20	0.5
2015-08-30	策勒荒漠综合观测场烘干法采样地	>20～30	0.3
2015-08-30	策勒荒漠综合观测场烘干法采样地	>30～40	0.5
2015-08-30	策勒荒漠综合观测场烘干法采样地	>40～50	0.4
2015-08-30	策勒荒漠综合观测场烘干法采样地	>50～60	0.7
2015-08-30	策勒荒漠综合观测场烘干法采样地	>60～80	0.4
2015-08-30	策勒荒漠综合观测场烘干法采样地	>80～100	0.4
2015-08-30	策勒荒漠综合观测场烘干法采样地	>100～120	0.7
2015-08-30	策勒荒漠综合观测场烘干法采样地	>120～140	1.2
2015-08-30	策勒荒漠综合观测场烘干法采样地	>140～160	1.7
2015-08-30	策勒荒漠综合观测场烘干法采样地	>160～180	1.6
2015-08-30	策勒荒漠综合观测场烘干法采样地	>180～200	1.2
2015-10-30	策勒荒漠综合观测场烘干法采样地	0～10	0.3
2015-10-30	策勒荒漠综合观测场烘干法采样地	>10～20	0.2
2015-10-30	策勒荒漠综合观测场烘干法采样地	>20～30	0.4
2015-10-30	策勒荒漠综合观测场烘干法采样地	>30～40	0.3
2015-10-30	策勒荒漠综合观测场烘干法采样地	>40～50	0.2
2015-10-30	策勒荒漠综合观测场烘干法采样地	>50～60	0.5
2015-10-30	策勒荒漠综合观测场烘干法采样地	>60～80	0.6
2015-10-30	策勒荒漠综合观测场烘干法采样地	>80～100	0.6
2015-10-30	策勒荒漠综合观测场烘干法采样地	>100～120	1.1
2015-10-30	策勒荒漠综合观测场烘干法采样地	>120～140	1.0
2015-10-30	策勒荒漠综合观测场烘干法采样地	>140～160	1.5
2015-10-30	策勒荒漠综合观测场烘干法采样地	>160～180	1.6

（续）

时间（年-月-日）	样地名称	采样层次/cm	质量含水量/%
2015-10-30	策勒荒漠综合观测场烘干法采样地	>180～200	1.3
2015-12-30	策勒荒漠综合观测场烘干法采样地	0～10	0.4
2015-12-30	策勒荒漠综合观测场烘干法采样地	>10～20	0.2
2015-12-30	策勒荒漠综合观测场烘干法采样地	>20～30	0.2
2015-12-30	策勒荒漠综合观测场烘干法采样地	>30～40	0.2
2015-12-30	策勒荒漠综合观测场烘干法采样地	>40～50	0.3
2015-12-30	策勒荒漠综合观测场烘干法采样地	>50～60	0.2
2015-12-30	策勒荒漠综合观测场烘干法采样地	>60～80	0.4
2015-12-30	策勒荒漠综合观测场烘干法采样地	>80～100	0.4
2015-12-30	策勒荒漠综合观测场烘干法采样地	>100～120	0.6
2015-12-30	策勒荒漠综合观测场烘干法采样地	>120～140	0.6
2015-12-30	策勒荒漠综合观测场烘干法采样地	>140～160	0.9
2015-12-30	策勒荒漠综合观测场烘干法采样地	>160～180	0.7
2015-12-30	策勒荒漠综合观测场烘干法采样地	>180～200	0.6

2009—2015年策勒荒漠综合观测场0～200 cm土壤质量含水量的平均值在0.7%～1.8%，呈现波动趋势。2014年策勒荒漠综合观测场土壤质量含水量最低，而2010年策勒荒漠综合观测场土壤质量含水量最高（图5-2）。

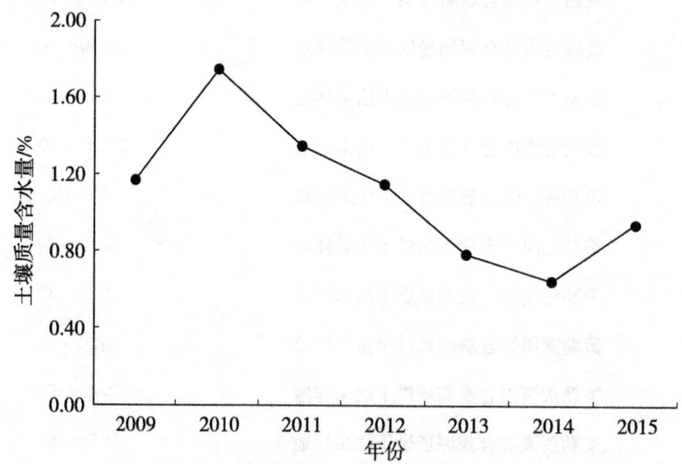

图5-2 2009—2015年策勒荒漠综合观测场0～200 cm土层土壤质量含水量

5.2 地表水及地下水水质数据集

5.2.1 概述

本数据包括策勒站2009—2015年流动地表水、静止地表水、绿洲农田井和灌溉水井水质数据。

5.2.2　数据采集和处理方法

人工采集流动地表水、静止地表水、绿洲农田井和灌溉水井水样，分析水质数据。原始数据观测频率为每年 4 次。

5.2.3　数据质量控制和评估

按照《中国生态系统研究网络（CERN）长期观测质量管理规范》中陆地生态系统水环境观测质量保证与质量控制的相关规定执行，实验室分析测定时插入国家标准样品进行质控；水质数据采用阴阳离子平衡检验、质量法、加和法和电导率校核等方法进行测定和对比，剔除异常值，提高数据的可靠性（黄丽等，2020）。

数据产品处理方法：①出版质控后的原始数据；②数据表按样地拆分出版。

数据获取方法、数据计量单位、小数位数见表 5-3。

表 5-3　数据获取方法与计量单位

指标名称	单位	小数位数	数据获取方法
pH	无量纲	2	玻璃电极法
钙离子（Ca^{2+}）	mg/L	2	EDTA 滴定法
镁离子（Mg^{2+}）	mg/L	2	EDTA 滴定法
钾离子（K^{+}）	mg/L	2	火焰原子吸收分光光度法
钠离子（Na^{+}）	mg/L	2	火焰原子吸收分光光度法
碳酸根离子（CO_3^{2-}）	mg/L	2	酸碱滴定法
重碳酸根离子（HCO_3^{-}）	mg/L	2	酸碱滴定法
氯化物（Cl^{-}）	mg/L	2	离子色谱法
硫酸根离子（SO_4^{2-}）	mg/L	2	离子色谱法
磷酸根离子（PO_4^{3-}）	mg/L	2	离子色谱法
硝酸根（NO_3^{-}）	mg/L	2	离子色谱法
水中溶解氧（DO）	mg/L	2	电化学探头法
矿化度	mg/L	2	质量法
总氮（N）	mg/L	2	硫酸-高氯酸消煮法
总磷（P）	mg/L	2	钼酸铵分光光度法
电导率	mS/cm	2	电导率仪

5.2.4　数据使用方法和建议

地表及地下水的水质能够直接反映地表及地下水的水体质量，因此测定地表及地下水的水质具有重要的实际意义。本数据集时间跨度为 7 年，研究时间较长，能反映地表水及地下水的水质在较长时间内的变化。在数据使用过程中，如有疑问，可以通过 zhangbo@ms. xjb. ac. cn 联系相关人员。

5.2.5　数据

策勒站 2009—2015 年流动地表水、静止地表水、绿洲农田井和灌溉水井水质见表 5-4。

表 5-4 策勒站 2009—2015 年流动地表水、静止地表水、绿洲农田井和灌溉水井水质

时间（年-月）	采样地名称	pH	钙离子/（Ca^{2+}，mg/L）	镁离子/（Mg^{2+}，mg/L）	钾离子/（K^{+}，mg/L）	钠离子/（Na^{+}，mg/L）	碳酸根离子/（CO_3^{2-}，mg/L）	重碳酸根离子/（HCO_3^{-}，mg/L）	氯化物/（Cl^{-}）	硫酸根离子/（SO_4^{2-}，mg/L）	磷酸根离子/（PO_4^{3-}，mg/L）	硝酸根/（NO_3^{-}，mg/L）	矿化度/（mg/L）	水中溶解氧/（DO，mg/L）	总氮/（N，mg/L）	总磷/（P，mg/L）	电导率/（mS/cm）
2009-01	策勒流动地表水水质采样地	7.8	53.6	25.7	8.1	80.7	0.0	111.8	239.4	331.1	0.0	10.8	875.0	0.0	2.6	0.0	0.0
2009-04	策勒流动地表水水质采样地	7.7	47.8	26.9	7.9	76.6	0.0	86.0	187.7	263.4	0.0	9.8	725.0	0.0	2.2	0.2	0.0
2009-05	策勒流动地表水水质采样地	7.5	32.5	19.3	8.8	41.0	0.0	86.0	85.3	151.5	0.0	2.2	455.0	4.9	0.6	0.1	412.0
2009-07	策勒流动地表水水质采样地	8.2	33.1	24.8	8.2	70.0	0.0	140.6	103.3	143.5	0.0	5.8	535.0	0.0	1.3	0.0	0.0
2009-10	策勒流动地表水水质采样地	8.2	35.0	56.0	13.5	59.9	0.0	180.2	234.2	304.9	0.0	10.8	910.0	0.0	2.2	0.3	0.0
2009-01	策勒静止地表水水质采样地	7.9	30.6	39.7	8.2	112.2	0.0	86.0	179.4	137.4	0.0	0.0	627.0	0.0	0.1	0.0	0.0
2009-04	策勒静止地表水水质采样地	7.9	32.5	21.0	7.7	82.7	0.0	120.4	145.8	109.5	0.0	1.3	535.0	0.0	0.3	0.0	0.0
2009-05	策勒静止地表水水质采样地	7.9	57.4	30.9	7.7	16.1	0.0	94.6	316.8	378.8	0.0	1.2	910.0	5.3	0.3	0.0	934.0
2009-07	策勒静止地表水水质采样地	8.2	44.5	16.7	12.6	38.2	0.0	120.9	130.6	131.5	0.0	3.4	515.0	0.0	1.0	0.0	0.0
2009-10	策勒静止地表水水质采样地	8.3	42.6	12.1	13.2	42.8	0.0	109.9	138.3	106.9	0.0	2.4	485.0	0.0	0.6	0.0	0.0
2009-01	策勒灌溉水井水质采样地	7.8	59.3	18.7	8.1	110.5	0.0	103.2	254.2	346.9	0.0	26.1	945.0	0.0	6.0	0.0	0.0
2009-04	策勒灌溉水井水质采样地	7.4	63.2	38.5	8.3	106.7	0.0	111.8	286.6	366.6	0.0	27.1	1 150	0.0	6.5	0.0	0.0

（续）

时间（年-月）	采样地名称	pH	钙离子/（Ca^{2+}，mg/L）	镁离子/（Mg^{2+}，mg/L）	钾离子/（K^{+}，mg/L）	钠离子/（Na^{+}，mg/L）	碳酸根离子/（CO_3^{2-}，mg/L）	重碳酸根离子/（HCO_3^{-}，mg/L）	氯化物/（Cl^{-}）	硫酸根离子/（SO_4^{2-}，mg/L）	磷酸根离子/（PO_4^{3-}，mg/L）	硝酸根/（NO_3^{-}，mg/L）	矿化度/（mg/L）	水中溶解氧/（DO，mg/L）	总氮/（N，mg/L）	总磷/（P，mg/L）	电导率/（mS/cm）
2009-05	策勒灌溉水井水质采样地	7.7	63.2	39.7	8.3	99.6	0.0	232.2	298.6	380.2	0.0	27.4	1 185.0	6.2	6.5	0.0	1 020.0
2009-07	策勒灌溉水井水质采样地	7.8	59.6	40.4	15.6	201.3	0.0	178.0	249.6	315.1	0.0	25.1	1 095.0	0.0	5.8	0.0	0.0
2009-10	策勒灌溉水井水质采样地	0.0	0.0	0.0	0.0	0.0	0.0	0.0	0.0	0.0	0.0	0.0	0.0	0.0	0.0	0.0	0.0
2009-01	策勒绿洲农田综合观测场观测井	8.0	34.4	40.9	11.4	59.9	0.0	90.3	35.9	317.8	0.0	60.2	665.0	0.0	13.8	0.0	
2009-04	策勒绿洲农田综合观测场观测井	8.1	30.6	51.4	10.3	108.8	0.0	129.0	259.6	310.8	0.0	57.0	985.0	0.0	12.9	0.0	
2009-05	策勒绿洲农田综合观测场观测井	8.1	32.5	52.5	10.3	127.5	0.0	301.0	265.2	315.1	0.0	57.9	1 185.0	4.9	13.2	0.0	979.0
2009-07	策勒绿洲农田综合观测场观测井	8.1	33.1	52.5	23.0	212.9	0.0	193.4	246.2	291.6	0.0	58.9	1 135.0	0.0	13.5	0.0	0.0
2009-10	策勒绿洲农田综合观测场观测井	7.6	33.1	59.4	16.8	192.9	0.0	320.8	276.0	352.3	0.0	30.5	1 295.0	0.0	7.2	0.0	0.0
2009-01	策勒荒漠综合观测场观测井	8.3	28.7	21.0	8.3	42.8	0.0	81.7	86.3	150.6	0.0	1.1	435.0	0.0	0.3	0.0	0.0
2009-04	策勒荒漠综合观测场观测井	7.9	32.5	25.7	7.7	26.4	0.0	64.5	82.4	149.9	0.0	1.1	410.0	0.0	0.3	0.0	0.0
2009-05	策勒荒漠综合观测场观测井	7.8	32.5	15.2	7.7	43.4	0.0	223.6	152.9	113.7	0.0	1.1	656.0	3.1	0.3	0.0	399.0
2009-07	策勒荒漠综合观测场观测井	7.7	38.8	15.6	15.4	48.2	0.0	193.4	76.8	132.9	0.0	2.9	535.0	0.0	0.7	0.0	0.0

（续）

时间（年-月）	采样地名称	pH	钙离子/（Ca^{2+}，mg/L）	镁离子/（Mg^{2+}，mg/L）	钾离子/（K^{+}，mg/L）	钠离子/（Na^{+}，mg/L）	碳酸根离子/（CO_3^{2-}，mg/L）	重碳酸根离子/（HCO_3^{-}，mg/L）	氯化物/（Cl^{-}）	硫酸根离子/（SO_4^{2-}，mg/L）	磷酸根离子/（PO_4^{3-}，mg/L）	硝酸根/（NO_3^{-}，mg/L）	矿化度/（mg/L）	水中溶解氧/（DO，mg/L）	总氮/（N，mg/L）	总磷/（P，mg/L）	电导率/（mS/cm）
2009-10	策勒荒漠综合观测场观测井	7.8	36.0	18.5	14.1	43.5	0.0	182.4	72.3	128.8	0.0	4.0	515.0	0.0	0.9	0.0	0.0
2010-04	策勒流动地表水水质采样地	7.4	128.5	45.9	12.9	96.2	0.0	144.5	154.6	162.9	0.0	1.8	820.0	8.0	6.5	0.6	1.1
2010-07	策勒流动地表水水质采样地	7.6	109.9	26.5	10.4	55.5	0.0	167.0	80.3	119.6	0.0	1.2	621.0	6.3	5.8	0.0	0.8
2010-10	策勒流动地表水水质采样地	7.9	94.2	39.1	7.9	108.4	0.0	38.6	136.2	218.3	0.0	1.2	780.0	6.2	0.9	0.0	1.1
2010-04	策勒静止地表水水质采样地	7.4	102.1	39.2	18.3	87.4	0.0	113.1	203.1	112.4	0.0	0.0	789.0	7.8	1.4	0.1	1.0
2010-07	策勒静止地表水水质采样地	7.6	82.6	39.6	19.8	93.7	0.0	83.5	218.9	113.5	0.0	0.0	756.0	7.4	1.1	0.0	1.0
2010-10	策勒静止地表水水质采样地	7.7	31.7	13.5	5.9	40.6	0.0	28.8	149.9	91.8	0.0	0.0	496.0	6.3	0.0	0.0	0.8
2010-04	策勒灌溉水井水质采样地	7.2	220.3	78.6	22.4	235.9	0.0	318.0	339.3	423.1	0.0	8.0	1 723.0	7.7	0.6	0.0	2.1
2010-07	策勒灌溉水井水质采样地	7.4	229.4	79.2	22.3	244.0	0.0	317.8	372.7	380.3	0.0	6.6	1 735.0	8.1	0.7	0.1	2.1
2010-10	策勒灌溉水井水质采样地	8.0	223.0	128.0	25.5	396.9	0.0	65.9	267.8	299.7	0.0	6.0	1 578.0	8.3	5.6	0.0	1.6
2010-04	策勒绿洲农田综合观测场观测井	7.2	132.2	114.3	20.7	259.7	0.0	435.7	250.1	397.4	0.0	2.7	1 658.0	7.8	2.7	0.0	2.1
2010-07	策勒绿洲农田综合观测场观测井	7.5	136.4	113.5	25.0	280.0	0.0	419.9	248.4	399.0	0.0	0.6	1 672.0	6.9	0.2	0.3	2.0
2010-10	策勒绿洲农田综合观测场观测井	9.4	72.6	93.8	14.0	224.7	21.7	52.1	228.7	288.4	0.0	10.1	1 280.0	6.1	10.5	0.0	1.7
2010-04	策勒荒漠综合观测场观测井	7.3	106.1	41.6	22.0	86.5	0.0	140.1	113.4	144.4	0.0	0.8	696.0	8.0	12.6	0.0	1.0

（续）

时间（年-月）	采样地名称	pH	钙离子/（Ca^{2+}，mg/L）	镁离子/（Mg^{2+}，mg/L）	钾离子/（K^{+}，mg/L）	钠离子/（Na^{+}，mg/L）	碳酸根离子/（CO_3^{2-}，mg/L）	重碳酸根离子/（HCO_3^{-}，mg/L）	氯化物/（Cl^{-}）	硫酸根离子/（SO_4^{2-}，mg/L）	磷酸根离子/（PO_4^{3-}，mg/L）	硝酸根/（NO_3^{-}，mg/L）	矿化度/（mg/L）	水中溶解氧/（DO，mg/L）	总氮/（N，mg/L）	总磷/（P，mg/L）	电导率/（mS/cm）
2010-07	策勒荒漠综合观测场观测井	7.6	106.2	36.1	20.6	70.8	0.0	169.9	89.5	132.8	0.0	1.1	687.0	7.1	12.2	0.1	0.8
2010-10	策勒荒漠综合观测场观测井	7.3	40.4	15.6	6.0	45.1	7.8	47.8	57.0	89.4	0.0	1.0	356.0	6.3	1.2	0.0	0.6
2011-01	策勒灌溉水井水质采样地	7.5	225.4	98.1	22.6	247.5	0.0	319.2	285.8	312.4	0.0	0.0	1 408.0	4.4	9.2	0.0	1.8
2011-04	策勒灌溉水井水质采样地	8.3	222.4	107.1	15.6	252.8	5.2	417.8	329.5	352.7	0.0	0.0	1 376.0	6.6	7.7	0.0	1.8
2011-10	策勒灌溉水井水质采样地	7.9	135.1	147.4	26.1	311.4	0.0	398.8	381.8	486.0	0.0	0.0	2 228.0	5.9	3.6	0.1	2.5
2011-01	策勒荒漠综合观测场观测井	8.1	70.6	25.2	10.9	64.7	0.0	127.7	68.2	100.3	0.0	0.0	488.0	5.5	0.9	0.0	0.6
2011-04	策勒荒漠综合观测场观测井	8.7	95.2	31.1	10.8	74.3	0.0	136.0	74.2	113.2	0.0	0.0	560.0	6.7	1.8	0.0	0.7
2011-10	策勒荒漠综合观测场观测井	6.3	139.3	81.6	16.8	260.6	0.0	293.3	293.8	348.4	0.0	0.0	1 528.0	3.4	5.2	0.3	1.9
2011-01	策勒绿洲农田综合观测场观测井	9.8	86.8	156.7	23.7	336.6	45.9	233.7	394.0	377.0	0.0	0.0	1 460.0	8.8	17.5	0.0	2.0
2011-04	策勒绿洲农田综合观测场观测井	8.9	146.0	156.9	18.0	295.7	23.0	419.6	333.6	397.9	0.0	0.0	1 604.0	5.2	15.0	0.1	2.0
2011-10	策勒绿洲农田综合观测场观测井	7.5	123.5	84.6	15.8	240.1	0.0	580.4	326.3	445.7	0.0	0.0	1 872.0	5.5	10.6	0.1	2.1
2011-01	策勒流动地表水水质采样地	7.8	128.2	84.1	17.1	261.2	0.0	176.5	99.2	156.0	0.0	0.0	1 740.0	7.2	2.9	0.0	2.0

（续）

时间（年-月）	采样地名称	pH	钙离子/（Ca^{2+}，mg/L）	镁离子/（Mg^{2+}，mg/L）	钾离子/（K^{+}，mg/L）	钠离子/（Na^{+}，mg/L）	碳酸根离子/（CO_3^{2-}，mg/L）	重碳酸根离子/（HCO_3^-，mg/L）	氯化物/（Cl^-）	硫酸根离子/（SO_4^{2-}，mg/L）	磷酸根离子/（PO_4^{3-}，mg/L）	硝酸根/（NO_3^-，mg/L）	矿化度/（mg/L）	水中溶解氧/（DO，mg/L）	总氮/（N，mg/L）	总磷/（P，mg/L）	电导率/（mS/cm）
2011-04	策勒流动地表水水质采样地	7.7	138.5	37.3	10.3	83.6	0.0	164.5	97.8	131.1	0.0	0.0	832.0	5.7	2.1	0.0	0.8
2011-10	策勒流动地表水水质采样地	7.9	58.8	26.5	13.1	93.5	0.0	291.1	155.8	104.9	0.0	0.0	912.0	6.8	5.8	0.1	1.0
2011-01	策勒静止地表水水质采样地	9.3	38.6	8.5	1.7	24.7	7.6	102.5	43.1	28.4	0.0	0.0	250.0	6.1	0.1	0.0	0.2
2011-04	策勒静止地表水水质采样地	8.4	92.6	35.8	9.5	99.5	2.1	141.8	196.3	110.4	0.0	0.0	664.0	5.8	0.3	0.0	0.9
2011-10	策勒静止地表水水质采样地	8.0	65.1	20.0	11.5	63.5	0.0	126.9	60.9	75.3	0.0	0.0	576.0	5.4	8.6	0.1	0.8
2012-04	策勒灌溉水井水质采样地	7.2	149.7	88.5	18.9	168.2	0.0	247.0	216.4	279.1	0.0	0.0	1 215.0	7.1	5.5	0.1	1 881.0
2012-07	策勒灌溉水井水质采样地	7.3	139.5	74.2	16.1	138.8	0.0	216.9	186.2	245.7	0.0	0.0	1 182.0	6.5	6.1	0.1	1 681.0
2012-10	策勒灌溉水井水质采样地	6.8	143.1	81.2	17.7	157.3	0.0	232.6	211.4	279.5	0.0	0.0	1 212.0	6.3	5.9	0.1	1 810.0
2012-04	策勒荒漠综合观测场观测井	7.2	88.4	34.6	18.7	52.2	0.0	236.7	64.5	85.0	0.0	0.0	585.0	1.9	10.1	0.7	868.0
2012-07	策勒荒漠综合观测场观测井	8.4	79.7	27.0	14.3	42.6	10.9	251.7	54.9	43.3	0.0	0.0	578.0	0.7	10.1	0.9	762.0
2012-10	策勒荒漠综合观测场观测井	6.9	78.2	25.0	14.6	34.2	0.0	204.5	53.9	69.6	0.0	0.0	542.0	0.2	9.6	0.7	726.0
2012-04	策勒绿洲农田综合观测场观测井	8.2	103.7	142.1	24.1	198.4	39.0	310.9	230.9	180.0	0.0	0.0	1 360.0	7.1	19.5	0.1	2 120.0

（续）

时间（年-月）	采样地名称	pH	钙离子/（Ca^{2+}，mg/L）	镁离子/（Mg^{2+}，mg/L）	钾离子/（K^{+}，mg/L）	钠离子/（Na^{+}，mg/L）	碳酸根离子/（CO_3^{2-}，mg/L）	重碳酸根离子/（HCO_3^{-}，mg/L）	氯化物/（Cl^{-}）	硫酸根离子/（SO_4^{2-}，mg/L）	磷酸根离子/（PO_4^{3-}，mg/L）	硝酸根/（NO_3^{-}，mg/L）	矿化度/（mg/L）	水中溶解氧/（DO，mg/L）	总氮/（N，mg/L）	总磷/（P，mg/L）	电导率/（mS/cm）
2012-07	策勒绿洲农田综合观测场观测井	9.4	106.0	131.0	22.3	186.2	28.2	288.7	194.8	158.5	0.0	0.0	1 220.0	6.9	19.4	0.1	1 984.0
2012-10	策勒绿洲农田综合观测场观测井	8.4	100.0	140.0	22.3	198.1	11.3	338.5	207.5	170.8	0.0	0.0	1 250.0	7.5	19.4	0.1	2 060.0
2012-04	策勒流动地表水水质采样地	7.7	241.2	130.0	25.0	235.7	0.0	233.0	368.2	452.9	0.0	0.0	1 770.0	8.6	4.8	0.1	2 880.0
2012-07	策勒流动地表水水质采样地	8.1	247.1	130.4	24.8	229.4	0.0	260.2	362.2	427.7	0.0	0.0	1 850.0	7.4	4.7	0.1	2 960.0
2012-10	策勒流动地表水水质采样地	7.8	247.5	129.9	24.3	226.6	0.0	258.9	332.4	436.9	0.0	0.0	1 840.0	7.2	4.9	0.1	2 950.0
2012-04	策勒流动地表水水质采样地	7.3	100.3	34.7	19.7	73.7	0.0	100.2	138.7	89.3	0.0	0.0	575.0	7.3	1.6	0.1	956.0
2012-07	策勒流动地表水水质采样地	6.8	96.9	31.4	16.4	57.3	0.0	96.8	123.1	83.0	0.0	0.0	581.0	7.4	0.6	0.1	874.0
2012-10	策勒流动地表水水质采样地	6.9	92.8	34.2	17.0	64.8	0.0	97.6	135.6	82.3	0.0	0.0	561.0	7.5	0.9	0.1	943.0
2013-04	策勒静止地表水水质采样地	7.3	64.0	26.7	13.1	95.7	0.0	115.5	167.9	114.7	0.1	1.6	972.0	5.2	0.4	0.0	953.0
2013-07	策勒静止地表水水质采样地	7.2	56.0	26.7	13.9	98.0	0.0	74.0	185.1	130.9	0.0	2.5	965.0	4.0	0.6	0.0	945.0
2013-10	策勒静止地表水水质采样地	7.6	63.2	24.8	12.0	83.7	0.0	89.6	160.9	125.1	1.4	2.1	902.0	5.4	0.5	0.5	886.0
2013-04	策勒灌溉水井水质采样地	7.4	92.6	76.5	14.7	227.6	0.0	356.6	218.5	255.6	0.0	27.1	1 870.0	4.6	6.1	0.0	1 831.0

（续）

时间（年-月）	采样地名称	pH	钙离子/（Ca^{2+}，mg/L）	镁离子/（Mg^{2+}，mg/L）	钾离子/（K^{+}，mg/L）	钠离子/（Na^{+}，mg/L）	碳酸根离子/（CO_3^{2-}，mg/L）	重碳酸根离子/（HCO_3^{-}，mg/L）	氯化物/（Cl^{-}）	硫酸根离子/（SO_4^{2-}，mg/L）	磷酸根离子/（PO_4^{3-}，mg/L）	硝酸根/（NO_3^{-}，mg/L）	矿化度/（mg/L）	水中溶解氧/（DO，mg/L）	总氮/（N，mg/L）	总磷/（P，mg/L）	电导率/（mS/cm）
2013-07	策勒灌溉水井水质采样地	7.4	98.1	52.1	10.8	179.2	0.0	312.4	155.8	220.6	0.0	20.8	1 541.0	4.8	4.7	0.0	1 509.0
2013-10	策勒灌溉水井水质采样地	7.4	123.0	73.0	13.9	214.4	0.0	388.7	208.2	243.5	0.1	27.3	1 873.0	4.6	6.2	0.0	1 838.0
2013-04	策勒绿洲农田综合观测场观测井	7.8	42.0	77.5	15.5	238.7	0.0	203.3	203.8	346.6	0.1	72.9	1 676.0	5.1	16.5	0.0	1 636.0
2013-07	策勒绿洲农田综合观测场观测井	7.4	70.2	108.0	19.9	272.0	0.0	188.5	281.3	337.1	0.1	84.2	2 110.0	4.9	19.0	0.1	2 060.0
2013-10	策勒绿洲农田综合观测场观测井	7.9	77.9	108.0	19.1	265.9	0.0	314.5	277.3	332.1	0.1	83.8	2 120.0	5.2	18.9	0.0	2 080.0
2013-04	策勒荒漠综合观测场观测井	6.7	69.7	28.8	18.4	106.4	0.0	178.8	149.3	147.3	1.9	30.4	1 022.0	0.3	6.9	0.6	999.0
2013-07	策勒荒漠综合观测场观测井	6.6	69.9	24.2	12.7	72.0	0.0	176.2	89.9	117.5	0.7	17.8	841.0	0.6	4.0	0.2	826.0
2013-10	策勒荒漠综合观测场观测井	6.9	68.1	24.0	12.1	70.8	0.0	176.8	73.3	96.3	1.2	19.2	844.0	0.4	4.3	0.4	829.0
2013-04	策勒流动地表水水质采样地	7.5	120.8	59.6	13.9	236.9	0.0	123.8	318.1	432.9	0.1	16.0	1 909.0	3.5	3.6	0.0	1 874.0
2013-07	策勒流动地表水水质采样地	7.6	73.4	38.4	9.2	123.6	0.0	115.0	146.9	246.1	0.1	9.7	1 121.0	5.6	2.2	0.0	1 100.0
2013-10	策勒流动地表水水质采样地	8.0	101.6	60.8	12.4	201.0	0.0	143.1	264.6	379.4	0.0	13.6	1 706.0	5.1	3.1	0.0	1 673.0
2014-04	策勒静止地表水水质采样地	7.6	55.5	22.8	33.9	82.1	0.0	88.0	173.9	161.7	0.0	0.6	831.0	4.8	9.0	0.1	781.0

（续）

时间（年-月）	采样地名称	pH	钙离子/（Ca^{2+}，mg/L）	镁离子/（Mg^{2+}，mg/L）	钾离子/（K^{+}，mg/L）	钠离子/（Na^{+}，mg/L）	碳酸根离子/（CO_3^{2-}，mg/L）	重碳酸根离子/（HCO_3^{-}，mg/L）	氯化物/（Cl^{-}）	硫酸根离子/（SO_4^{2-}，mg/L）	磷酸根离子/（PO_4^{3-}，mg/L）	硝酸根/（NO_3^{-}，mg/L）	矿化度/（mg/L）	水中溶解氧/（DO，mg/L）	总氮/（N，mg/L）	总磷/（P，mg/L）	电导率/（mS/cm）
2014-07	策勒静止地表水水质采样地	7.7	57.7	23.7	11.7	85.0	0.0	84.2	168.7	131.6	0.0	0.2	762.0	5.2	8.2	0.1	728.0
2014-10	策勒静止地表水水质采样地	7.6	57.7	23.4	11.4	84.9	0.0	83.6	168.6	128.0	0.0	0.2	762.0	4.9	8.6	0.1	727.0
2014-04	策勒灌溉水井水质采样地	7.9	136.2	78.2	14.0	229.8	0.0	339.0	295.6	404.6	0.2	7.0	1 531.0	5.6	5.5	0.1	1 476.0
2014-07	策勒灌溉水井水质采样地	7.8	138.3	79.4	17.8	232.9	0.0	343.3	299.1	415.4	0.1	7.0	1 540.0	5.7	5.3	0.1	1 485.0
2014-10	策勒灌溉水井水质采样地	7.8	137.9	80.6	14.2	232.8	0.0	344.1	301.5	414.5	0.0	7.0	1 539.0	5.6	5.1	0.1	1 479.0
2014-04	策勒绿洲农田综合观测场观测井	8.0	96.8	129.0	15.1	284.1	0.0	451.9	320.4	411.8	0.0	31.1	1 716.0	5.1	21.3	0.1	1 650.0
2014-07	策勒绿洲农田综合观测场观测井	7.9	96.1	130.5	16.0	280.3	0.0	433.9	318.5	413.4	0.0	31.0	1 720.0	4.8	21.2	0.1	1 661.0
2014-10	策勒绿洲农田综合观测场观测井	7.9	95.1	130.5	16.3	281.5	0.0	452.2	314.2	406.5	0.6	31.2	1 717.0	4.6	21.2	0.8	1 656.0
2014-04	策勒荒漠综合观测场观测井	8.0	74.1	27.0	11.8	77.0	0.0	177.4	100.9	152.0	0.2	3.4	744.0	6.1	3.8	0.3	720.0
2014-07	策勒荒漠综合观测场观测井	8.1	73.9	25.9	11.7	77.0	0.0	177.7	100.8	151.4	0.3	3.4	742.0	5.3	4.1	0.3	723.0
2014-10	策勒荒漠综合观测场观测井	8.0	73.8	26.4	11.6	76.9	0.0	177.5	100.3	158.0	0.2	3.4	750.0	5.8	3.9	0.3	726.0
2014-04	策勒流动地表水水质采样地	8.2	132.8	79.0	12.9	271.4	0.0	189.3	361.2	534.4	0.0	5.1	1 644.0	5.4	2.6	0.1	1 572.0

（续）

时间（年-月）	采样地名称	pH	钙离子/（Ca^{2+}，mg/L）	镁离子/（Mg^{2+}，mg/L）	钾离子/（K^{+}，mg/L）	钠离子/（Na^{+}，mg/L）	碳酸根离子/（CO_3^{2-}，mg/L）	重碳酸根离子/（HCO_3^{-}，mg/L）	氯化物/（Cl^{-}）	硫酸根离子/（SO_4^{2-}，mg/L）	磷酸根离子/（PO_4^{3-}，mg/L）	硝酸根/（NO_3^{-}，mg/L）	矿化度/（mg/L）	水中溶解氧/（DO，mg/L）	总氮/（N，mg/L）	总磷/（P，mg/L）	电导率/（mS/cm）
2014-07	策勒流动地表水水质采样地	7.8	135.9	80.2	13.2	272.8	0.0	183.2	365.1	540.3	0.0	5.2	1 636.0	4.4	0.6	0.1	1 588.0
2014-10	策勒流动地表水水质采样地	8.0	132.4	80.4	12.8	276.7	0.0	183.5	365.0	540.2	0.0	5.0	1 652.0	5.2	0.5	0.1	1 582.0
2015-01	策勒静止地表水水质采样地	8.5	123.4	79.3	12.9	275.6	0.0	109.6	446.4	629.8	0.0	5.3	2 030.0	5.1	5.1	0.1	1 994.0
2015-04	策勒静止地表水水质采样地	8.5	128.7	75.5	12.2	261.8	0.0	158.4	438.9	606.8	0.0	5.0	1 992.0	5.0	5.8	0.1	1 896.0
2015-07	策勒静止地表水水质采样地	8.4	127.5	76.5	12.2	266.7	0.0	132.1	429.1	617.4	0.0	5.2	2 030.0	5.4	5.8	0.1	2 000.0
2015-10	策勒静止地表水水质采样地	8.6	131.7	81.0	12.9	278.4	0.0	164.5	458.8	622.3	0.0	5.2	2 080.0	5.2	5.9	0.1	2 000.0
2015-01	策勒灌溉水井水质采样地	8.6	69.3	65.6	14.3	206.5	0.0	149.5	344.4	445.3	0.0	6.5	1 651.0	6.8	5.7	0.1	1 620.0
2015-04	策勒灌溉水井水质采样地	8.6	74.2	65.4	13.5	205.1	0.0	164.5	335.7	415.4	0.0	6.5	1 667.0	7.3	5.7	0.1	1 633.0
2015-07	策勒灌溉水井水质采样地	8.7	73.4	64.8	13.6	210.4	0.0	219.2	329.9	412.3	0.1	0.1	1 648.0	4.2	1.9	0.1	1 616.0
2015-10	策勒灌溉水井水质采样地	8.6	78.6	65.0	13.5	210.6	0.0	175.9	333.3	418.9	0.0	6.4	1 666.0	5.6	6.0	0.1	1 632.0
2015-01	策勒绿洲农田综合观测场观测井	9.0	58.3	131.4	15.1	282.7	101.5	399.2	406.0	441.0	0.6	0.1	2 070.0	4.0	10.9	0.8	2 030.0
2015-04	策勒绿洲农田综合观测场观测井	9.5	54.4	131.2	21.7	289.7	187.6	220.2	421.7	441.3	0.9	0.1	2 030.0	3.6	12.4	0.9	1 997.0

（续）

时间（年-月）	采样地名称	pH	钙离子/（Ca^{2+}，mg/L）	镁离子/（Mg^{2+}，mg/L）	钾离子/（K^{+}，mg/L）	钠离子/（Na^{+}，mg/L）	碳酸根离子/（CO_3^{2-}，mg/L）	重碳酸根离子/（HCO_3^{-}，mg/L）	氯化物/（Cl^{-}）	硫酸根离子/（SO_4^{2-}，mg/L）	磷酸根离子/（PO_4^{3-}，mg/L）	硝酸根/（NO_3^{-}，mg/L）	矿化度/（mg/L）	水中溶解氧/（DO，mg/L）	总氮/（N，mg/L）	总磷/（P，mg/L）	电导率/（mS/cm）
2015-07	策勒绿洲农田综合观测场观测井	9.3	55.1	131.8	15.0	283.2	165.1	275.8	402.6	438.2	0.7	0.1	2 010.0	4.1	12.5	0.8	1 975.0
2015-10	策勒绿洲农田综合观测场观测井	9.3	63.5	132.4	15.2	288.1	151.2	318.9	401.4	436.2	0.7	0.1	2 020.0	2.8	11.2	0.8	1 992.0
2015-01	策勒荒漠综合观测场观测井	8.9	83.9	29.5	17.0	94.5	0.0	244.6	169.7	207.8	0.2	2.1	1 059.0	4.7	3.0	0.2	1 040.0
2015-04	策勒荒漠综合观测场观测井	8.9	73.4	29.3	13.4	85.7	0.0	218.4	157.4	206.7	0.1	3.2	986.0	3.3	0.6	0.2	967.0
2015-07	策勒荒漠综合观测场观测井	8.8	63.4	27.4	12.8	83.7	0.0	197.5	151.5	192.6	0.2	0.0	937.0	4.5	3.0	0.2	917.0
2015-10	策勒荒漠综合观测场观测井	8.9	75.9	27.8	12.7	84.0	0.0	221.2	151.9	201.1	0.2	3.2	977.0	4.3	3.1	0.2	959.0
2015-01	策勒流动地表水水质采样地	8.2	61.6	24.0	11.2	84.3	0.0	111.8	195.0	149.3	0.0	0.8	938.0	4.6	1.0	0.1	910.0
2015-04	策勒流动地表水水质采样地	8.0	68.1	23.7	11.2	85.1	0.0	130.3	197.4	142.0	0.0	0.8	963.0	5.0	0.3	0.1	939.0
2015-07	策勒流动地表水水质采样地	8.1	68.6	23.0	11.3	86.5	0.0	134.3	197.0	146.2	0.0	0.8	971.0	4.2	0.4	0.1	951.0
2015-10	策勒流动地表水水质采样地	8.3	60.5	22.5	11.1	86.1	0.0	108.6	195.7	142.2	0.0	0.8	953.0	4.5	0.9	0.1	936.0

5.3 地下水位数据集

5.3.1 概述

本数据包括 2009—2015 年策勒绿洲农田地下水位观测场和策勒荒漠地下水位观测场地下水位数据。

5.3.2 数据采集和处理方法

人工测量绿洲农田地下水位观测场和荒漠地下水位观测场地下水位，并进行数据录入。原始数据观测频率为 10 天 1 次。地下水埋深单位为 m；地面高程单位为 m。地下水埋深小数位数为 1 位；地面高程小数位数为 1 位。

5.3.3 数据质量控制和评估

对多年数据进行对比，删除异常值（赵常明等，2020）。

根据质控后的数据按样地的观测点计算月平均数据，作为本数据产品的结果，同时标明样本数及标准差。计算 2009—2015 年绿洲农田地下水位观测场和荒漠地下水位观测场地下水位的平均值，进行年度间的比较。

5.3.4 数据使用方法和建议

地下水位是反映水资源储备量的重要指标，因此测定地下水位具有重要的实际意义。本数据集时间跨度为 7 年，研究时间较长，能够反映地下水位较长时间的变化。在数据使用过程中，如有疑问，可以通过 zhangbo@ms. xjb. ac. cn 联系相关人员。

5.3.5 数据

2009—2015 年策勒绿洲农田地下水位观测场地下水位数据见表 5 - 5。

表 5 - 5 2009—2015 年策勒绿洲农田地下水位观测场地下水位

时间（年-月）	地下水位观测井代码	样地名称	植被名称	地下水埋深/m	标准差/m	有效数据	地面高程/m
2009 - 01	CLDFZ10CDX _ 01	策勒绿洲农田地下水位观测场	棉花	—	—	—	1 306.6
2009 - 02	CLDFZ10CDX _ 01	策勒绿洲农田地下水位观测场	棉花	—	—	—	1 306.6
2009 - 03	CLDFZ10CDX _ 01	策勒绿洲农田地下水位观测场	棉花	16.7	0.1	3.0	1 306.6
2009 - 04	CLDFZ10CDX _ 01	策勒绿洲农田地下水位观测场	棉花	16.9	0.1	3.0	1 306.6
2009 - 05	CLDFZ10CDX _ 01	策勒绿洲农田地下水位观测场	棉花	17.0	0.0	3.0	1 306.6
2009 - 06	CLDFZ10CDX _ 01	策勒绿洲农田地下水位观测场	棉花	17.0	0.0	3.0	1 306.6
2009 - 07	CLDFZ10CDX _ 01	策勒绿洲农田地下水位观测场	棉花	17.1	0.1	3.0	1 306.6

（续）

时间（年-月）	地下水位观测井代码	样地名称	植被名称	地下水埋深/m	标准差/m	有效数据	地面高程/m
2009-08	CLDFZ10CDX_01	策勒绿洲农田地下水位观测场	棉花	17.5	0.1	3.0	1 306.6
2009-09	CLDFZ10CDX_01	策勒绿洲农田地下水位观测场	棉花	17.6	0.0	3.0	1 306.6
2009-10	CLDFZ10CDX_01	策勒绿洲农田地下水位观测场	棉花	—	—	—	1 306.6
2009-11	CLDFZ10CDX_01	策勒绿洲农田地下水位观测场	棉花	17.7	0.1	3.0	1 306.6
2009-12	CLDFZ10CDX_01	策勒绿洲农田地下水位观测场	棉花	17.7	0.1	3.0	1 306.6
2010-01	CLDFZ10CDX_01	策勒绿洲农田地下水位观测场	棉花	17.7	0.1	3.0	1 306.6
2010-02	CLDFZ10CDX_01	策勒绿洲农田地下水位观测场	棉花	14.3	5.9	3.0	1 306.6
2010-03	CLDFZ10CDX_01	策勒绿洲农田地下水位观测场	棉花	17.7	0.1	3.0	1 306.6
2010-04	CLDFZ10CDX_01	策勒绿洲农田地下水位观测场	棉花	17.8	0.1	3.0	1 306.6
2010-05	CLDFZ10CDX_01	策勒绿洲农田地下水位观测场	棉花	18.2	0.0	3.0	1 306.6
2010-06	CLDFZ10CDX_01	策勒绿洲农田地下水位观测场	棉花	18.1	0.0	3.0	1 306.6
2010-07	CLDFZ10CDX_01	策勒绿洲农田地下水位观测场	棉花	—	—	—	1 306.6
2010-08	CLDFZ10CDX_01	策勒绿洲农田地下水位观测场	棉花	—	—	—	1 306.6
2010-09	CLDFZ10CDX_01	策勒绿洲农田地下水位观测场	棉花	16.8	0.2	3.0	1 306.6
2010-10	CLDFZ10CDX_01	策勒绿洲农田地下水位观测场	棉花	16.4	0.1	3.0	1 306.6
2010-11	CLDFZ10CDX_01	策勒绿洲农田地下水位观测场	棉花	16.3	0.1	3.0	1 306.6
2010-12	CLDFZ10CDX_01	策勒绿洲农田地下水位观测场	棉花	—	—	—	1 306.6
2011-01	CLDFZ10CDX_01	策勒绿洲农田地下水位观测场	棉花	10.6	0.0	3.0	1 306.6
2011-02	CLDFZ10CDX_01	策勒绿洲农田地下水位观测场	棉花	10.6	0.0	3.0	1 306.6
2011-03	CLDFZ10CDX_01	策勒绿洲农田地下水位观测场	棉花	10.6	0.0	3.0	1 306.6
2011-04	CLDFZ10CDX_01	策勒绿洲农田地下水位观测场	棉花	—	—	—	1 306.6
2011-05	CLDFZ10CDX_01	策勒绿洲农田地下水位观测场	棉花	10.5	3.3	3.0	1 306.6
2011-06	CLDFZ10CDX_01	策勒绿洲农田地下水位观测场	棉花	17.3	0.6	3.0	1 306.6
2011-07	CLDFZ10CDX_01	策勒绿洲农田地下水位观测场	棉花	15.8	0.5	3.0	1 306.6
2011-08	CLDFZ10CDX_01	策勒绿洲农田地下水位观测场	棉花	17.3	0.8	3.0	1 306.6
2011-09	CLDFZ10CDX_01	策勒绿洲农田地下水位观测场	棉花	15.8	0.6	3.0	1 306.6
2011-10	CLDFZ10CDX_01	策勒绿洲农田地下水位观测场	棉花	16.2	0.3	3.0	1 306.6
2011-11	CLDFZ10CDX_01	策勒绿洲农田地下水位观测场	棉花	16.4	0.4	3.0	1 306.6
2011-12	CLDFZ10CDX_01	策勒绿洲农田地下水位观测场	棉花	15.3	1.2	3.0	1 306.6
2012-01	CLDFZ10CDX_01	策勒绿洲农田地下水位观测场	对照裸地	15.9	0.1	3.0	1 306.6

（续）

时间（年-月）	地下水位观测井代码	样地名称	植被名称	地下水埋深/m	标准差/m	有效数据	地面高程/m
2012-02	CLDFZ10CDX_01	策勒绿洲农田地下水位观测场	对照裸地	16.2	0.2	3.0	1 306.6
2012-03	CLDFZ10CDX_01	策勒绿洲农田地下水位观测场	对照裸地	16.4	0.3	3.0	1 306.6
2012-04	CLDFZ10CDX_01	策勒绿洲农田地下水位观测场	对照裸地	16.6	0.1	3.0	1 306.6
2012-05	CLDFZ10CDX_01	策勒绿洲农田地下水位观测场	棉花	16.9	0.1	3.0	1 306.6
2012-06	CLDFZ10CDX_01	策勒绿洲农田地下水位观测场	棉花	16.8	0.1	3.0	1 306.6
2012-07	CLDFZ10CDX_01	策勒绿洲农田地下水位观测场	棉花	16.5	0.4	3.0	1 306.6
2012-08	CLDFZ10CDX_01	策勒绿洲农田地下水位观测场	棉花	17.4	0.5	3.0	1 306.6
2012-09	CLDFZ10CDX_01	策勒绿洲农田地下水位观测场	棉花	17.4	0.2	3.0	1 306.6
2012-10	CLDFZ10CDX_01	策勒绿洲农田地下水位观测场	棉花	17.3	0.3	3.0	1 306.6
2012-11	CLDFZ10CDX_01	策勒绿洲农田地下水位观测场	棉花	16.8	0.6	3.0	1 306.6
2012-12	CLDFZ10CDX_01	策勒绿洲农田地下水位观测场	对照裸地	15.0	0.1	3.0	1 306.6
2013-01	CLDFZ10CDX_01	策勒绿洲农田地下水位观测场	对照裸地	15.0	0.0	3.0	1 306.6
2013-02	CLDFZ10CDX_01	策勒绿洲农田地下水位观测场	对照裸地	14.8	0.3	3.0	1 306.6
2013-03	CLDFZ10CDX_01	策勒绿洲农田地下水位观测场	对照裸地	16.7	1.3	3.0	1 306.6
2013-04	CLDFZ10CDX_01	策勒绿洲农田地下水位观测场	对照裸地	17.8	0.2	3.0	1 306.6
2013-05	CLDFZ10CDX_01	策勒绿洲农田地下水位观测场	棉花	16.3	0.1	3.0	1 306.6
2013-06	CLDFZ10CDX_01	策勒绿洲农田地下水位观测场	棉花	16.4	0.1	3.0	1 306.6
2013-07	CLDFZ10CDX_01	策勒绿洲农田地下水位观测场	棉花	16.1	0.5	3.0	1 306.6
2013-08	CLDFZ10CDX_01	策勒绿洲农田地下水位观测场	棉花	16.3	0.2	3.0	1 306.6
2013-09	CLDFZ10CDX_01	策勒绿洲农田地下水位观测场	棉花	16.0	0.2	3.0	1 306.6
2013-10	CLDFZ10CDX_01	策勒绿洲农田地下水位观测场	棉花	15.7	0.0	3.0	1 306.6
2013-11	CLDFZ10CDX_01	策勒绿洲农田地下水位观测场	棉花	15.7	0.0	3.0	1 306.6
2013-12	CLDFZ10CDX_01	策勒绿洲农田地下水位观测场	对照裸地	14.9	1.2	3.0	1 306.6
2014-01	CLDFZ10CDX_01	策勒绿洲农田地下水位观测场	对照裸地	15.4	0.0	3.0	1 306.6
2014-02	CLDFZ10CDX_01	策勒绿洲农田地下水位观测场	对照裸地	15.5	0.1	3.0	1 306.6
2014-03	CLDFZ10CDX_01	策勒绿洲农田地下水位观测场	对照裸地	15.7	0.2	3.0	1 306.6
2014-04	CLDFZ10CDX_01	策勒绿洲农田地下水位观测场	对照裸地	16.2	0.1	3.0	1 306.6
2014-05	CLDFZ10CDX_01	策勒绿洲农田地下水位观测场	棉花	16.6	0.2	3.0	1 306.6
2014-06	CLDFZ10CDX_01	策勒绿洲农田地下水位观测场	棉花	16.7	0.5	3.0	1 306.6
2014-07	CLDFZ10CDX_01	策勒绿洲农田地下水位观测场	棉花	16.3	0.1	3.0	1 306.6

（续）

时间（年-月）	地下水位观测井代码	样地名称	植被名称	地下水埋深/m	标准差/m	有效数据	地面高程/m
2014-08	CLDFZ10CDX_01	策勒绿洲农田地下水位观测场	棉花	16.5	0.0	3.0	1 306.6
2014-09	CLDFZ10CDX_01	策勒绿洲农田地下水位观测场	棉花	16.5	0.1	3.0	1 306.6
2014-10	CLDFZ10CDX_01	策勒绿洲农田地下水位观测场	棉花	16.3	0.1	3.0	1 306.6
2014-11	CLDFZ10CDX_01	策勒绿洲农田地下水位观测场	棉花	16.5	0.2	3.0	1 306.6
2014-12	CLDFZ10CDX_01	策勒绿洲农田地下水位观测场	对照裸地	15.7	1.4	3.0	1 306.6
2015-01	CLDFZ10CDX_01	策勒绿洲农田地下水位观测场	对照裸地	16.5	0.0	3.0	1 306.6
2015-02	CLDFZ10CDX_01	策勒绿洲农田地下水位观测场	对照裸地	16.6	0.1	3.0	1 306.6
2015-03	CLDFZ10CDX_01	策勒绿洲农田地下水位观测场	对照裸地	16.8	0.1	3.0	1 306.6
2015-04	CLDFZ10CDX_01	策勒绿洲农田地下水位观测场	对照裸地	17.3	0.3	3.0	1 306.6
2015-05	CLDFZ10CDX_01	策勒绿洲农田地下水位观测场	棉花	17.9	0.2	3.0	1 306.6
2015-06	CLDFZ10CDX_01	策勒绿洲农田地下水位观测场	棉花	18.1	0.0	3.0	1 306.6
2015-07	CLDFZ10CDX_01	策勒绿洲农田地下水位观测场	棉花	18.2	0.1	3.0	1 306.6
2015-08	CLDFZ10CDX_01	策勒绿洲农田地下水位观测场	棉花	18.0	0.2	3.0	1 306.6
2015-09	CLDFZ10CDX_01	策勒绿洲农田地下水位观测场	棉花	17.6	0.1	3.0	1 306.6
2015-10	CLDFZ10CDX_01	策勒绿洲农田地下水位观测场	棉花	17.3	0.1	3.0	1 306.6
2015-11	CLDFZ10CDX_01	策勒绿洲农田地下水位观测场	棉花	17.3	0.0	3.0	1 306.6
2015-12	CLDFZ10CDX_01	策勒绿洲农田地下水位观测场	对照裸地	16.5	1.1	3.0	1 306.6

2009—2015 年策勒绿洲农田地下水位观测场地下水位在 14.2～17.3 m，呈波动趋势（图 5-3）。2011 年地下水位最低，2015 年地下水位最高。

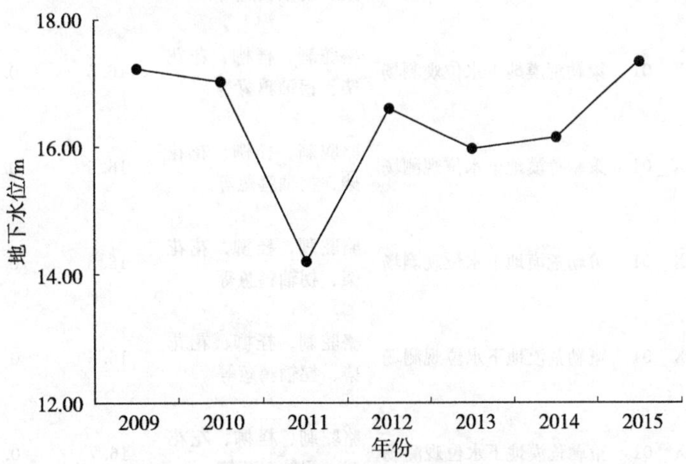

图 5-3　2009—2015 年策勒绿洲农田地下水位观测场地下水位

2009—2015 年策勒荒漠地下水位观测场地下水位数据见表 5-6。

表 5-6　2009—2015 年策勒荒漠地下水位观测场地下水位

时间（年-月）	地下水位观测井代码	样地名称	植被名称	地下水埋深/m	标准差/m	有效数据	地面高程/m
2009-01	CLDZH02CDX_01	策勒荒漠地下水位观测场	骆驼刺、柽柳、花花柴、拐轴鸦葱等	—	—	—	1 305.3
2009-02	CLDZH02CDX_01	策勒荒漠地下水位观测场	骆驼刺、柽柳、花花柴、拐轴鸦葱等	—	—	—	1 305.3
2009-03	CLDZH02CDX_01	策勒荒漠地下水位观测场	骆驼刺、柽柳、花花柴、拐轴鸦葱等	15.6	0.0	3.0	1 305.3
2009-04	CLDZH02CDX_01	策勒荒漠地下水位观测场	骆驼刺、柽柳、花花柴、拐轴鸦葱等	15.7	0.0	3.0	1 305.3
2009-05	CLDZH02CDX_01	策勒荒漠地下水位观测场	骆驼刺、柽柳、花花柴、拐轴鸦葱等	15.7	0.0	3.0	1 305.3
2009-06	CLDZH02CDX_01	策勒荒漠地下水位观测场	骆驼刺、柽柳、花花柴、拐轴鸦葱等	15.7	0.0	3.0	1 305.3
2009-07	CLDZH02CDX_01	策勒荒漠地下水位观测场	骆驼刺、柽柳、花花柴、拐轴鸦葱等	15.7	0.0	3.0	1 305.3
2009-08	CLDZH02CDX_01	策勒荒漠地下水位观测场	骆驼刺、柽柳、花花柴、拐轴鸦葱等	15.8	0.0	3.0	1 305.3
2009-09	CLDZH02CDX_01	策勒荒漠地下水位观测场	骆驼刺、柽柳、花花柴、拐轴鸦葱等	15.8	0.0	3.0	1 305.3
2009-09	CLDZH02CDX_01	策勒荒漠地下水位观测场	骆驼刺、柽柳、花花柴、拐轴鸦葱等	—	—	—	1 305.3
2009-11	CLDZH02CDX_01	策勒荒漠地下水位观测场	骆驼刺、柽柳、花花柴、拐轴鸦葱等	16.5	0.0	3.0	1 305.3
2009-12	CLDZH02CDX_01	策勒荒漠地下水位观测场	骆驼刺、柽柳、花花柴、拐轴鸦葱等	16.5	0.0	3.0	1 305.3
2010-01	CLDZH02CDX_01	策勒荒漠地下水位观测场	骆驼刺、柽柳、花花柴、拐轴鸦葱等	16.5	0.1	3.0	1 305.3
2010-02	CLDZH02CDX_01	策勒荒漠地下水位观测场	骆驼刺、柽柳、花花柴、拐轴鸦葱等	16.8	0.6	3.0	1 305.3
2010-03	CLDZH02CDX_01	策勒荒漠地下水位观测场	骆驼刺、柽柳、花花柴、拐轴鸦葱等	16.5	0.0	3.0	1 305.3
2010-04	CLDZH02CDX_01	策勒荒漠地下水位观测场	骆驼刺、柽柳、花花柴、拐轴鸦葱等	16.7	0.1	3.0	1 305.3
2010-05	CLDZH02CDX_01	策勒荒漠地下水位观测场	骆驼刺、柽柳、花花柴、拐轴鸦葱等	16.9	0.3	3.0	1 305.3

（续）

时间（年-月）	地下水位观测井代码	样地名称	植被名称	地下水埋深/m	标准差/m	有效数据	地面高程/m
2010-06	CLDZH02CDX_01	策勒荒漠地下水位观测场	骆驼刺、柽柳、花花柴、拐轴鸦葱等	—	—	—	1 305.3
2010-07	CLDZH02CDX_01	策勒荒漠地下水位观测场	骆驼刺、柽柳、花花柴、拐轴鸦葱等	—	—	—	1 305.3
2010-08	CLDZH02CDX_01	策勒荒漠地下水位观测场	骆驼刺、柽柳、花花柴、拐轴鸦葱等	—	—	—	1 305.3
2010-09	CLDZH02CDX_01	策勒荒漠地下水位观测场	骆驼刺、柽柳、花花柴、拐轴鸦葱等	13.4	0.3	3.0	1 305.3
2010-10	CLDZH02CDX_01	策勒荒漠地下水位观测场	骆驼刺、柽柳、花花柴、拐轴鸦葱等	13.2	0.1	3.0	1 305.3
2010-11	CLDZH02CDX_01	策勒荒漠地下水位观测场	骆驼刺、柽柳、花花柴、拐轴鸦葱等	13.5	0.1	3.0	1 305.3
2010-12	CLDZH02CDX_01	策勒荒漠地下水位观测场	骆驼刺、柽柳、花花柴、拐轴鸦葱等	13.6	0.0	3.0	1 305.3
2011-01	CLDZH02CDX_01	策勒荒漠地下水位观测场	骆驼刺、柽柳、拐轴鸦葱等	14.3	0.6	3.0	1 305.3
2011-02	CLDZH02CDX_01	策勒荒漠地下水位观测场	骆驼刺、柽柳、拐轴鸦葱等	9.0	0.8	3.0	1 305.3
2011-03	CLDZH02CDX_01	策勒荒漠地下水位观测场	骆驼刺、柽柳、拐轴鸦葱等	9.5	0.1	3.0	1 305.3
2011-04	CLDZH02CDX_01	策勒荒漠地下水位观测场	骆驼刺、柽柳、拐轴鸦葱等	—	—	—	1 305.3
2011-05	CLDZH02CDX_01	策勒荒漠地下水位观测场	骆驼刺、柽柳、拐轴鸦葱等	9.4	0.5	3.0	1 305.3
2011-06	CLDZH02CDX_01	策勒荒漠地下水位观测场	骆驼刺、柽柳、拐轴鸦葱等	13.3	0.5	3.0	1 305.3
2011-07	CLDZH02CDX_01	策勒荒漠地下水位观测场	骆驼刺、柽柳、拐轴鸦葱等	13.7	1.4	3.0	1 305.3
2011-08	CLDZH02CDX_01	策勒荒漠地下水位观测场	骆驼刺、柽柳、拐轴鸦葱等	13.6	0.8	3.0	1 305.3
2011-09	CLDZH02CDX_01	策勒荒漠地下水位观测场	骆驼刺、柽柳、拐轴鸦葱等	12.8	0.8	3.0	1 305.3
2011-10	CLDZH02CDX_01	策勒荒漠地下水位观测场	骆驼刺、柽柳、拐轴鸦葱等	13.7	0.3	3.0	1 305.3
2011-11	CLDZH02CDX_01	策勒荒漠地下水位观测场	骆驼刺、柽柳、拐轴鸦葱等	14.8	0.3	3.0	1 305.3
2011-12	CLDZH02CDX_01	策勒荒漠地下水位观测场	骆驼刺、柽柳、拐轴鸦葱等	10.0	0.0	3.0	1 305.3

（续）

时间（年-月）	地下水位观测井代码	样地名称	植被名称	地下水埋深/m	标准差/m	有效数据	地面高程/m
2012-01	CLDZH02CDX_01	策勒荒漠地下水位观测场	骆驼刺、柽柳、拐轴鸦葱等	14.9	0.0	3.0	1 305.3
2012-02	CLDZH02CDX_01	策勒荒漠地下水位观测场	骆驼刺、柽柳、拐轴鸦葱等	15.0	0.0	3.0	1 305.3
2012-03	CLDZH02CDX_01	策勒荒漠地下水位观测场	骆驼刺、柽柳、拐轴鸦葱等	15.2	0.1	3.0	1 305.3
2012-04	CLDZH02CDX_01	策勒荒漠地下水位观测场	骆驼刺、柽柳、拐轴鸦葱等	15.5	0.1	3.0	1 305.3
2012-05	CLDZH02CDX_01	策勒荒漠地下水位观测场	骆驼刺、柽柳、拐轴鸦葱等	15.8	0.1	3.0	1 305.3
2012-06	CLDZH02CDX_01	策勒荒漠地下水位观测场	骆驼刺、柽柳、拐轴鸦葱等	15.3	0.4	3.0	1 305.3
2012-07	CLDZH02CDX_01	策勒荒漠地下水位观测场	骆驼刺、柽柳、拐轴鸦葱等	14.6	0.2	3.0	1 305.3
2012-08	CLDZH02CDX_01	策勒荒漠地下水位观测场	骆驼刺、柽柳、拐轴鸦葱等	15.2	0.1	3.0	1 305.3
2012-09	CLDZH02CDX_01	策勒荒漠地下水位观测场	骆驼刺、柽柳、拐轴鸦葱等	15.5	0.4	3.0	1 305.3
2012-10	CLDZH02CDX_01	策勒荒漠地下水位观测场	骆驼刺、柽柳、拐轴鸦葱等	15.2	0.1	3.0	1 305.3
2012-11	CLDZH02CDX_01	策勒荒漠地下水位观测场	骆驼刺、柽柳、拐轴鸦葱等	15.2	0.6	3.0	1 305.3
2012-12	CLDZH02CDX_01	策勒荒漠地下水位观测场	骆驼刺、柽柳、拐轴鸦葱等	9.1	0.0	3.0	1 305.3
2013-01	CLDZH02CDX_01	策勒荒漠地下水位观测场	骆驼刺、柽柳、拐轴鸦葱等	13.4	0.0	3.0	1 305.3
2013-02	CLDZH02CDX_01	策勒荒漠地下水位观测场	骆驼刺、柽柳、拐轴鸦葱等	13.5	0.0	3.0	1 305.3
2013-03	CLDZH02CDX_01	策勒荒漠地下水位观测场	骆驼刺、柽柳、拐轴鸦葱等	16.2	0.7	3.0	1 305.3
2013-04	CLDZH02CDX_01	策勒荒漠地下水位观测场	骆驼刺、柽柳、拐轴鸦葱等	15.6	1.3	3.0	1 305.3
2013-05	CLDZH02CDX_01	策勒荒漠地下水位观测场	骆驼刺、柽柳、拐轴鸦葱等	14.3	0.1	3.0	1 305.3
2013-06	CLDZH02CDX_01	策勒荒漠地下水位观测场	骆驼刺、柽柳、拐轴鸦葱等	14.4	0.2	3.0	1 305.3
2013-07	CLDZH02CDX_01	策勒荒漠地下水位观测场	骆驼刺、柽柳、拐轴鸦葱等	13.8	0.1	3.0	1 305.3

（续）

时间（年-月）	地下水位观测井代码	样地名称	植被名称	地下水埋深/m	标准差/m	有效数据	地面高程/m
2013-08	CLDZH02CDX_01	策勒荒漠地下水位观测场	骆驼刺、柽柳、拐轴鸦葱等	13.8	0.3	3.0	1 305.3
2013-09	CLDZH02CDX_01	策勒荒漠地下水位观测场	骆驼刺、柽柳、拐轴鸦葱等	13.9	0.1	3.0	1 305.3
2013-10	CLDZH02CDX_01	策勒荒漠地下水位观测场	骆驼刺、柽柳、拐轴鸦葱等	13.9	0.0	3.0	1 305.3
2013-11	CLDZH02CDX_01	策勒荒漠地下水位观测场	骆驼刺、柽柳、拐轴鸦葱等	14.2	0.1	3.0	1 305.3
2013-12	CLDZH02CDX_01	策勒荒漠地下水位观测场	骆驼刺、柽柳、拐轴鸦葱等	9.7	0.1	3.0	1 305.3
2014-01	CLDZH02CDX_01	策勒荒漠地下水位观测场	骆驼刺、柽柳、拐轴鸦葱等	14.0	0.0	3.0	1 305.3
2014-02	CLDZH02CDX_01	策勒荒漠地下水位观测场	骆驼刺、柽柳、拐轴鸦葱等	14.0	0.0	3.0	1 305.3
2014-03	CLDZH02CDX_01	策勒荒漠地下水位观测场	骆驼刺、柽柳、拐轴鸦葱等	14.2	0.3	3.0	1 305.3
2014-04	CLDZH02CDX_01	策勒荒漠地下水位观测场	骆驼刺、柽柳、拐轴鸦葱等	14.7	0.1	3.0	1 305.3
2014-05	CLDZH02CDX_01	策勒荒漠地下水位观测场	骆驼刺、柽柳、拐轴鸦葱等	14.6	0.7	3.0	1 305.3
2014-06	CLDZH02CDX_01	策勒荒漠地下水位观测场	骆驼刺、柽柳、拐轴鸦葱等	15.7	0.6	3.0	1 305.3
2014-07	CLDZH02CDX_01	策勒荒漠地下水位观测场	骆驼刺、柽柳、拐轴鸦葱等	15.5	0.1	3.0	1 305.3
2014-08	CLDZH02CDX_01	策勒荒漠地下水位观测场	骆驼刺、柽柳、拐轴鸦葱等	15.7	0.0	3.0	1 305.3
2014-09	CLDZH02CDX_01	策勒荒漠地下水位观测场	骆驼刺、柽柳、拐轴鸦葱等	15.7	0.2	3.0	1 305.3
2014-10	CLDZH02CDX_01	策勒荒漠地下水位观测场	骆驼刺、柽柳、拐轴鸦葱等	15.3	0.1	3.0	1 305.3
2014-11	CLDZH02CDX_01	策勒荒漠地下水位观测场	骆驼刺、柽柳、拐轴鸦葱等	15.6	0.3	3.0	1 305.3
2014-12	CLDZH02CDX_01	策勒荒漠地下水位观测场	骆驼刺、柽柳、拐轴鸦葱等	10.4	0.2	3.0	1 305.3
2015-01	CLDZH02CDX_01	策勒荒漠地下水位观测场	骆驼刺、柽柳、拐轴鸦葱等	15.3	0.1	3.0	1 305.3

（续）

时间（年-月）	地下水位观测井代码	样地名称	植被名称	地下水埋深/m	标准差/m	有效数据	地面高程/m
2015-02	CLDZH02CDX_01	策勒荒漠地下水位观测场	骆驼刺、柽柳、拐轴鸦葱等	15.3	0.1	3.0	1 305.3
2015-03	CLDZH02CDX_01	策勒荒漠地下水位观测场	骆驼刺、柽柳、拐轴鸦葱等	15.4	0.2	3.0	1 305.3
2015-04	CLDZH02CDX_01	策勒荒漠地下水位观测场	骆驼刺、柽柳、拐轴鸦葱等	15.9	0.1	3.0	1 305.3
2015-05	CLDZH02CDX_01	策勒荒漠地下水位观测场	骆驼刺、柽柳、拐轴鸦葱等	16.2	0.2	3.0	1 305.3
2015-06	CLDZH02CDX_01	策勒荒漠地下水位观测场	骆驼刺、柽柳、拐轴鸦葱等	16.5	0.2	3.0	1 305.3
2015-07	CLDZH02CDX_01	策勒荒漠地下水位观测场	骆驼刺、柽柳、拐轴鸦葱等	16.5	0.2	3.0	1 305.3
2015-08	CLDZH02CDX_01	策勒荒漠地下水位观测场	骆驼刺、柽柳、拐轴鸦葱等	16.6	0.1	3.0	1 305.3
2015-09	CLDZH02CDX_01	策勒荒漠地下水位观测场	骆驼刺、柽柳、拐轴鸦葱等	16.4	0.1	3.0	1 305.3
2015-10	CLDZH02CDX_01	策勒荒漠地下水位观测场	骆驼刺、柽柳、拐轴鸦葱等	16.3	0.1	3.0	1 305.3
2015-11	CLDZH02CDX_01	策勒荒漠地下水位观测场	骆驼刺、柽柳、拐轴鸦葱等	16.2	0.0	3.0	1 305.3
2015-12	CLDZH02CDX_01	策勒荒漠地下水位观测场	骆驼刺、柽柳、拐轴鸦葱等	10.7	0.1	3.0	1 305.3

2009—2015 年策勒荒漠地下水位观测场地下水位在 12.2～15.9 m，呈波动趋势。2011 年地下水位最低，2009 年地下水位最高（图 5-4）。

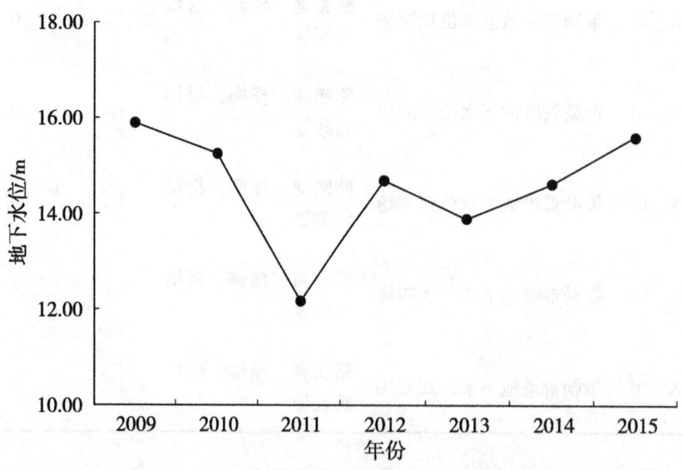

图 5-4　2009—2015 年策勒荒漠地下水位观测场地下水位

第6章 气象长期观测数据集

策勒站综合气象观测场2004年建立，主要用于常规气象自动观测。本数据集包括该观测场自动气象站2009—2015年常规气象观测指标中大气气象指标（包括大气温度、湿度、风速、降水量、大气压）的月尺度和年尺度数据。

6.1 自动气象要素数据集

6.1.1 数据采集和处理方法

数据采集由观测系统配置的数采器自动完成，采样频率为1 h 2次。使用数据采集和分析软件(CERNASC2010)下载原始观测数据，每月1次，并使用该软件对原始数据进行处理，得到小时尺度和日尺度的规范数据报表。

6.1.2 数据质量控制和评估

（1）原始数据质控措施：剔除无效（如数据值为“—”）或数值明显超出范围的数据项/列。

（2）短时间段（<3 h）数据插补：采用线性内插方法对短时间段（<3 h）缺失的气象（降水量除外）数据进行插补。

（3）对日尺度数据进行缺失插补：建立邻近气象站气温、湿度与策勒站气温、湿度的拟合方程，对相应缺失数据进行插补；建立策勒站气温和土壤温度的拟合方程，对缺失的土壤数据进行插补；降水量使用邻近气象站的数据替代；风速、大气压不做插补。

（4）小时-日-月尺度数据转换：对一天内的小时数据进行平均/累计得到日平均值/累计值，如果一天内小时尺度数据少于12个，则不计算日平均值/累计值，该日按缺测处理。对一个月内的日尺度数据进行平均/累计，得到月尺度数据，如果当月日尺度数据小于20个，则不计算月平均值/累计值，该月按缺测处理。对月尺度数据进行平均/累计，得到年平均值/累计值。降水量以日累计值、月累计值和年累计值为计量单位，其他项目计算平均值。

自动气象站观测要素包括气压、10 min平均风速、气温、相对湿度、地表温度、土壤温度(5 cm、10 cm、15 cm、20 cm、40 cm、100 cm)、总辐射、反射辐射、紫外辐射、净辐射、光合有效辐射，自动气象数据每小时自动记录2次。

相关数据见表6－1至表6－16。

表6－1 气 压

时间（年-月）	月平均值/hPa	月平均最大值/hPa	月平均最小值/hPa	月极大值/hPa	月极大值日期（日）	月极小值/hPa	月极小值日期（日）
2009－01	868.9	872.2	966.4	878.6	8	873.5	20
2009－02	859.9	864.9	861.2	873.9	7	824.9	5

（续）

时间（年-月）	月平均值/hPa	月平均最大值/hPa	月平均最小值/hPa	月极大值/hPa	月极大值日期（日）	月极小值/hPa	月极小值日期（日）
2009-03	872.6	864.5	859.1	873.7	13	850.0	19
2009-04	857.4	861.3	854.3	872.5	29	845.0	15
2009-05	860.1	862.2	856.7	869.8	12	847.9	6
2009-06	857.1	859.1	853.8	864.5	19	848.1	2
2009-07	856.0	857.8	853.4	861.8	1	847.9	28
2009-08	858.7	860.6	855.8	864.5	17	852.4	5
2009-09	862.2	864.1	859.4	869.0	20	861.7	28
2009-10	865.7	868.5	864.8	874.9	31	859.2	28
2009-11	868.7	870.9	866.1	882.2	16	855.0	8
2009-12	867.8	869.9	865.1	876.3	18	854.7	9
2010-01	867.6	869.8	865.1	880.4	11	857.3	8
2010-02	862.5	864.7	859.5	876.7	16	846.6	6
2010-03	864.6	867.2	861.0	877.0	9	852.3	12
2010-04	862.8	865.9	860.8	872.9	26	851.6	11
2010-05	859.6	862.0	856.0	868.5	30	845.7	23
2010-06	858.7	860.5	855.9	865.9	1	844.1	24
2010-07	857.3	859.0	855.1	864.0	3	850.0	20
2010-08	858.1	860.6	856.4	866.0	21	852.5	24
2010-09	861.7	864.7	860.5	871.5	21	853.5	13
2010-10	865.5	868.8	864.3	876.9	25	847.9	21
2010-11	869.6	871.7	867.5	877.7	10	860.6	20
2010-12	869.0	871.7	865.7	884.9	15	854.3	4
2011-01	869.1	871.2	866.8	882.1	27	856.9	2
2011-02	860.9	863.0	858.4	870.7	1	853.9	23
2011-03	866.4	869.8	864.4	881.3	14	857.4	12
2011-04	862.3	864.1	859.1	875.0	6	849.7	29
2011-05	860.2	862.4	856.9	868.2	15	844.8	6
2011-06	856.4	858.3	853.3	864.7	7	848.4	12
2011-07	856.9	858.7	854.4	863.7	9	849.7	22
2011-08	857.5	859.2	854.9	863.0	31	848.4	8
2011-09	861.4	863.1	859.0	866.8	28	853.5	14
2011-10	865.2	867.0	862.5	873.2	12	853.1	29

（续）

时间（年-月）	月平均值/hPa	月平均最大值/hPa	月平均最小值/hPa	月极大值/hPa	月极大值日期（日）	月极小值/hPa	月极小值日期（日）
2011-11	866.5	868.5	864.2	876.7	30	857.7	15
2011-12	871.5	873.5	869.1	880.2	8	857.2	2
2012-01	867.4	870.4	866.6	878.5	1	857.3	15
2012-02	864.2	866.0	861.5	873.8	1	850.2	21
2012-03	862.4	864.6	859.0	873.4	22	847.5	16
2012-04	861.0	862.9	857.9	870.0	12	848.6	22
2012-05	860.1	862.1	856.9	867.3	11	850.5	17
2012-06	857.1	858.9	854.6	864.3	2	850.7	21
2012-07	856.8	858.6	854.5	863.6	21	850.6	5
2012-08	858.7	860.5	856.3	864.3	5	852.8	1
2012-09	862.1	863.8	859.9	871.9	27	856.1	5
2012-10	867.0	868.7	864.4	875.8	21	858.6	19
2012-11	866.9	869.6	863.8	877.2	25	856.9	8
2012-12	867.4	870.2	864.3	885.4	29	852.0	13
2013-01	867.5	869.6	865.0	875.1	3	856.0	12
2013-02	865.2	867.6	861.9	876.4	7	856.0	4
2013-03	862.7	864.8	859.9	875.2	2	852.6	9
2013-04	860.2	862.3	856.8	870.0	12	845.1	16
2013-05	860.5	862.6	857.1	870.8	29	847.2	20
2013-06	856.6	858.7	853.6	867.3	9	846.1	27
2013-07	856.2	858.0	853.4	863.2	8	846.4	22
2013-08	857.2	859.0	854.9	864.3	15	850.2	1
2013-09	862.4	864.1	860.2	870.8	25	855.6	15
2013-10	866.8	868.6	864.3	874.0	18	858.9	4
2013-11	870.9	873.0	868.3	882.3	23	857.3	9
2013-12	870.3	872.3	868.0	877.7	25	862.4	16
2014-01	868.1	870.3	865.4	880.2	19	852.8	30
2014-02	863.6	866.0	861.3	877.5	5	855.1	4
2014-03	863.5	865.5	860.4	872.1	12	854.1	25
2014-04	861.6	864.0	858.1	869.2	27	851.7	12
2014-05	860.8	863.2	856.9	871.1	25	845.4	31
2014-06	859.3	861.1	856.5	864.8	11	852.0	1

（续）

时间（年-月）	月平均值/hPa	月平均最大值/hPa	月平均最小值/hPa	月极大值/hPa	月极大值日期（日）	月极小值/hPa	月极小值日期（日）
2014-07	857.0	858.8	854.2	862.9	7	848.7	29
2014-08	859.5	861.1	857.1	866.3	31	850.8	9
2014-09	861.4	863.2	858.9	867.3	22	855.9	6
2014-10	865.9	868.1	863.1	876.8	11	854.5	8
2014-11	868.0	870.1	865.4	876.4	1	854.5	25
2014-12	873.0	875.5	870.0	886.4	15	859.9	7
2015-01	868.1	870.0	865.7	876.3	16	860.3	24
2015-02	864.8	867.1	861.9	874.5	5	855.6	13
2015-03	863.1	865.5	859.7	871.6	1	845.8	30
2015-04	862.1	864.6	858.6	873.3	12	844.6	1
2015-05	860.1	862.2	856.4	867.7	15	849.6	17
2015-06	858.5	860.3	855.7	871	3	850.9	25
2015-07	856.1	857.8	853.7	864.7	3	849.1	29
2015-08	859.1	860.8	856.6	865.7	12	850.5	22
2015-09	863.7	865.5	860.9	877.7	30	855.9	25
2015-10	867.2	869.2	864.3	876.8	30	856.2	19
2015-11	866.1	868.1	863.7	879.9	24	855.5	13
2015-12				874.2	2	864.2	6

表 6-2　10 min 平均风速

时间（年-月）	月平均风速/（m/s）	月最多风向	月最大风速/（m/s）	月最大风风向	月最大风出现日期（日）	月最大风出现时间
2009-01	1.1	SW	4.7	295	23	13：00
2009-02	1.7	SW	6.9	314	20	17：00
2009-03	1.8	ESE	10.1	303	19	04：00
2009-04	2.0	ESE	12.0	297	16	16：00
2009-05	2.0	ESE	10.2	310	22	12：00
2009-06	2.2	NW	9.5	305	2	12：00
2009-07	2.0	WNW	9.3	307	13	10：00
2009-08	1.6	SE	8.2	297	24	21：00
2009-09	2.4	NW	678	320	28	13：00
2009-10	1.5	SSW	234	211	30	13：00
2009-11	1.3	SW	7.0	290	10	18：00

（续）

时间（年-月）	月平均风速/（m/s）	月最多风向	月最大风速/（m/s）	月最大风风向	月最大风出现日期（日）	月最大风出现时间
2009 - 12	1.2	SSW	9.3	293	25	17：00
2010 - 01	1.3	SW	5.8	308	5	18：00
2010 - 02	1.5	WSW	8.1	313	23	16：00
2010 - 03	1.6	ESE	12.9	293	12	19：00
2010 - 04	1.6	ESE	8.5	299	19	13：00
2010 - 05	2.1	WNW	12.2	296	28	01：00
2010 - 06	2.0	WNW	11.3	297	4	23：00
2010 - 07	1.8	WNW	9.1	312	14	12：00
2010 - 08	1.8	SE	8.1	307	18	14：00
2010 - 09	1.7	WNW	7.4	308	13	15：00
2010 - 10	1.3	SSW	10.2	297	22	04：00
2010 - 11	1.2	SSW	5.0	313	21	14：00
2010 - 12	1.2	SSW	7.0	325	4	16：00
2011 - 01	1.1	SW	4.5	326	2	14：00
2011 - 02	1.5	ESE	6.3	338	6	16：00
2011 - 03	1.6	ESE	207.3	0	6	13：00
2011 - 04	1.9	ESE	11.3	301	30	03：00
2011 - 05	2.0	WNW	10.6	302	28	01：00
2011 - 06	2.1	NW	10.8	294	1	03：00
2011 - 07	1.8	WNW	9.6	303	15	12：00
2011 - 08	1.4	SSE	7.3	25	3	00：00
2011 - 09	1.7	WNW	9.8	298	16	18：00
2011 - 10	1.1	SSW	8.0	295	8	00：00
2011 - 11	1.2	SSW	5.4	299	15	12：00
2011 - 12	1.0	SW	4.8	308	21	16：00
2012 - 01	1.0	SW	3.5	329	15	18：00
2012 - 02	1.5	SW	7.3	301	22	13：00
2012 - 03	1.7	WNW	9.6	308	13	13：00
2012 - 04	1.6	ESE	8.8	302	29	12：00
2012 - 05	1.9	WNW	9.7	288	22	22：00
2012 - 06	1.9	WNW	10.1	304	1	13：00
2012 - 07	2.3	SE	726.0	294	20	13：00

（续）

时间（年-月）	月平均风速/（m/s）	月最多风向	月最大风速/（m/s）	月最大风风向	月最大风出现日期（日）	月最大风出现时间
2012-08	1.7	WNW	78.0	38	5	13：00
2012-09	1.3	SSE	6.6	301	8	11：00
2012-10	1.1	SSW	6.3	306	1	13：00
2012-11	1.2	SSW	6.4	304	8	16：00
2012-12	1.1	S	4.2	276	14	17：00
2013-01	1.1	S	4.8	111	29	16：00
2013-02	1.4	S	6.3	299	10	14：00
2013-03	1.3	E	6.7	258	9	12：00
2013-04	1.8	E	11.2	275	17	03：00
2013-05	2.0	W	9.2	257	20	04：00
2013-06	1.6	E	10.2	274	6	10：00
2013-07	1.3	ESE	8.8	264	15	06：00
2013-08	1.6	W	9.4	276	13	20：00
2013-09	1.2	E	6.3	257	2	00：00
2013-10	1.0	S	4.8	287	12	13：00
2013-11	1.0	S	9.3	287	9	15：00
2013-12	1.0	S	3.4	309	15	16：00
2014-01	1.1	S	5.3	286	31	23：00
2014-02	1.4	S	5.6	318	16	17：00
2014-03	1.5	E	7.4	309	9	17：00
2014-04	1.7	E	8.6	284	7	14：00
2014-05	1.6	E	11.1	302	22	17：00
2014-06	1.6	W	9.9	273	3	11：00
2014-07	1.4	E	8.9	267	3	20：00
2014-08	1.6	W	9.1	270	9	17：00
2014-09	1.2	C	7.2	292	20	14：00
2014-10	1.2	C	8.0	277	9	11：00
2014-11	0.9	C	6.5	264	9	18：00
2014-12	0.8	C	7.0	288	8	15：00
2015-01	1.0	C	5.7	298	24	16：00
2015-02	1.2	C	6.6	279	13	14：00
2015-03	1.4	C	6.2	264	28	12：00

（续）

时间（年-月）	月平均风速/（m/s）	月最多风向	月最大风速/（m/s）	月最大风风向	月最大风出现日期（日）	月最大风出现时间
2015-04	1.3	C	10.3	277	16	18：00
2015-05	1.7	C	9.5	271	30	10：00
2015-06	1.8	C	14.7	276	10	23：00
2015-07	1.1	C	10.8	270	10	10：00
2015-08	1.5	C	7.4	271	11	21：00
2015-09	1.0	C	6.3	270	6	22：00
2015-10	1.0	C	8.7	267	24	04：00
2015-11	1.1	C	4.3	311	7	14：00
2015-12		SSW	4.1	271	2	13：00

表6-3　气　温

时间（年-月）	月平均值/℃	月平均最大值/℃	月平均最小值/℃	月极大值/℃	月极大值日期（日）	月极小值/℃	月极小值日期（日）
2009-01	−4.26	3.83	−12.55	11.10	31	−45.40	20
2009-02	2.96	11.25	−5.65	17.20	22	−20.10	5
2009-03	10.95	19.55	2.40	28.50	18	−8.20	1
2009-04	18.30	26.33	9.61	32.00	15	3.30	1
2009-05	20.89	29.79	11.27	36.40	19	5.30	13
2009-06	25.19	33.25	17.37	37.30	25	9.00	1
2009-07	26.03	34.15	18.15	40.80	27	11.80	4
2009-08	25.40	34.74	16.03	40.50	13	10.40	13
2009-09	20.23	28.74	13.05	32.90	28	9.00	25
2009-10	12.83	23.30	1.21	30.90	3	−76.90	14
2009-11	2.89	18.44	−4.94	241.2	30	−11.90	22
2009-12	−1.96	6.76	−8.76	14.80	25	−13.30	19
2011-01	−9.07	0.22	−16.15	15.80	3	−21.50	11
2011-02	0.60	9.28	−6.74	16.90	21	−14.60	1
2011-03	5.60	13.44	−1.37	22.80	12	−8.50	2
2011-04	17.07	26.48	6.90	38.60	28	−4.40	8
2011-05	22.43	31.64	12.80	38.20	5	6.10	21
2011-06	25.38	34.65	16.33	39.90	26	9.00	3
2011-07	25.80	33.39	18.82	38.90	25	13.90	28
2011-08	25.30	33.85	17.07	40.70	6	11.80	5
2011-09	20.41	29.44	12.35	34.40	8	6.10	29

（续）

时间（年-月）	月平均值/℃	月平均最大值/℃	月平均最小值/℃	月极大值/℃	月极大值日期（日）	月极小值/℃	月极小值日期（日）
2011-10	12.77	23.95	3.06	29.40	7	−2.60	28
2011-11	3.99	13.71	−4.22	16.90	16	−9.40	30
2011-12	−5.47	1.91	−11.75	10.50	2	−19.70	24
2012-01	−8.94	3.85	−16.12	173.00	14	−24.30	26
2012-02	−1.74	4.90	−7.28	15.30	29	−13.00	3
2012-03	7.70	16.18	−0.05	26.10	31	−6.30	11
2012-04	17.27	26.22	8.26	32.70	21	2.90	13
2012-05	20.67	29.26	12.75	34.50	18	5.70	5
2012-06	23.59	31.69	16.10	37.80	21	10.50	6
2012-07	25.02	32.95	17.95	37.90	3	14.60	20
2012-08	24.83	33.20	17.90	38.20	19	12.20	31
2012-09	20.28	30.15	11.39	35.00	1	3.40	30
2012-10	10.69	22.77	−0.04	26.80	2	−4.50	23
2012-11	2.17	11.73	−5.49	23.70	2	−12.80	25
2012-12	−3.95	4.69	−11.39	15.60	2	−23.40	30
2013-01	−6.75	2.47	−14.22	16.80	29	−22.10	8
2013-02	1.11	9.95	−6.65	18.70	9	−10.40	18
2013-03	11.69	21.62	1.85	27.80	31	−4.60	2
2013-04	17.61	26.85	7.91	32.50	26	0.50	14
2013-05	20.42	28.83	12.30	37.30	21	6.10	30
2013-06	24.37	34.00	15.36	39.40	25	8.70	19
2013-07	25.20	34.53	16.46	42.70	30	11.20	27
2013-08	26.60	41.52	18.08	257.50	1	10.20	27
2013-09	19.56	30.77	10.08	36.00	13	4.50	30
2013-10	12.18	25.29	1.74	32.90	5	−5.40	30
2013-11	1.07	11.12	−7.03	19.20	4	−12.90	29
2013-12	−4.31	4.32	−11.09	12.00	13	−18.40	28
2014-01	−4.78	5.25	−13.10	21.90	31	−17.60	8
2014-02	−0.60	7.98	−8.64	14.10	17	−14.10	10
2014-03	8.95	17.55	0.11	23.20	27	−8.90	1
2014-04	16.58	25.55	7.25	33.40	29	−0.20	1
2014-05	20.25	29.76	10.62	36.90	30	5.30	15

（续）

时间（年-月）	月平均值/℃	月平均最大值/℃	月平均最小值/℃	月极大值/℃	月极大值日期（日）	月极小值/℃	月极小值日期（日）
2014-06	23.20	31.99	14.75	38.30	15	10.00	12
2014-07	25.54	34.59	17.34	40.30	15	10.00	8
2014-08	23.83	32.75	15.68	37.40	8	9.20	21
2014-09	20.06	29.95	11.34	33.40	12	5.40	27
2014-10	13.07	23.64	4.29	32.40	1	−1.40	27
2014-11	2.32	11.84	−6.07	16.10	5	−10.00	13
2014-12	−6.47	1.85	−13.38	10.50	27	−19.40	17
2015-01	−4.18	4.12	−11.34	12.90	7	−16.10	31
2015-02	1.46	9.65	−6.08	18.10	14	−15.20	4
2015-03	10.59	19.05	2.05	26.20	23	−5.60	1
2015-04	16.71	25.87	7.31	33.10	26	2.40	6
2015-05	21.81	30.35	12.76	36.20	9	5.40	4
2015-06	23.40	31.90	15.19	37.80	20	9.50	15
2015-07	27.54	36.90	18.37	40.80	25	12.10	17
2015-08	25.14	32.75	18.39	36.30	7	10.90	19
2015-09	18.79	27.72	10.37	32.10	4	6.00	30
2015-10	12.25	23.22	3.24	28.50	6	−3.40	31
2015-11	4.20	14.14	−4.14	18.20	3	−8.40	30
2015-12				13.40	1	−8.00	3

表 6-4　相对湿度

时间（年-月）	月平均值/%	月平均最小值/%	月极小值/%	月极小值日期（日）
2009-01	50	29	16	30
2009-02	34	18	7	22
2009-03	18	9	5	18
2009-04	22	10	6	2
2009-05	25	10	5	19
2009-06	29	13	7	1
2009-07	33	15	8	27
2009-08	34	14	10	11
2009-09	51	23	13	22
2009-10	40	13	2	30

（续）

时间（年-月）	月平均值/%	月平均最小值/%	月极小值/%	月极小值日期（日）
2009－11	52	27	8	1
2009－12	54	29	9	24
2010－01	46	28	10	6
2010－02	62	39	4	5
2010－03	38	18	4	12
2010－04	26	11	5	25
2010－05	36	17	7	1
2010－06	58	30	11	24
2010－07	49	24	9	18
2010－08	51	18	10	14
2010－09	54	29	11	11
2010－10	55	21	11	7
2010－11	47	18	9	30
2010－12	46	20	8	1
2011－01	41	21	10	2
2011－02	37	18	11	2
2011－03	27	14	6	12
2011－04	20	7	3	26
2011－05	33	12	4	5
2011－06	34	12	6	5
2011－07	43	19	11	3
2011－08	43	18	7	6
2011－09	45	17	11	7
2011－10	42	13	8	13
2011－11	52	25	16	16
2011－12	70	41	24	13
2012－01	68	41	21	17
2012－02	56	29	12	29
2012－03	33	14	5	16
2012－04	24	9	3	25
2012－05	38	13	0	18
2012－06	44	19	8	5
2012－07	51	22	10	5

（续）

时间（年-月）	月平均值/%	月平均最小值/%	月极小值/%	月极小值日期（日）
2012 - 08	51	22	9	30
2012 - 09	44	14	9	1
2012 - 10	37	10	7	26
2012 - 11	36	16	5	8
2012 - 12	49	26	7	2
2013 - 01	63	36	9	29
2013 - 02	35	16	6	9
2013 - 03	22	9	6	24
2013 - 04	24	9	5	16
2013 - 05	45	19	7	19
2013 - 06	42	16	7	2
2013 - 07	49	20	8	30
2013 - 08	46	19	9	8
2013 - 09	46	14	7	13
2013 - 10	44	11	7	5
2013 - 11	46	19	9	5
2013 - 12	59	32	15	1
2014 - 01	51	25	4	31
2014 - 02	36	16	8	1
2014 - 03	27	12	6	8
2014 - 04	20	7	5	10
2014 - 05	27	9	5	1
2014 - 06	45	19	6	14
2014 - 07	47	17	9	24
2014 - 08	45	18	10	13
2014 - 09	47	16	10	18
2014 - 10	43	15	7	10
2014 - 11	48	23	11	26
2014 - 12	57	31	8	8
2015 - 01	45	24	13	7
2015 - 02	41	21	9	14
2015 - 03	23	10	4	22
2015 - 04	25	8	3	15

（续）

时间（年-月）	月平均值/%	月平均最小值/%	月极小值/%	月极小值日期（日）
2015-05	33	12	5	6
2015-06	38	15	5	19
2015-07	41	14	5	17
2015-08	44	21	12	15
2015-09	52	20	12	29
2015-10	46	15	7	5
2015-11	48	22	12	19
2015-12			13	1

表 6-5 地表温度

时间（年-月）	月平均值/℃	月平均最大值/℃	月平均最小值/℃	月极大值/℃	月极大值日期（日）	月极小值/℃	月极小值日期（日）
2009-01	−4.21	18.06	−15.60	27.40	20	−21.2	13
2009-02	4.18	29.16	−9.30	39.70	28	−14.3	9
2009-03	14.43	42.94	−1.53	53.60	18	−14.5	1
2009-04	23.69	51.23	7.05	59.8	15	−2.5	1
2009-05	28.75	58.32	9.36	70.60	19	3.1	28
2009-06	34.14	62.40	16.85	69.80	24	6.8	1
2009-07	34.98	63.21	17.79	72.00	26	11.8	4
2009-08	34.29	63.63	15.67	70.50	13	10.5	9
2009-09	25.80	50.33	12.38	60.40	19	0.43	28
2009-10	16.04	44.26	0.70	53.90	2	−7.8	31
2009-11	2.74	23.43	−8.00	39.50	6	−14.3	20
2009-12	−2.88	17.42	−13.06	22.20	3	−18.4	31
2010-01	−3.06	16.12	−13.04	27.80	6	−17.2	26
2010-02	1.60	14.33	−5.67	37.20	28	−15.3	4
2010-03	14.03	35.53	2.39	56.70	19	−4.2	9
2010-04	21.98	48.02	6.58	61.20	30	1.00	1
2010-05	27.91	52.81	13.43	67.80	22	7.20	21
2010-06	27.18	45.95	16.20	67.90	24	10.50	1
2010-07	34.17	59.60	19.64	70.20	8	12.90	2
2010-08	32.15	57.23	20.99	65.90	13	15.00	31
2010-09	25.52	45.74	13.62	59.90	5	6.40	26
2010-10	16.07	38.79	3.24	49.60	6	−4.40	29

（续）

时间（年-月）	月平均值/℃	月平均最大值/℃	月平均最小值/℃	月极大值/℃	月极大值日期（日）	月极小值/℃	月极小值日期（日）
2010 - 11	4.11	26.90	−8.42	32.60	4	−15.00	29
2010 - 12	−6.02	13.66	−16.42	24.50	1	−22.30	26
2011 - 01	−10.03	9.63	−20.57	17.50	25	−25.60	11
2011 - 02	1.43	22.43	−10.26	32.30	21	−18.90	2
2011 - 03	8.33	28.48	−3.78	42.00	31	−11.50	2
2011 - 04	21.65	47.17	4.32	65.10	28	−7.00	8
2011 - 05	30.56	57.51	12.22	66.90	16	5.00	21
2011 - 06	34.65	62.53	16.35	68.70	26	8.00	3
2011 - 07	34.27	58.48	19.66	69.90	6	15.20	28
2011 - 08	33.75	59.37	17.65	71.40	6	12.50	5
2011 - 09	26.95	52.74	12.02	61.90	7	4.80	29
2011 - 10	17.57	45.48	1.25	53.30	3	−4.80	28
2011 - 11	5.82	30.48	−7.36	37.60	5	−12.90	30
2011 - 12	−4.96	16.63	−15.76	24.90	4	−24.70	24
2012 - 01	−8.40	11.30	−18.85	23.90	17	−24.40	3
2012 - 02	0.46	21.76	−10.81	33.40	29	−19.00	2
2012 - 03	11.80	37.94	−2.95	53.20	29	−11.20	3
2012 - 04	22.61	47.62	6.23	61.30	22	−0.30	1
2012 - 05	28.85	56.54	11.91	66.10	17	4.30	5
2012 - 06	31.38	56.52	15.88	68.30	8	9.40	2
2012 - 07	32.71	56.56	17.82	68.80	31	0.41	20
2012 - 08	32.76	58.70	18.20	70.20	11	11.60	31
2012 - 09	27.65	55.96	10.87	65.80	7	1.30	25
2012 - 10	14.79	44.57	−2.65	51.80	3	−7.70	22
2012 - 11	2.49	25.57	−9.79	40.50	1	−18.60	25
2012 - 12	−4.75	15.69	−15.52	29.00	2	−21.00	21
2013 - 01	−7.45	11.03	−17.60	31.60	30	−23.90	8
2013 - 02	2.60	26.76	−11.10	36.20	9	−18.30	8
2013 - 03	15.12	43.00	−1.21	53.40	30	−10.60	2
2013 - 04	24.09	52.69	6.09	60.60	15	−1.20	14

（续）

时间（年-月）	月平均值/℃	月平均最大值/℃	月平均最小值/℃	月极大值/℃	月极大值日期（日）	月极小值/℃	月极小值日期（日）
2013-05	28.02	54.99	11.78	65.60	19	4.50	30
2013-06	32.33	57.80	15.27	69.20	25	7.50	19
2013-07	34.92	62.97	16.81	75.80	30	11.70	25
2013-08	33.87	61.06	18.38	73.50	2	10.00	27
2013-09	26.51	55.98	9.44	65.70	10	2.50	30
2013-10	16.71	46.74	−0.61	57.10	5	−8.40	30
2013-11	2.01	24.51	−10.76	37.80	3	−16.40	29
2013-12	−5.30	13.78	−16.68	20.80	13	−23.40	29
2014-01	−4.93	16.68	−18.02	32.60	31	−22.90	12
2014-02	0.39	20.93	−12.87	30.10	17	−18.40	10
2014-03	12.41	37.04	−2.79	47.30	31	−13.80	1
2014-04	21.23	43.78	5.30	52.60	29	−3.10	1
2014-05	27.95	53.69	10.33	68.90	30	5.30	4
2014-06	32.16	58.71	15.49	72.50	15	11.30	12
2014-07	34.17	58.79	17.98	71.80	12	8.60	8
2014-08	32.03	57.05	16.10	69.30	24	9.10	21
2014-09	26.67	53.04	10.73	65.20	2	4.00	27
2014-10	17.04	42.54	2.30	56.80	1	−3.20	18
2014-11	3.42	25.03	−8.73	32.80	5	−12.80	18
2014-12	−6.92	12.43	−17.24	19.50	2	−23.40	17
2015-01	−4.96	14.19	−15.26	21.10	7	−20.70	2
2015-02	2.85	23.03	−8.66	33.70	24	−17.10	4
2015-03	13.40	36.06	−0.58	47.10	23	−8.00	1
2015-04	22.19	46.82	6.01	57.80	14	0.20	14
2015-05	29.04	52.42	13.04	60.00	16	3.90	27
2015-06	31.45	53.87	16.38	60.00	5	9.90	3
2015-07	35.00	57.90	19.58	60.00	4	13.40	5
2015-08	32.41	53.78	19.40	60.00	7	11.20	19
2015-09	24.34	48.36	9.89	60.00	4	4.10	29
2015-10	15.73	41.11	0.89	48.20	6	−5.70	28
2015-11	5.04	27.33	−7.46	34.10	1	−13.10	30
2015-12				24.10	1	−13.10	2

表 6-6　土壤温度（5 cm）

时间（年-月）	月平均值/℃	月平均最大值/℃	月平均最小值/℃	月极大值/℃	月极大值日期（日）	月极小值/℃	月极小值日期/℃
2009-01	-4.35	4.90	-10.81	10.60	31	-15.60	13
2009-02	3.30	13.66	-4.59	19.90	28	-8.80	8
2009-03	12.60	24.55	3.52	32.20	18	-7.00	1
2009-04	21.69	34.06	11.90	39.70	15	4.30	1
2009-05	26.70	41.05	14.88	47.00	19	9.30	13
2009-06	31.92	46.85	20.75	52.70	24	13.60	1
2009-07	32.60	48.24	21.16	55.20	11	14.30	1
2009-08	32.21	48.83	19.66	54.00	13	15.00	25
2009-09	23.72	35.22	16.22	43.90	3	12.10	7
2009-10	15.07	28.31	6.50	37.90	3	-0.60	31
2009-11	2.82	11.97	-2.87	22.20	6	-8.30	20
2009-12	-2.44	5.97	-7.63	8.10	24	-12.80	31
2010-01	-2.89	6.93	-8.73	13.70	6	-12.40	26
2010-02	1.47	8.44	-3.09	20.10	28	-9.70	4
2010-03	12.23	21.56	6.06	33.80	19	1.60	11
2010-04	19.13	29.29	11.77	41.70	30	5.70	1
2010-05	26.65	40.40	16.94	47.50	21	10.60	31
2010-06	25.51	35.51	18.43	45.00	24	13.00	6
2010-07	32.27	45.17	23.04	52.80	18	17.50	3
2010-08	30.15	44.69	23.37	49.50	23	18.30	1
2010-09	24.76	35.87	16.73	47.50	5	7.80	26
2010-10	15.29	26.96	7.24	33.00	7	-0.02	26
2010-11	4.52	16.96	-3.65	21.50	5	-9.90	29
2010-12	-5.12	6.21	-12.27	14.20	1	-17.50	26
2011-01	-9.41	2.21	-16.57	8.20	25	-20.90	11
2011-02	1.11	13.73	-7.03	21.30	21	-14.80	1
2011-03	7.70	20.01	-0.76	31.30	31	-7.80	2
2011-04	20.48	35.97	8.41	49.70	28	-1.50	8
2011-05	28.88	44.95	16.51	51.00	16	9.90	21
2011-06	32.64	48.73	20.62	53.50	26	13.40	3
2011-07	32.03	45.16	22.69	53.90	6	17.10	10
2011-08	31.97	47.43	20.94	57.70	8	16.00	19
2011-09	25.47	39.87	15.51	47.50	7	9.60	29

（续）

时间（年-月）	月平均值/℃	月平均最大值/℃	月平均最小值/℃	月极大值/℃	月极大值日期（日）	月极小值/℃	月极小值日期/℃
2011-10	16.13	31.03	5.66	37.60	2	−0.02	28
2011-11	4.97	17.59	−3.33	22.20	5	−8.90	30
2011-12	−5.24	6.03	−12.19	13.00	3	−20.60	24
2012-01	−8.64	2.05	−15.62	8.40	31	−20.30	3
2012-02	−0.69	10.61	−8.11	20.30	29	−16.10	2
2012-03	10.31	24.73	0.33	37.70	29	−6.60	3
2012-04	21.29	36.07	10.22	45.00	22	4.70	1
2012-05	27.12	42.05	16.46	49.50	31	9.40	5
2012-06	29.85	44.10	19.31	53.00	16	11.80	3
2012-07	30.49	42.84	21.96	53.60	31	17.30	20
2012-08	30.85	45.05	21.55	52.80	18	14.80	5
2012-09	26.56	42.75	15.51	50.40	1	7.20	25
2012-10	14.23	31.10	2.57	38.00	2	−2.20	24
2012-11	2.62	15.35	−5.49	27.40	2	−13.30	25
2012-12	−4.33	6.63	−11.36	15.60	2	−15.80	21
2013-01	−7.20	3.44	−14.15	16.20	30	−19.50	8
2013-02	2.15	15.65	−7.04	21.50	25	−13.00	8
2013-03	13.90	29.60	2.85	38.60	30	−5.50	2
2013-04	22.73	39.63	10.39	46.80	26	4.90	14
2013-05	26.36	42.24	15.38	52.00	23	8.70	7
2013-06	30.60	46.60	19.19	55.40	26	10.40	19
2013-07	32.29	47.74	20.82	57.80	30	15.00	2
2013-08	32.07	46.85	22.07	56.30	2	15.90	27
2013-09	25.08	41.48	13.65	49.00	10	7.80	30
2013-10	15.93	33.00	4.41	41.00	5	−2.70	30
2013-11	2.67	14.69	−5.45	25.80	1	−9.80	29
2013-12	−3.70	6.29	−10.30	12.80	13	−16.20	29
2014-01	−4.37	6.98	−11.99	19.40	31	−16.10	12
2014-02	0.82	10.87	−6.96	17.80	17	−12.20	10
2014-03	11.45	26.92	0.58	37.10	31	−6.10	1
2014-04	21.05	37.00	9.27	44.30	29	1.70	1
2014-05	26.70	42.72	14.16	52.40	30	9.10	15

（续）

时间 （年-月）	月平均 值/℃	月平均 最大值/℃	月平均 最小值/℃	月极大 值/℃	月极大值 日期（日）	月极小 值/℃	月极小值 日期/℃
2014-06	29.78	46.61	18.14	57.50	15	13.50	22
2014-07	31.05	46.05	19.58	63.90	2	11.10	8
2014-08	28.78	42.03	18.53	51.20	21	12.10	20
2014-09	23.93	35.40	14.66	41.90	2	9.00	27
2014-10	15.70	27.34	6.89	34.40	1	1.50	18
2014-11	4.58	15.63	−3.53	22.00	5	−7.00	18
2014-12	−5.56	4.48	−12.37	10.20	2	−18.10	17
2015-01	−3.97	6.09	−10.85	10.50	16	−15.30	2
2015-02	2.97	13.57	−4.59	21.40	24	−12.40	4
2015-03	12.94	25.13	3.72	33.70	31	−3.50	1
2015-04	21.45	35.48	10.83	44.50	26	5.80	6
2015-05	28.40	42.11	17.60	48.70	9	6.50	27
2015-06	30.84	44.51	20.31	51.80	19	14.20	27
2015-07	35.39	50.81	23.59	55.80	18	15.80	3
2015-08	32.25	45.45	23.01	51.40	13	16.80	19
2015-09	23.91	37.31	13.91	46.90	4	8.20	9
2015-10	16.24	31.52	5.60	37.00	6	−0.50	31
2015-11	6.09	19.24	−2.97	24.40	1	−8.50	30
2015-12				15.90	5	−8.60	2

表 6-7 土壤温度（10 cm）

时间 （年-月）	月平均 值/℃	月平均 最大值/℃	月平均 最小值/℃	月极大 值/℃	月极大值 日期（日）	月极小 值/℃	月极小值 日期（日）
2009-01	−3.25	1.50	−7.01	5.90	31	−10.70	10
2009-02	3.58	9.19	−0.90	13.60	28	−4.70	1
2009-03	12.29	18.85	7.02	24.50	31	−1.40	1
2009-04	21.02	27.80	15.45	31.90	15	9.30	1
2009-05	25.80	33.55	19.31	37.20	31	14.50	12
2009-06	30.88	38.06	25.10	41.60	24	20.00	1
2009-07	31.79	39.09	26.06	43.20	26	19.70	1
2009-08	31.63	39.03	25.50	41.70	5	21.90	25
2009-09	23.60	28.99	19.28	36.00	1	14.80	7
2009-10	15.64	20.23	11.58	26.30	1	5.10	31
2009-11	3.88	7.81	1.08	14.60	8	−3.70	21

（续）

时间（年-月）	月平均值/℃	月平均最大值/℃	月平均最小值/℃	月极大值/℃	月极大值日期（日）	月极小值/℃	月极小值日期（日）
2009-12	−1.36	0.83	−3.32	2.50	1	−7.00	31
2010-01	−2.22	0.06	−4.30	2.90	19	−6.90	26
2010-02	1.69	4.59	−0.36	15.00	28	−3.60	1
2010-03	11.87	17.03	8.08	22.70	19	4.30	11
2010-04	18.38	23.37	14.30	29.60	30	7.90	1
2010-05	25.51	32.18	20.36	36.10	22	13.50	31
2010-06	25.10	31.30	20.56	36.00	2	14.20	6
2010-07	31.14	37.51	26.34	42.10	18	22.90	2
2010-08	29.85	36.98	26.06	38.80	5	20.00	1
2010-09	24.85	30.34	20.37	36.70	1	10.10	26
2010-10	15.59	21.03	10.74	26.90	2	2.90	26
2010-11	5.54	10.42	1.25	15.10	5	−3.90	29
2010-12	−3.49	0.65	−6.92	6.20	1	−11.10	26
2011-01	−8.08	−3.46	−11.58	0.10	25	−14.90	11
2011-02	1.09	6.31	−2.99	10.60	21	−9.90	1
2011-03	7.29	12.60	3.08	21.10	31	−2.90	2
2011-04	19.26	26.16	13.29	35.80	28	5.00	6
2011-05	27.63	35.07	21.56	38.00	25	16.40	21
2011-06	31.48	38.77	25.53	41.70	25	19.70	2
2011-07	31.03	37.75	26.10	41.80	6	18.80	10
2011-08	31.21	38.17	25.72	43.10	8	21.20	19
2011-09	25.56	31.79	20.47	36.00	7	16.00	29
2011-10	17.02	23.17	11.55	28.60	2	6.10	28
2011-11	6.45	11.65	1.99	15.80	1	−3.20	30
2011-12	−3.40	1.20	−7.12	7.50	3	−14.10	24
2012-01	−7.28	−2.75	−10.89	1.50	16	−14.10	3
2012-02	−0.41	4.78	−4.46	12.70	29	−11.10	2
2012-03	9.75	16.14	4.65	25.30	31	−8.80	9
2012-04	20.41	27.09	14.78	31.70	22	9.90	13
2012-05	25.95	33.46	20.39	38.50	31	14.00	5
2012-06	29.12	36.83	23.14	40.70	16	17.10	3
2012-07	29.49	35.34	24.90	39.40	3	19.50	21

（续）

时间（年-月）	月平均值/℃	月平均最大值/℃	月平均最小值/℃	月极大值/℃	月极大值日期（日）	月极小值/℃	月极小值日期（日）
2012-08	29.77	35.82	25.14	39.00	1	17.00	5
2012-09	26.03	31.87	20.87	37.00	1	14.40	30
2012-10	14.50	20.33	9.04	26.40	1	4.40	31
2012-11	3.78	8.50	−0.16	16.30	2	−6.60	25
2012-12	−3.06	0.93	−6.39	5.50	2	−11.30	31
2013-01	−6.55	−2.48	−9.96	6.70	30	−15.00	8
2013-02	1.97	6.96	−2.30	10.80	25	−6.40	8
2013-03	12.62	18.51	7.49	24.90	30	0.10	2
2013-04	21.30	27.25	15.87	30.80	27	11.80	14
2013-05	25.35	31.56	20.23	37.10	23	14.00	15
2013-06	29.42	35.88	24.21	40.30	26	14.10	19
2013-07	31.16	37.49	25.97	41.90	30	19.40	9
2013-08	31.35	36.86	26.96	41.60	1	23.20	15
2013-09	25.10	30.72	20.10	36.00	1	15.50	30
2013-10	16.32	21.58	11.36	26.90	5	5.00	30
2013-11	3.64	7.70	0.15	15.30	1	−4.60	29
2013-12	−3.25	0.24	−6.18	3.10	13	−11.20	31
2014-01	−4.73	−1.02	−7.88	7.60	31	−11.20	4
2014-02	0.75	4.72	−3.05	9.00	26	−10.80	5
2014-03	10.52	15.21	6.49	21.80	31	−0.70	1
2014-04	19.64	24.49	15.38	28.30	30	10.30	1
2014-05	25.11	30.17	20.67	34.90	31	16.40	15
2014-06	28.80	34.35	24.11	38.30	27	17.40	25
2014-07	30.57	37.03	25.55	40.40	16	16.00	19
2014-08	29.60	35.49	24.92	38.20	12	22.40	20
2014-09	24.98	30.70	20.19	35.00	2	16.20	27
2014-10	17.33	22.24	12.98	28.90	1	8.50	18
2014-11	6.43	9.67	3.54	15.00	1	1.10	18
2014-12	−3.23	−0.41	−5.71	4.60	2	−10.20	17
2015-01	−2.73	0.25	−5.22	2.10	25	−7.90	2
2015-02	3.01	6.25	0.35	11.10	25	−5.90	4
2015-03	11.93	15.29	8.83	22.10	31	2.70	1

（续）

时间（年-月）	月平均值/℃	月平均最大值/℃	月平均最小值/℃	月极大值/℃	月极大值日期（日）	月极小值/℃	月极小值日期（日）
2015-04	20.14	24.17	16.65	28.90	27	13.00	6
2015-05	26.90	30.91	23.35	33.20	19	16.30	27
2015-06	29.62	33.95	25.96	36.50	24	21.00	27
2015-07	33.43	37.85	29.49	40.60	23	23.30	3
2015-08	31.67	35.45	28.52	38.20	8	25.20	31
2015-09	24.03	29.24	19.49	32.30	3	13.70	9
2015-10	16.87	20.90	13.19	23.20	4	8.10	31
2015-11	7.65	11.21	4.44	15.40	1	−0.10	30
2015-12				7.70	1	−0.90	3

表6-8 土壤温度（15 cm）

时间（年-月）	月平均值/℃	月平均最大值/℃	月平均最小值/℃	月极大值/℃	月极大值日期（日）	月极小值/℃	月极小值日期（日）
2009-01	−2.39	0.35	−4.74	3.60	31	−7.80	10
2009-02	3.83	7.06	1.04	10.40	28	−2.40	1
2009-03	12.02	15.75	8.79	20.50	31	1.70	1
2009-04	20.50	24.45	17.12	27.80	16	11.90	1
2009-05	25.17	29.65	21.24	32.30	31	17.10	12
2009-06	30.22	34.30	26.73	37.30	25	22.70	1
2009-07	31.26	35.36	27.81	38.60	27	22.80	1
2009-08	31.31	35.47	27.61	37.80	6	24.50	25
2009-09	23.86	28.01	20.41	33.80	1	15.90	7
2009-10	16.14	20.28	13.05	49.00	14	6.90	31
2009-11	4.59	7.34	2.62	13.30	8	−1.50	21
2009-12	−0.75	0.75	−1.94	2.30	13	−5.10	31
2010-01	−1.72	−0.37	−2.99	2.30	19	−5.30	26
2010-02	1.91	4.13	0.40	13.70	28	−2.20	19
2010-03	11.93	16.12	8.87	21.20	19	5.30	11
2010-04	18.31	22.12	15.21	26.50	30	9.10	1
2010-05	24.93	29.08	21.65	33.30	31	15.50	31
2010-06	25.10	30.16	21.47	34.60	2	14.90	6
2010-07	30.52	34.47	27.46	37.80	19	24.30	7
2010-08	29.35	34.84	27.20	37.70	5	22.20	1
2010-09	25.01	28.69	21.91	33.90	1	12.30	26

（续）

时间（年-月）	月平均值/℃	月平均最大值/℃	月平均最小值/℃	月极大值/℃	月极大值日期（日）	月极小值/℃	月极小值日期（日）
2010 - 10	16.01	20.33	11.85	26.30	2	0.00	31
2010 - 11	6.19	9.79	2.91	14.10	5	−1.90	29
2010 - 12	−2.54	0.29	−4.90	5.10	1	−8.60	30
2011 - 01	−7.19	−4.33	−9.44	−2.00	25	−12.40	11
2011 - 02	1.20	4.40	−1.43	8.00	25	−7.90	1
2011 - 03	7.18	10.36	4.37	17.70	31	−0.90	2
2011 - 04	18.60	22.75	14.85	31.10	29	7.40	6
2011 - 05	26.93	31.43	23.11	34.00	30	19.10	21
2011 - 06	30.84	35.21	27.11	37.90	26	21.60	2
2011 - 07	30.84	35.60	27.25	38.90	13	21.80	10
2011 - 08	30.89	35.17	27.41	38.90	9	23.40	19
2011 - 09	25.72	29.53	22.46	32.60	8	18.70	29
2011 - 10	17.62	21.48	14.02	26.60	1	8.00	27
2011 - 11	7.44	10.70	4.53	15.50	1	−0.40	30
2011 - 12	−2.15	0.77	−4.62	6.20	3	−10.70	24
2012 - 01	−6.29	−3.46	−8.64	−0.30	16	−11.30	26
2012 - 02	−0.12	3.14	−2.75	9.70	29	−8.40	2
2012 - 03	9.53	13.43	6.27	21.40	31	1.40	9
2012 - 04	19.89	23.89	16.35	27.60	22	11.90	13
2012 - 05	25.36	29.96	21.85	34.50	31	16.10	5
2012 - 06	28.79	33.81	24.82	36.90	22	18.60	28
2012 - 07	29.43	34.03	25.92	37.90	3	21.10	21
2012 - 08	29.54	33.48	26.45	35.90	1	19.20	5
2012 - 09	26.24	29.94	22.88	34.50	1	17.10	30
2012 - 10	15.32	19.06	11.72	24.70	2	7.10	31
2012 - 11	4.87	7.95	2.27	14.60	3	−3.60	25
2012 - 12	−1.95	0.65	−4.17	4.10	2	−8.90	31
2013 - 01	−5.71	−3.13	−7.95	4.50	31	−12.50	8
2013 - 02	2.31	5.40	−0.49	8.60	26	−3.70	8
2013 - 03	12.32	15.82	9.02	21.90	31	2.20	2
2013 - 04	20.89	24.40	17.39	28.10	28	14.30	1
2013 - 05	25.09	29.19	21.61	34.00	24	16.80	15

（续）

时间（年-月）	月平均值/℃	月平均最大值/℃	月平均最小值/℃	月极大值/℃	月极大值日期（日）	月极小值/℃	月极小值日期（日）
2013-06	28.95	32.91	25.49	36.60	27	16.40	19
2013-07	30.75	34.61	27.34	38.30	31	21.60	11
3013-08	31.11	34.34	28.20	38.30	1	24.80	16
2013-09	25.34	28.76	22.01	34.00	1	17.80	30
2013-10	16.98	20.32	13.70	24.70	6	7.80	30
2013-11	4.76	7.26	2.44	14.20	2	-2.10	29
2013-12	-2.08	-0.07	-4.04	2.40	1	-8.60	31
2014-01	-3.93	-1.95	-5.93	4.90	31	-8.60	4
2014-02	1.22	3.26	-1.22	7.40	26	-8.20	5
2014-03	10.36	13.01	7.75	18.90	31	1.40	1
2014-04	19.34	22.08	16.58	25.70	30	12.20	1
2014-05	24.73	27.59	21.87	32.10	31	18.10	15
2014-06	28.62	32.06	25.45	36.00	30	20.00	25
2014-07	30.32	34.40	26.95	37.00	16	18.80	19
2014-08	29.38	32.72	26.38	34.80	13	24.40	29
2014-09	25.13	28.50	22.05	32.20	3	18.70	27
2014-10	17.86	20.88	15.03	26.70	1	11.20	18
2014-11	7.09	8.80	5.30	14.50	1	2.60	28
2014-12	-2.36	-0.87	-3.90	4.50	1	-7.90	17
2015-01	-2.29	-0.80	-3.83	1.00	26	-6.10	3
2015-02	2.98	4.68	1.36	9.20	25	-4.20	4
2015-03	11.51	13.14	9.64	19.40	28	4.10	1
2015-04	19.59	21.62	17.43	26.10	27	14.20	4
2015-05	26.29	28.42	24.08	30.90	19	18.60	27
2015-06	29.09	31.45	26.79	33.90	24	22.70	3
2015-07	32.75	35.12	30.32	38.00	23	25.10	3
2015-08	31.35	33.33	29.37	35.90	8	26.20	31
2015-09	24.13	27.52	20.96	30.00	5	16.70	10
2015-10	17.01	19.39	14.58	22.40	1	9.90	31
2015-11	8.10	10.05	6.09	14.20	1	1.90	30
2015-12				6.40	1	0.90	3

表 6-9　土壤温度（20 cm）

时间（年-月）	月平均值/℃	月平均最大值/℃	月平均最小值/℃	月极大值/℃	月极大值日期（日）	月极小值/℃	月极小值日期（日）
2009-01	−1.86	−0.32	−3.41	2.40	31	−6.00	10
2009-02	3.88	5.61	2.11	8.20	27	−1.10	1
2009-03	11.61	13.63	9.54	17.70	21	3.30	1
2009-04	19.87	22.08	17.69	25.30	16	13.00	1
2009-05	24.44	26.92	21.94	29.50	31	18.40	12
2009-06	29.40	31.68	27.18	34.80	29	23.70	1
2009-07	30.58	32.84	28.39	35.90	27	24.30	1
2009-08	30.78	33.11	28.42	35.40	6	25.80	25
2009-09	23.81	27.19	20.93	32.00	1	16.60	7
2009-10	16.22	18.83	13.81	24.90	1	7.90	31
2009-11	4.93	7.05	3.34	12.50	8	−0.70	21
2009-12	−0.45	0.63	−1.27	2.10	13	−3.90	31
2010-01	−1.52	−0.70	−2.33	1.70	19	−4.30	26
2010-02	1.88	3.63	0.71	12.70	28	−1.60	19
2010-03	11.77	15.21	9.25	19.90	20	5.90	11
2010-04	18.05	21.07	15.54	24.70	30	9.60	1
2010-05	24.28	26.85	22.08	29.80	31	17.60	30
2010-06	24.84	28.90	21.95	33.20	23	15.30	6
2010-07	29.82	32.22	27.75	34.90	19	24.70	7
2010-08	28.91	32.95	27.75	36.10	8	23.50	1
2010-09	24.92	27，23	22.77	31.90	1	14.80	26
2010-10	16.22	19.67	13.00	25.10	2	6.10	26
2010-11	6.58	9.26	4.05	13.20	5	−0.60	29
2010-12	−1.96	−0.06	−3.67	4.90	5	−7.10	30
2011-01	−6.67	−4.88	−8.26	−2.80	26	−10.90	11
2011-02	1.12	3.00	−0.66	6.70	25	−7.00	1
2011-03	6.93	8.71	5.16	15.10	31	0.20	2
2011-04	17.83	20.21	15.40	28.00	29	8.60	6
2011-05	26.11	28.62	23.62	31.50	30	20.50	21
2011-06	30.03	32.52	27.59	35.30	26	22.50	2
2011-07	30.42	33.52	27.87	36.50	14	23.60	10
2011-08	30.35	32.83	28.05	36.10	9	24.40	19
2011-09	25.59	27.83	23.42	30.40	8	20.10	30

（续）

时间（年-月）	月平均值/℃	月平均最大值/℃	月平均最小值/℃	月极大值/℃	月极大值日期（日）	月极小值/℃	月极小值日期（日）
2011-10	17.86	20.20	15.42	25.00	1	9.00	27
2011-11	8.02	10.03	6.06	14.70	1	1.40	30
2011-12	−1.31	0.51	−3.00	5.50	4	−8.40	24
2012-01	−5.63	−3.94	−7.21	−1.10	19	−9.70	26
2012-02	−0.04	1.80	−1.77	7.30	29	−6.70	2
2012-03	9.15	11.33	7.03	18.30	31	2.60	9
2012-04	19.21	21.42	16.93	25.00	23	12.90	13
2012-05	24.62	27.28	22.34	31.40	31	17.20	5
2012-06	28.24	31.42	25.51	34.40	22	19.80	28
2012-07	29.14	32.78	26.31	36.70	3	22.10	21
2012-08	29.06	31.58	26.93	33.80	1	20.60	5
2012-09	26.10	28.37	23.83	32.40	1	18.50	30
2012-10	15.68	18.02	13.24	23.50	2	8.80	31
2012-11	5.53	7.44	3.78	13.60	3	−1.70	26
2012-12	−1.26	0.30	−2.77	3.40	3	−7.30	31
2013-01	−5.20	−3.67	−6.72	3.20	31	−10.90	8
2013-02	2.36	4.17	0.49	7.20	26	−2.20	8
2013-03	11.83	13.86	9.66	19.80	31	3.20	1
2013-04	20.27	22.38	17.96	26.20	28	15.00	1
2013-05	24.59	27.19	22.18	31.80	24	18.50	15
2013-06	28.30	30.70	25.94	34.00	27	17.80	19
2013-07	30.16	32.55	27.85	35.70	31	22.70	11
2013-08	30.63	32.54	28.64	36.00	4	25.60	16
2013-09	25.26	27.42	22.98	32.30	1	19.00	30
2013-10	17.23	19.35	15.00	23.40	1	9.30	31
2013-11	5.43	7.00	3.85	13.50	2	−0.60	29
2013-12	−1.39	−0.14	−2.80	2.30	1	−7.10	31
2014-01	−3.51	−2.31	−4.85	3.30	31	−7.20	4
2014-02	1.37	2.67	−0.31	6.50	26	−6.40	5
2014-03	9.98	11.48	8.26	16.90	28	2.40	1
2014-04	18.78	20.40	16.97	23.80	30	13.00	1
2014-05	24.12	25.82	22.23	30.10	31	19.00	15

（续）

时间（年-月）	月平均值/℃	月平均最大值/℃	月平均最小值/℃	月极大值/℃	月极大值日期（日）	月极小值/℃	月极小值日期（日）
2014-06	28.13	30.32	25.96	34.10	30	21.50	25
2014-07	29.85	32.41	27.50	34.90	16	20.50	19
2014-08	28.96	30.91	26.93	32.90	15	24.60	29
2014-09	25.01	27.03	22.95	30.50	3	20.00	27
2014-10	18.24	20.04	16.42	25.10	1	12.80	18
2014-11	8.35	9.01	7.55	14.60	1	4.60	28
2014-12	−0.70	−0.10	−1.40	5.50	1	−4.70	17
2015-01	−1.35	−0.81	−2.01	0.50	26	−3.70	3
2015-02	3.12	3.71	2.41	7.60	25	−2.10	4
2015-03	10.92	11.54	10.22	16.80	28	5.50	1
2015-04	18.68	19.43	17.83	23.10	27	14.70	4
2015-05	25.21	26.01	24.30	28.20	19	21.10	27
2015-06	28.09	28.96	27.13	31.00	24	23.70	3
2015-07	31.57	32.47	30.57	35.00	23	26.60	3
2015-08	30.77	31.53	29.89	33.50	1	27.30	31
2015-09	24.44	25.72	23.01	28.10	5	20.20	10
2015-10	17.63	18.61	16.54	22.00	1	12.30	31
2015-11	9.19	9.94	8.28	14.00	1	4.50	30
2015-12				6.30	1	3.50	3

表 6-10　土壤温度（40 cm）

时间（年-月）	月平均值/℃	月平均最大值/℃	月平均最小值/℃	月极大值/℃	月极大值日期（日）	月极小值/℃	月极小值日期（日）
2009-01	1.20	1.33	0.98	2.50	31	−0.30	14
2009-02	4.68	4.82	4.44	6.80	28	2.40	1
2009-03	10.37	10.57	10.07	14.10	24	6.50	1
2009-04	17.35	17.58	17.02	20.00	25	13.70	1
2009-05	21.59	21.78	21.25	23.70	31	18.60	1
2009-06	25.94	26.11	25.63	28.50	29	23.20	1
2009-07	27.79	27.98	27.47	29.60	28	25.50	4
2009-08	28.63	29.02	28.34	36.60	3	27.00	25
2009-09	24.20	24.65	23.62	28.30	1	21.70	8
2009-10	17.76	18.18	17.21	23.20	1	11.90	31

（续）

时间（年-月）	月平均值/℃	月平均最大值/℃	月平均最小值/℃	月极大值/℃	月极大值日期（日）	月极小值/℃	月极小值日期（日）
2009 - 11	7.67	7.97	7.24	12.50	1	3.30	27
2009 - 12	2.03	2.15	1.80	3.40	1	0.20	31
2010 - 01	0.44	0.56	0.25	1.60	20	−0.60	26
2010 - 02	2.47	2.66	2.13	8.20	28	0.40	1
2010 - 03	11.15	11.54	10.58	15.20	20	8.00	1
2010 - 04	16.93	17.33	16.39	20.40	30	11.90	1
2010 - 05	22.41	22.65	22.00	23.80	24	20.00	1
2010 - 06	23.75	24.30	23.05	29.00	26	18.80	7
2010 - 07	27.94	28.24	27.54	29.40	19	26.00	7
2010 - 08	28.30	28.70	28.11	30.10	8	26.30	1
2010 - 09	24.79	25.00	24.44	28.00	1	20.80	27
2010 - 10	18.23	18.56	17.77	22.10	3	12.70	31
2010 - 11	9.77	10.02	9.40	13.20	1	5.20	30
2010 - 12	1.98	2.17	1.65	6.00	6	−1.20	31
2011 - 01	−3.13	−2.97	−3.37	−1.00	1	−4.30	11
2011 - 02	1.59	1.76	1.27	5.00	26	−3.50	1
2011 - 03	6.53	6.72	6.08	10.06	31	0.00	6
2011 - 04	14.89	15.19	14.48	20.30	29	10.60	1
2011 - 05	22.55	22.79	22.17	25.20	30	19.60	1
2011 - 06	26.47	26.68	26.12	29.00	28	23.40	2
2011 - 07	28.31	28.55	27.89	29.40	23	26.10	11
2011 - 08	28.21	28.42	27.85	30.00	10	26.20	19
2011 - 09	25.22	25.40	24.95	27.90	1	22.70	30
2011 - 10	19.31	19.49	18.95	23.00	1	14.00	27
2011 - 11	11.22	11.36	10.92	15.30	1	6.80	28
2011 - 12	3.18	3.33	2.92	7.20	1	−1.30	31
2012 - 01	−1.81	−1.61	−2.08	−0.30	19	−3.80	27
2012 - 02	1.03	1.18	0.77	4.80	29	−2.80	1
2012 - 03	8.12	8.31	7.77	13.00	31	4.50	1
2012 - 04	16.49	16.69	16.15	19.60	27	12.80	1
2012 - 05	21.62	21.88	21.23	24.70	31	18.30	3
2012 - 06	25.70	25.94	25.27	28.30	24	23.30	4

（续）

时间（年-月）	月平均值/℃	月平均最大值/℃	月平均最小值/℃	月极大值/℃	月极大值日期（日）	月极小值/℃	月极小值日期（日）
2012-07	27.71	28.11	27.11	29.50	11	24.40	1
2012-08	27.49	27.74	27.08	29.10	1	24.40	6
2012-09	25.62	25.85	25.32	29.00	5	21.90	30
2012-10	17.74	17.92	17.35	22.10	1	13.40	31
2012-11	9.21	9.42	8.97	13.70	1	4.40	29
2012-12	2.67	2.80	2.44	4.90	1	−0.80	31
2013-01	−1.89	−1.72	−2.16	1.60	31	−4.40	12
2013-02	3.25	3.41	2.99	5.20	27	1.50	1
2013-03	10.18	10.46	9.85	17.50	26	5.00	1
2013-04	17.69	17.87	17.38	21.00	29	14.70	1
2013-05	22.38	22.63	21.87	26.10	24	18.80	30
2013-06	25.60	25.87	25.07	28.30	28	21.60	19
2013-07	27.80	28.05	27.34	29.50	22	25.20	11
2013-08	28.66	28.85	28.33	30.40	4	27.00	17
2013-09	25.17	25.37	24.87	28.40	1	21.90	30
2013-10	18.87	19.04	18.57	22.10	1	14.00	31
2013-11	9.23	9.36	8.92	14.10	1	4.90	30
2013-12	2.56	2.67	2.21	5.00	1	−0.90	31
2014-01	−0.63	−0.49	−0.83	2.20	31	−1.60	8
2014-02	2.67	2.88	2.35	5.60	21	−0.20	5
2014-03	8.94	9.10	8.65	13.60	31	4.80	1
2014-04	16.60	16.86	16.29	19.20	30	13.40	1
2014-05	21.51	21.69	21.20	24.60	31	19.20	1
2014-06	23.30	23.41	23.20	25.00	30	21.60	1
2014-07	27.85	28.14	27.39	29.50	27	24.80	19
2014-08	27.39	27.57	27.04	28.60	1	25.40	29
2014-09	24.73	24.90	24.45	27.00	3	22.50	28
2014-10	19.53	19.85	19.16	25.40	14	16.00	31
2014-11	10.84	10.95	10.66	15.90	1	7.70	29
2014-12	2.63	2.75	2.45	7.80	1	0.10	18
2015-01	0.70	0.80	0.55	1.40	26	−0.10	3
2015-02	3.64	3.77	3.45	6.90	28	0.70	1

（续）

时间（年-月）	月平均值/℃	月平均最大值/℃	月平均最小值/℃	月极大值/℃	月极大值日期（日）	月极小值/℃	月极小值日期（日）
2015-03	9.97	10.11	9.76	14.50	31	6.60	1
2015-04	16.88	17.03	16.66	19.80	30	14.40	1
2015-05	22.93	23.08	22.70	24.70	25	19.70	1
2015-06	25.94	26.09	25.65	27.50	24	23.50	4
2015-07	29.20	29.36	28.95	31.20	24	26.60	4
2015-08	29.35	29.47	29.16	30.90	1	27.80	31
2015-09	24.67	24.86	24.35	27.80	1	22.50	30
2015-10	18.80	18.94	18.57	22.50	1	15.20	31
2015-11	11.33	11.41	11.14	15.10	1	8.00	30
2015-12				8.10	1	6.80	6

表 6-11 土壤温度（100 cm）

时间（年-月）	月平均值/℃	月平均最大值/℃	月平均最小值/℃	月极大值/℃	月极大值日期（日）	月极小值/℃	月极小值日期（日）
2009-01	7.44	7.49	7.40	9.00	1	6.80	18
2009-02	7.35	7.37	7.32	8.00	27	6.80	1
2009-03	9.57	9.66	9.52	11.70	24	8.00	1
2009-04	13.65	13.72	13.58	15.70	25	11.60	1
2009-05	17.04	17.07	16.97	18.50	31	15.50	1
2009-06	20.03	20.08	19.97	21.60	30	18.50	1
2009-07	22.28	22.33	22.25	23.50	27	21.60	1
2009-08	23.77	23.97	23.74	29.30	3	23.30	1
2009-09	22.86	24.10	22.77	60.00	28	22.30	15
2009-10	20.49	21.51	20.37	49.00	30	17.70	31
2009-11	14.81	14.91	14.70	17.70	1	11.50	30
2009-12	9.50	9.55	9.43	11.50	1	7.80	31
2010-01	6.71	6.76	6.69	7.80	1	5.80	30
2010-02	5.96	5.99	5.92	6.90	28	5.70	21
2010-03	9.64	9.72	9.55	11.40	24	6.90	1
2010-04	13.60	13.67	13.53	15.50	30	11.40	1
2010-05	17.90	17.96	17.83	19.30	30	15.50	1
2010-06	19.72	19.79	19.66	21.80	30	18.80	12
2010-07	23.11	23.17	23.07	24.20	30	21.80	1
2010-08	24.4	24.70	24.63	25.00	17	24.00	3

（续）

时间（年-月）	月平均值/℃	月平均最大值/℃	月平均最小值/℃	月极大值/℃	月极大值日期（日）	月极小值/℃	月极小值日期（日）
2010 - 09	23.90	23.95	23.83	24.80	1	22.20	30
2010 - 10	20.52	20.59	20.45	22.20	1	17.90	31
2010 - 11	15.32	15，41	15.23	17.90	1	12.70	30
2010 - 12	9.77	9.86	9.64	12.70	1	7.10	31
2011 - 01	4.80	4.89	4.78	7.10	1	3.50	30
2011 - 02	4.48	4.53	4.43	6.10	28	3.40	1
2011 - 03	7.17	7.21	7.13	8.70	31	6.10	1
2011 - 04	11.42	11.57	11.32	14.50	30	8.80	1
2011 - 05	17.02	17.16	16.95	19.10	31	14.50	1
2011 - 06	20.51	20.56	20.46	22.10	30	19.00	1
2011 - 07	22.97	23.00	22.93	23.90	29	22.10	1
2011 - 08	24.00	24.02	23.97	24.30	12	23.80	2
2011 - 09	23.34	23.37	23.30	24.20	1	22.30	30
2011 - 10	20.70	20.76	20.61	22.30	1	18.10	27
2011 - 11	16.27	16.35	16.15	18.70	1	12.90	28
2011 - 12	11.19	11.29	11.10	13.90	1	8.20	31
2012 - 01	6.32	6.38	6.22	8.20	1	4.70	30
2012 - 02	5.14	5.17	5.11	6.10	29	4.70	1
2012 - 03	7.87	7.93	7.81	9.90	31	6.10	1
2012 - 04	12.50	12.56	12.41	14.80	30	10.00	1
2012 - 05	16.48	16.55	16.43	18.30	31	14.80	1
2012 - 06	19.86	19.92	19.80	21.20	27	18.30	1
2012 - 07	22.42	22.50	22.29	23.10	31	20.00	20
2012 - 08	23.48	23.51	23.44	24.10	29	23.00	10
2012 - 09	23.60	23.62	23.51	24.10	1	22.40	30
2012 - 10	20.20	20.28	20.09	22.40	1	17.70	31
2012 - 11	15.25	15.37	15.19	17.70	1	12.40	30
2012 - 12	10.20	10.27	10.13	12.40	1	8.00	31
2013 - 01	5.86	5.92	5.81	8.00	1	5.10	24
2013 - 02	6.20	6.23	6.18	7.00	28	5.30	1
2013 - 03	8.91	9.05	8.83	13.10	26	7.00	1
2013 - 04	13.54	13.61	13.48	15.50	30	11.40	1

（续）

时间（年-月）	月平均值/℃	月平均最大值/℃	月平均最小值/℃	月极大值/℃	月极大值日期（日）	月极小值/℃	月极小值日期（日）
2013 - 05	17.22	17.28	17.01	19.30	29	14.40	30
2013 - 06	20.24	20.31	20.18	21.60	30	19.10	1
2013 - 07	22.54	22.58	22.50	23.40	31	21.60	1
2013 - 08	23.98	24.03	23.93	24.40	14	23.40	1
2013 - 09	23.24	23.27	23.20	23.90	1	22.10	30
2013 - 10	20.52	20.57	20.45	22.10	1	18.40	31
2013 - 11	15.55	15.63	15.39	18.40	1	12.60	30
2013 - 12	10.31	10.38	10.14	12.60	1	8.30	31
2014 - 01	6.54	6.58	6.49	8.20	1	5.80	23
2014 - 02	6.37	6.49	6.34	8.50	5	6.00	1
2014 - 03	8.52	8.58	8.46	10.60	31	6.90	1
2014 - 04	12.89	12.95	12.82	14.70	30	10.60	1
2014 - 05	16.49	16.53	16.44	18.00	31	14.70	1
2014 - 06	19.74	19.80	19.69	20.80	30	18.00	1
2014 - 07	22.27	22.33	22.21	23.40	31	20.80	1
2014 - 08	23.44	23.46	23.42	23.60	3	23.20	29
2014 - 09	22.82	22.85	22.79	23.50	1	21.90	29
2014 - 10	20.53	20.64	20.43	23.20	14	18.70	31
2014 - 11	15.71	15.80	15.61	18.70	1	13.00	30
2014 - 12	10.01	10.11	9.93	13.00	1	7.40	31
2015 - 01	6.45	6.49	6.41	7.40	1	5.90	31
2015 - 02	6.40	6.44	6.36	7.60	28	5.80	5
2015 - 03	9.26	9.31	9.20	11.50	31	7.60	1
2015 - 04	13.54	13.59	13.47	15.60	30	11.50	1
2015 - 05	17.81	17.86	17.75	19.40	27	15.60	1
2015 - 06	20.83	20.86	20.78	21.90	26	19.40	1
2015 - 07	23.52	23.56	23.47	25.10	31	21.90	1
2015 - 08	25.08	25.09	25.06	25.30	11	24.90	21
2015 - 09	23.53	23.57	23.50	24.90	1	22.60	30
2015 - 10	20.52	20.58	20.45	22.60	1	18.50	31
2015 - 11	15.84	15.92	15.76	18.50	1	13.50	30
2015 - 12				13.50	1	12.60	5

表 6-12　总辐射

年份	1 月总辐射/ (MJ/m^2)	2 月总辐射/ (MJ/m^2)	3 月总辐射/ (MJ/m^2)	4 月总辐射/ (MJ/m^2)	5 月总辐射/ (MJ/m^2)	6 月总辐射/ (MJ/m^2)	7 月总辐射/ (MJ/m^2)	8 月总辐射/ (MJ/m^2)	9 月总辐射/ (MJ/m^2)	10 月总辐射/ (MJ/m^2)	11 月总辐射/ (MJ/m^2)	12 月总辐射/ (MJ/m^2)
2009	311.3	363.0	551.0	594.3	754.6	705.9	721.4	702.9	552.2	495.8	342.0	295.5
2010	258.0	302.6	443.7	522.5	642.9	667.0	681.4	631.2	487.3	504.0	364.4	281.1
2011	291.5	331.0	414.4	574.7	684.5	706.2	632.8	587.4	479.4	486.9	332.2	257.1
2012	278.7	321.7	458.0	543.9	638.9	677.4	644.0	555.2	515.9	480.9	296.5	274.1
2013	320.9	336.2	494.6	571.2	668.0	672.1	687.4	568.6	540.1	462.4	307.6	276.1
2014	325.6	349.1	506.2	523.7	645.2	668.0	631.5	554.9	505.0	422.7	337.8	281.2
2015	290.5	324.3	478.6	510.4	674.6	681.0	724.0	511.3	570.0	473.2	329.0	290.5

表 6-13　反射辐射

年份	1 月反射辐射/ (MJ/m^2)	2 月反射辐射/ (MJ/m^2)	3 月反射辐射/ (MJ/m^2)	4 月反射辐射/ (MJ/m^2)	5 月反射辐射/ (MJ/m^2)	6 月反射辐射/ (MJ/m^2)	7 月反射辐射/ (MJ/m^2)	8 月反射辐射/ (MJ/m^2)	9 月反射辐射/ (MJ/m^2)	10 月反射辐射/ (MJ/m^2)	11 月反射辐射/ (MJ/m^2)	12 月反射辐射/ (MJ/m^2)
2009	109.0	124.1	187.7	193.9	245.5	221.1	224.5	227.4	173.1	170.9	111.2	103.2
2010	101.7	177.1	151.9	195.3	203.4	171.4	185.0	191.5	142.4	150.0	119.1	108.9
2011	114.4	122.7	160.1	212.1	234.1	229.2	195.1	193.0	177.7	171.3	124.7	100.0
2012	139.2	112.1	164.0	197.6	220.7	203.4	187.7	164.2	171.8	167.1	109.8	119.5
2013	153.7	127.6	189.7	217.4	212.6	217.0	217.4	188.3	184.6	178.4	120.4	108.5
2014	119.2	133.1	185.5	210.7	240.8	213.4	198.3	198.8	176.0	157.5	119.2	105.4
2015	107.9	116.8	182.4	207.2	226.7	219.7	230.1	183.4	173.2	167.2	128.2	107.9

表 6-14 紫外辐射

年份	1月紫外辐射/(MJ/m²)	2月紫外辐射/(MJ/m²)	3月紫外辐射/(MJ/m²)	4月紫外辐射/(MJ/m²)	5月紫外辐射/(MJ/m²)	6月紫外辐射/(MJ/m²)	7月紫外辐射/(MJ/m²)	8月紫外辐射/(MJ/m²)	9月紫外辐射/(MJ/m²)	10月紫外辐射/(MJ/m²)	11月紫外辐射/(MJ/m²)	12月紫外辐射/(MJ/m²)
2009	10.4	12.9	19.1	19.9	25.9	24.8	26.3	25.5	19.9	17.6	12.4	9.6
2010	7.2	9.8	14.5	16.4	22.3	26.8	25.9	22.9	17.7	19.2	13.1	8.1
2011	9.5	11.8	12.4	20.2	25.3	27.2	24.0	20.8	16.9	17.6	11.2	7.7
2012	10.0	11.7	15.3	18.4	22.1	26.8	25.7	21.9	18.4	15.9	9.5	9.0
2013	11.7	11.4	16.5	19.2	25.9	25.6	27.1	22.2	20.1	15.7	10.6	9.6
2014	11.8	11.8	18.2	17.4	21.7	25.4	24.5	20.2	20.0	16.7	13.0	10.2
2015	10.8	12.2	16.9	18.7	27.7	28.5	29.2	18.8	24.5	16.7	10.9	10.8

表 6-15 净辐射

年份	1月净辐射/(MJ/m²)	2月净辐射/(MJ/m²)	3月净辐射/(MJ/m²)	4月净辐射/(MJ/m²)	5月净辐射/(MJ/m²)	6月净辐射/(MJ/m²)	7月净辐射/(MJ/m²)	8月净辐射/(MJ/m²)	9月净辐射/(MJ/m²)	10月净辐射/(MJ/m²)	11月净辐射/(MJ/m²)	12月净辐射/(MJ/m²)
2009	16.1	47.7	99.9	131.2	173.1	186.7	181.1	161.4	143.0	72.9	34.2	8.7
2010	−13.1	−1.5	71.7	99.3	166.6	234.1	179.0	180.5	118.0	103.6	36.9	−22.3
2011	−19.4	17.1	4.0	82.1	141.5	188.0	174.4	118.8	77.7	49.9	−2.4	−15.2
2012	−24.3	24.1	61.9	84.3	141.5	205.1	188.2	150.1	96.5	36.1	−5.3	−25.2
2013	−6.4	23.6	61.0	117.9	179.5	151.7	163.0	127.5	84.4	13.2	−0.2	−7.6
2014	8.8	2.6	61.4	90.6	118.5	166.3	156.1	122.8	79.0	46.2	18.5	14.4
2015	21.1	26.7	46.9	105.3	193.8	185.8	204.4	137.1	115.0	40.1	3.5	21.1

表 6-16 光合有效辐射

年份	1月光合有效辐射/[μmol/(m²·s)]	2月光合有效辐射/[μmol/(m²·s)]	3月光合有效辐射/[μmol/(m²·s)]	4月光合有效辐射/[μmol/(m²·s)]	5月光合有效辐射/[μmol/(m²·s)]	6月光合有效辐射/[μmol/(m²·s)]	7月光合有效辐射/[μmol/(m²·s)]	8月光合有效辐射/[μmol/(m²·s)]	9月光合有效辐射/[μmol/(m²·s)]	10月光合有效辐射/[μmol/(m²·s)]	11月光合有效辐射/[μmol/(m²·s)]	12月光合有效辐射/[μmol/(m²·s)]
2009	579.8	672.4	1 045.7	1 069.9	1 393.0	1 318.6	1 358.8	1 319.9	1 041.5	870.3	615.9	519.2
2010	435.0	458.7	664.5	867.4	1 166.9	1 314.9	1 241.5	1 187.6	864.8	858.2	649.7	472.8
2011	492.8	594.2	657.3	837.8	1 043.8	1 358.8	1 187.3	1 055.7	887.5	879.4	556.6	371.8
2012	495.5	581.6	845.2	1 015.5	1 029.8	1 269.9	1 188.6	1 031.9	912.0	777.1	501.3	443.4
2013	512.8	551.7	823.1	921.7	1 186.4	1 192.9	1 224.7	1 032.8	950.7	770.0	531.6	462.5
2014	548.5	542.2	840.1	826.8	1 116.0	1 159.3	1 117.2	981.2	844.1	695.0	631.0	449.1
2015	527.4	634.5	946.7	1 055.9	1 428.4	1 434.8	1 536.9	1 039.5	1 111.8	820.5	591.5	527.4

6.2 人工气象要素数据集

人工气象要素数据包括降水量和日照时数。观测频率为每天 3 次（北京时间 8：00、14：00、20：00），其他数据指标以自动气象长期观测数据为主。

相关数据见表 6-17、表 6-18。

表 6-17 降水量

时间（年-月）	月降水量/mm	月极大值/mm	月极大值日期（日）	时间（年-月）	月降水量/mm	月极大值/mm	月极大值日期（日）
2009-01	6.7	6.7	20	2011-09	0.2	0.2	28
2009-02	13.6	6.8	5	2011-10	0.0	0.0	1
2009-03	0.0	0.0	1	2011-11	1.6	1.6	26
2009-04	2.2	1.0	24	2011-12	0.8	0.2	8
2009-05	0.0	0.0	1	2012-01	1.6	1.6	27
2009-06	3.0	0.8	30	2012-02	1.8	1.8	24
2009-07	0.0	0.0	1	2012-03	0.0	0.0	1
2009-08	0.0	0.0	1	2012-04	0.2	0.2	1
2009-09	59.4	27.2	28	2012-05	1.2	0.4	2
2009-10	8.3	8.3	30	2012-06	42.8	5.6	27
2009-11	5.6	1.0	10	2012-07	9.0	1.6	20
2009-12	0.0	0.0	1	2012-08	8.6	2.2	4
2010-01	0.0	0.0	1	2012-09	0.0	0.0	1
2010-02	12.2	1.6	15	2012-10	0.0	0.0	1
2010-03	14.4	1.8	23	2012-11	0.0	0.0	1
2010-04	0.0	0.0	1	2012-12	0.0	0.0	1
2010-05	14.2	5.8	30	2013-01	1.2	0.8	13
2010-06	51.8	6.4	5	2013-02	0.0	0.0	1
2010-07	6.4	1.0	29	2013-03	0.0	0.0	1
2010-08	6.0	3.2	1	2013-04	0.0	0.0	1
2010-09	11.8	2.6	25	2013-05	11.6	1.4	14
2010-10	2.8	0.8	22	2013-06	10.4	1.6	16
2010-11	0.0	0.0	1	2013-07	5.4	0.4	1
2010-12	0.0	0.0	1	2013-08	1.2	0.2	15
2011-01	0.0	0.0	1	2013-09	2.6	0.2	17
2011-02	0.0	0.0	1	2013-10	0.0	0.0	1
2011-03	0.0	0.0	1	2013-11	0.0	0.0	1
2011-04	0.0	0.0	1	2013-12	0.0	0.0	1
2011-05	0.2	0.2	28	2014-01	0.0	0.0	1
2011-06	0.2	0.2	19	2014-02	0.0	0.0	1
2011-07	2.2	0.2	10	2014-03	0.8	0.2	19
2011-08	0.4	0.2	16	2014-04	0.0	0.0	1

（续）

时间（年-月）	月降水量/mm	月极大值/mm	月极大值日期（日）	时间（年-月）	月降水量/mm	月极大值/mm	月极大值日期（日）
2014-05	0.0	0.0	1	2015-03	0.0	0.0	1
2014-06	5.8	0.2	20	2015-04	0.0	0.0	1
2014-07	5.6	0.2	7	2015-05	5.6	2.0	25
2014-08	0.0	0.0	1	2015-06	7.2	1.8	26
2014-09	1.0	0.2	5	2015-07	3.8	2.0	2
2014-10	0.2	0.2	10	2015-08	0.2	0.2	31
2014-11	0.0	0.0	1	2015-09	17.4	6.8	8
2014-12	0.0	0.0	1	2015-10	0.0	0.0	1
2015-01	0.6	0.6	26	2015-11	0.0	0.0	1
2015-02	0.0	0.0	1	2015-12	0.0	0.0	1

表6-18 日照时数

年份	1月日照时数/h	2月日照时数/h	3月日照时数/h	4月日照时数/h	5月日照时数/h	6月日照时数/h	7月日照时数/h	8月日照时数/h	9月日照时数/h	10月日照时数/h	11月日照时数/h	12月日照时数/h
2009	180.2	146.6	204.2	190.1	252.2	215.8	210.8	274.1	226.3	262.2	196.1	197.4
2010	152.1	152.2	173.6	194.3	232.2	225.3	231.0	187.4	128.52	219.3	193.4	134.2
2011	150.0	133.4	177.3	192.3	212.4	199.6	89.9	172.2	135.8	174.0	128.9	120.6
2012	131.2	95.0	130.8	112.9	206.4	199.2	182.7	163.8	196.5	234.9	153.4	160.9
2013	164.6	112.8	124.2	201.4	208.9	232.4	227.4	146.3	194.7	198.5	154.7	152.7
2014	153.9	127.9	184.4	187.3	233.0	220.1	173.7	161.7	174.6	197.3	182.2	196.7
2015	151.7	133.9	157.1	190.9	232.9	207.4	239.9	147.0	221.9	229.9	184.0	145.4

参 考 文 献

白文娟，焦菊英，2006. 土壤种子库的研究方法综述［J］. 干旱地区农业研究，24（6）：195－198.

鲍士旦，2000. 土壤农化分析［M］. 3版. 北京：中国农业出版社.

常兆丰，1997. 我国荒漠生态系统定位研究的现状与基本思路［J］. 干旱区资源与环境，11（3）：53－57.

董光荣，吴波，慈龙骏，等，1999. 中国荒漠化现状、成因与防治对策［J］. 中国沙漠，19（4）：318－332.

董鸣，1996. 陆地生物群落调查观测与分析［J］. 北京：中国标准出版社.

董占山，1998. 作物生产系统及其管理系统耕作学生态农业研究［J］. 中国农业生态学报，6（1）：64－68.

董振国，于沪宁，1994. 农田作物层环境生态［M］. 北京：中国农业科学技术出版社.

傅家瑞，1985. 种子生理［M］. 北京：科学出版社.

黄丽，朱治林，唐新斋，等，2020. 2004—2016年中国生态系统研究网络（CERN）台站水中八大离子数据集［EB/OL］. 中国科学数据（中英文网络版），5（2）. http：//www. csdata. org/p135811/. DOI：10. 11922/csdata. 2019. 0044. zh.

劳家柽，1988. 土壤农化分析手册［M］. 北京：中国农业出版社.

刘光崧，1996. 土壤理化分析与剖面描述［M］. 北京：中国标准出版社.

刘学忠，刘金，1988. 植物种子采集手册［M］. 北京：科学普及出版社.

鲁如坤，2000. 土壤农业化学分析方法［M］. 北京：中国农业出版社.

潘贤章，吴冬秀，2019. 陆地生态系统大气环境观测指标与规范［M］. 北京：中国环境出版集团.

潘贤章，吴冬秀. 2019. 陆地生态系统生物观测指标与规范［M］. 北京：中国环境出版集团.

潘贤章，吴冬秀，2019. 陆地生态系统水环境观测指标与规范［M］. 北京：中国环境出版集团.

潘贤章，吴冬秀，2019. 陆地生态系统土壤观测指标与规范［M］. 北京：中国环境出版集团.

任鸿昌，吕永龙，姜英，等，2004. 西部地区荒漠生态系统空间分析［J］. 水土保持通报，24（5）：54－59.

施建平，杨林章，2012. 陆地生态系统土壤观测质量保证与质量控制［M］. 北京：中国环境科学出版社.

吴冬秀，2012. 陆地生态系统生物观测数据质量保证与质量控制［M］. 北京：中国环境科学出版社.

西北农业大学，1986. 耕作学：西北本［M］. 银川：宁夏人民出版社.

薛应龙，1985. 植物生理学实验［M］. 北京：高等教育出版社.

袁国富，张心昱，唐新斋，2007. 陆地生态系统水环境观测质量保证与质量控制［M］. 北京：中国环境科学出版社.

曾凡江，李向义，李磊，等，2020. 长期生态学研究支撑新疆南疆生态建设和科技扶贫［J］. 中国科学院院刊，35（8）：1066－1073.

张鑫，孟繁疆，2008. 植物叶面积测定方法的比较研究［J］. 农业网络信息，12（14－16）：31.

赵常明，申国珍，徐文婷，等，2020. 2012—2016年湖北神农架森林生态系统国家野外科学观测研究站地下水位数据集［EB/OL］. 中国科学数据（中英文网络版），5（2）：http：//www. csdata. org/p1380/. DOI：10. 11922/csdata. 2019. 0054. zh.

周健民，2013. 土壤学大辞典［M］. 北京：科学出版社.

W·伯姆，1985. 根系研究方法［M］. 薛德榕，谭协麟，译. 北京：科学出版社.

Beckett P H T，Webster R，1971. Soil variability：a review［J］. Soil and Fertilizers，34：1－15.

Kratz T K，Benson B J，Blood E R，et al.，1991. The influence of landscape position on temporal variability in four north American ecosystem［J］. American Naturalist，138：355－378.